人生的动力

人生的动力

个体心理学之父阿德勒的一生

[美]爱德华·霍夫曼◎著 美同◎译

北京联合出版公司
Beijing United Publishing Co.,Ltd.

图书在版编目（CIP）数据

人生的动力 /（美）爱德华·霍夫曼著；美同译．--北京：北京联合出版公司，2020.6
ISBN 978-7-5596-4219-6

Ⅰ.①人… Ⅱ.①爱… ②美… Ⅲ.①个性心理学 Ⅳ.① B848

中国版本图书馆 CIP 数据核字（2020）第 080278 号

THE DRIVE FOR SELF
By Edward Hoffman
Copyright © 1997 by Edward Hoffman
This edition arranged with The Martell Agency
Through Andrew Nurnberg Associates International Limited
Simplified Chinese translation copyright © 2020 by Beijing Tianlue Books Co., Ltd.
ALL RIGHTS RESERVED

人生的动力

作　　者：[美] 爱德华·霍夫曼
译　　者：美　同
出 品 人：赵红仕
选题策划：北京天略图书有限公司
责任编辑：夏应鹏
特约编辑：高锦鑫
责任校对：郝　帅
装帧设计：朝圣设计

北京联合出版公司出版
（北京市西城区德外大街83号楼9层　100088）
北京联合天畅文化传播公司发行
北京盛通印刷股份有限公司印刷　新华书店经销
字数333千字　889毫米×1194毫米　1/16　27印张
2020年6月第1版　2020年6月第1次印刷
ISBN 978-7-5596-4219-6
定价：69.00元

未经许可，不得以任何方式复制或抄袭本书部分或全部内容
版权所有，侵权必究
本书若有质量问题，请与本公司图书销售中心联系调换。
电话：010-65868687　010-64258472-800

只知道一个人从哪里来无法让我们预知他的行为。但如果我们知道他要去哪里,我们就能预言他会采取怎样的步骤和行动来达到目的。

——阿尔弗雷德·阿德勒

谨以此书献给

杰克·利皮茨（Jack Lipitz）

中文版序言

看到我写的阿尔弗雷德·阿德勒（Alfred Adler）传记被译为中文，因而得以与许多感兴趣的中国读者见面，我感到非常高兴。因为，尽管阿德勒在其影响深远的一生中到过很多地方，但他一直未能访问中国，并体验那里的独特文化。当然，这也可以理解，因为阿德勒成长于19世纪晚期的奥地利，后来专注于传播他的个体心理学，先是在西欧，后来在美国。此外，当阿德勒在20世纪20年代末和30年代积极推广个体心理学时，中国在大部分西方人眼中仍然是一个陌生的国度。不过尽管如此，阿德勒肯定会认为，他的心理学体系对中国民众有潜在的帮助。因为在他看来，个体心理学对全世界的民众都有益。他确实认定，个体心理学对心理健康和社会责任的强调最终能使人类梦想中的和平世界成为现实。

作为本书的作者，我最近有幸两度访问中国，并与中国的学者、学生以及来自国有与民营经济领域的各类专业人士会面。我曾访问北京、南京、上海和天津,并与居住在中国各地的同行通信多年。我也与不同领域的教授开展合作研究,有时还能高兴地见到他们的孩子和其他家庭成员。我希望,通过不断地旅行,我能对这个充满活力的大国有更多的了解。尽管我对当代中国人的生活知之甚少,但我还是想从阿德勒心理学的视角谈谈我的一些看法。

首先,我确信,中国人对亲情的强调一定会给阿德勒留下深刻的印象。阿德勒断言,我们对社会的态度在很大程度上来自我们所接受的早期教育。所以,小时候感受过友善和关爱的人,长大后也会成为珍惜友情和爱的有共情力的人。而那些曾经被父母冷落或拒绝的人,成年后也会变得冷漠和愤世嫉俗。与当今许多其他国家的社会生活形成鲜明对比的是,在中国,亲情的纽带似乎非常牢固——婚姻与养育子女仍然是头等大事,而不是被轻视甚至否定。我最近与中国教授进行的合作研究表明,中国的年轻人喜欢和父母在一起,也喜欢跟他们一起旅行。在许多中国儿童的生活中,(外)祖父母也扮演着重要的角色。从阿德勒心理学的视角来看,在今天的中国,核心家庭结构仍然占据主流。这是一个令人鼓舞的现象。这说明,中国社会总体看是健康而充满活力的。

其次,阿德勒是职业妇女平等权利的早期倡导者。他出生于俄国的妻子赖莎·爱泼斯坦(Raissa Epstein)是一名专业的翻译,精通法语、德语和俄语。两人不仅在思想上有许多共同的兴趣,还一同养育了四个孩子。阿德勒的三个女儿全都事业有成,分别成为了医生、拥有博士学位的经济学家和演员,这是他致力于推动妇女获取职业成就的体现之一。因此,当今中国女性职业与经济地位的迅速提高无疑会给阿德勒留下深刻的印象。在他看来,人类的最终目标是建立男女平等的社会,使两性在养育子女、创造和生产等方面拥有平等的机会,从而更好地推动人类社会的进步。

中文版序言

最后，阿德勒反复表示，心理健康的人充满勇气，这一个性特征在日常生活中有许多表现，例如渴望寻找新机会，喜欢结交新朋友和不怕犯错误。他著名的门生亚伯拉罕·马斯洛（Abraham Maslow）（我写的马斯洛传记已经有中文译本）也同样看重这一人格特质，并且把它与自我实现的需求（充分实现自身潜能）联系在一起。今天，积极心理学的倡导者把这一特质称为"成长心态"（growth mindset）。我确信，阿德勒一定会认为，这一特质在今天的中国人身上表现得非常明显。难怪阿德勒的高徒马斯洛会把企业家精神视为自我实现的形式之一，并且认为它能在一定程度上决定各国的经济成就。因为在他看来，企业家精神的基础就是自信和拥抱新鲜体验的心态。阿德勒坚持认为，来自父母的指导和鼓励能帮助孩子形成勇敢面对生活的态度。从我最近的观察来看，如今的中国完全不缺少企业家心态。这进一步证明，中国社会是一个心理健康的社会。

跟世界各国一样，中国民众的身心健康也面临着各种各样的挑战。无论对个体还是家庭来说，压力往往都不可避免。另外，城市生活方式的无序扩张也在一定程度上伤害了紧密的社会关系。在这一方面，阿德勒乐观和实用的个体心理学能够发挥很大的作用。我希望，通过了解阿德勒在其动荡的人生中所经历的挑战和成功，中国读者能够在通往个体与社会和谐的道路上获得启发。

序　言

回想我父亲的一生，给我留下深刻印象的，是他有能力影响很多人。他不只作为社会理论家和个体心理学创始人影响了很多人，他作为父亲、医者、教师、演讲者和朋友同样也影响了很多人。我父亲从来不会把他的工作跟当时的社会和政治事件分割开来，这一点与关起门来做研究的学者们形成了鲜明的对比。他把自己看作一个普通人，而不是什么学术精英。虽然他阐释了哲学、心理学和社会学的很多概念和问题，但他总是尽力使用浅显的语言，好让所有人都能理解他的观点。

一战末期，身为一名军医的他比学生时代更加笃信社会民主主义。就是在那时，他形成了社会兴趣[①]的重要概念。在他看来，社会兴趣是个体对融入社会，获得融入感的内心需要。他把社会兴趣看

---

① 社会兴趣，个体心理学的核心概念之一。德文原文为Gemeinschaftsgefühl，英语常译为sense of community、social interest、community feeling和social feeling。汉语常译为社会兴趣、社会意识、社会情感、社会情怀、社会感、共同（体）感、团体感和合作感。社会利益是误译。——译者注

作人类社会的唯一出路以及个体心理健康与否的唯一标准。现代心理学家认为，借助社会兴趣这一概念，阿尔弗雷德·阿德勒（Alfred Adler）把已经被本能理论盗走的尊严重新还给了人类。通过宣称每个个体的目标在整体上决定了人类的性格，我父亲也把心理学重新还给了每一个人。

　　以往介绍阿德勒的著作都不够全面。这些著作尽管很有价值，但都偏重讲述阿德勒的个别生活片段，比如他早年与西格蒙德·弗洛伊德（Sigmund Freud）共事，后来又与其决裂的经历。另一些著作则倾向于介绍我父亲的某些理论以及他针对儿童、成人和家庭的某些治疗方法。

　　这是首部对阿德勒生平及其所处时代做了生动的全景式描述的著作。书里记录了他的生活，也记录了他成长为一名伟大心理学家的历程。他不仅影响了与他有直接接触的成千上万的人，也影响了整个现代心理学。

　　我亲身经历了本书中所描述的许多纷乱世事，每每读来都颇多感慨。对于在我父亲生命中占据了重要位置的那些人，这本书都给出了公正的评判。他的家人、朋友、同事、批评者和反对者都得到了客观的讨论。往事历历在目。

　　这本书对阿德勒在美国的经历的精彩描述尤其有价值。20世纪30年代，我还是一个年轻人的时候，我和家人移居美国。我现在依然清楚地记得，父亲对他的新家园有多么喜爱，对那片实现个人自由和成就的肥沃土壤有多么珍视。在去世前的十几年里，父亲在学术界非常活跃，曝光率很高，在著述上也极为高产。能够把这一点讲深讲透的，恐怕爱德华·霍夫曼所写的这部著作还是第一本。

　　在我父亲的学术生涯后期，基于几点考虑，他开始觉得有必要写一本完整的自传了。毫无疑问，他想对他工作的很多方面作出"澄清"，因为他从来都没有摆脱相关的争议。这不只包括他与弗洛伊德决裂，并且受到其追随者的肆意攻击。由于笃信社会民主主义，阿德勒也时常遭受政治意识形态的攻击，其心理学取向也被中伤诋毁。不幸的是，我父亲从来没有机会详细解释这些事情，因为他在去苏格兰讲学期间突然去世了。于是，在清晰地阐释了阿德勒的思想之外，本书还不同寻常地把阿德勒的一生置于了一个有意义的历史语境当中。毫无疑问，这部重要的传记将十分有助于后来者发掘阿德勒思想对于当下的意义。正如我父亲一直所信奉的那样，我们的世界只会因心理学知识和洞见的力量而受益。

库尔特·阿德勒（Kurt Adler），医学博士，哲学博士

《农民家庭》 路易·勒南/绘　［©Jean-Gilles Berizzi/RMN-Grand Palais（musée du Louvre）/IC Photo］

前　言

　　一间农舍内，六张栩栩如生的面孔写满好奇。一对壮年夫妇粗布厚衣，围坐在一张罩了布的矮桌前。两人头上也都戴了东西，或在暗示这是冬季。妇人身后是两个孩子。女孩戴着帽子，伫立沉思。男孩光着脚丫，安坐于地。男孩脚边，一只黑白花猫从煮饭的陶罐后望将过来。前面斜着柄大勺子，还有只柳条篮。

　　胡子拉碴的父亲身旁，一位赤脚少年持笛而立，正小心翼翼地抿唇吹奏。全神贯注的他，不觉已面向端坐的祖母，似在等她回应。祖母明显年长，却全无老态，目光如镜。她手握一杯酒停在半空，腿上还搁着一只大陶壶。左下，一条小狗神情机敏，注视着那个闲坐在地上的男孩。

　　这家人的神情谈不上兴奋，却也不显悲伤或愁苦。我们看不到愤怒、惊惧或孤独，其群像反而透出宁静和尊严。不论他们在17世纪的法国乡村过着什么样的生活，至少此刻，他们正在共同经历。

《农民家庭》（Family of Country People）由画家路易·勒南（Louis Le Nain）作于1640年前后，很早即被收入卢浮宫。它是阿尔弗雷德·阿德勒最喜欢的一幅油画。不仅如此，对于一位我们几乎无法参透的心理学天才，这幅画还能为我们理解其个性提供重要线索。

阿德勒与西格蒙德·弗洛伊德、卡尔·荣格（Carl Jung）同被奉为现代人格理论和心理疗法的鼻祖六十多年。他不仅对儿童指导和社会工作等相关领域的发展影响巨大，其思想对西方文化也影响深远。除去后来急切移居美国之外，阿德勒几乎都待在奥地利。他的心里始终埋藏着一个愿望，那就是创建和传播自己独有的心理学体系。

这一体系脱胎于他的一种信念，即与路易·勒南笔下那幅生动群像里的六个人物一样，我们生来都拥有形成"社会兴趣"的能力。这些社会兴趣包括陪伴感（companionship）、同志感（camaraderie）、友谊感、社群感和爱。而且，当这一能力被我们充分激活时，我们就将收获无上的满足。对与弗洛伊德共事9年而又断然与之决裂的阿德勒来说，最重要的并不是性驱力，而是我们早年对无助和自卑的感受。决定我们生活轨迹的主要不是我们如何看待性，而是我们如何展示对掌控、能力和权力的内在追求。由于出生次序等生物性、社会性差异，画中每个人所展现这一驱力的方式也各不相同。

或许，阿德勒喜欢《农民家庭》这幅画也因为他一生都迷醉饮食与陪伴的简单快乐。早年，青年阿德勒就热衷与朋友泡在维也纳的咖啡馆里，终日谈论心理学与社会理念。脱离弗洛伊德的圈子后不久，他开始逐渐形成一种乐观取向的心理学，主要面对父母、教师等与孩子打交道的人，这项工作将耗费他未来26年的生命。在很多方面，阿德勒都站在了超然物外、一副学者派头的弗洛伊德的对立面。中年成名后，阿德勒开始劲头十足地为

前 言

报刊杂志撰写育儿文章，同时在欧洲和美国四处演讲。实际上，他是在其新母国推动建立现代大众心理学的两大功臣之一，另一位是美国行为主义心理学家约翰·布罗德斯·华生（John B. Watson）。

特别是，直到他67岁生命的最后一天，阿德勒仍然在向专业人士和普通民众大力宣扬他的理念。考虑到他简朴的生活方式，他之所以这样不知疲倦地"布道"，其主要动机似乎在于，他真心认为，个体心理学（他如是称呼自己的学说）能够创造一个更美好的世界，而所有其他哲学体系，包括所有的制度性宗教似乎都未能做到这一点。

与其创立者无处不在的乐观主义相对应，阿德勒理论中也难觅弗洛伊德或荣格理论迷宫中所包含的悲观沉思。当暮年阿德勒因长女[①]发生意外而横遭打击时，其中透出了一丝讽刺的意味，因为阿德勒从未认真思考过应如何承受暴力与毁灭。他离世后，第二次世界大战的脚步也近了，这时的人类的确比以往更需要探索心灵的阴暗面。

今天，各种心理学与治疗理念已经在我们的文化里占据了重要的位置。于是，理解几种主要的人性理论如何最终反映其创立者的内在冲动和挣扎就变得愈发重要起来。这些理论创立者有弗洛伊德、阿德勒、荣格、马斯洛和斯金纳（Skinner）等人。多年来，我们一直缺少一本像样的关于阿尔弗雷德·阿德勒的传记，现在是时候写一本来一探这位个体心理学鼻祖的生活了。

[①] 瓦伦丁·阿德勒（Valentine Adler，1898—1942），阿德勒长女，1937年1月被苏联内务人民委员会（NKVD）逮捕，1942年死于不知名地点，1956年恢复名誉。——译者注

目 录

中文版序言

序言

前言

第1篇

第1章　维也纳的童年生活 / 3

第2章　一名激进派医生的成长 / 23

第3章　独立执业 / 37

第4章　与精神分析结缘 / 53

第5章　与弗洛伊德决裂 / 71

第6章　个体心理学的诞生 / 93

第7章　世界大战 / 109

第8章　心理学的革命 / 125

第9章　红色维也纳 / 145

第10章　驰誉世界 / 161

第2篇

第11章　社会巨变中的新世界 / 179

第12章　享誉美国 / 205

第13章　回到欧洲 / 219

第14章　重返美国 / 233

第15章　个体心理学的普及者 / 249

第16章　移居纽约 / 277

第17章　新作迭出与大众政治 / 295

第18章　大萧条中的高歌猛进 / 321

第19章　美国与欧洲的变迁 / 343

第20章　一位父亲的痛苦 / 365

后记　个性的陷阱 / 385

阿德勒著作列表 / 391

致谢 / 393

阿尔弗雷德·阿德勒生平年表 / 399

第 1 篇

很久以来，我一直认为，生活中的所有问题都能归为三类。一类是与社会生活有关的问题，一类是与工作有关的问题，一类是与爱有关的问题……这些问题总是横亘在我们面前，让我们身不由己，烦恼不已。

——阿尔弗雷德·阿德勒

第1章
维也纳的童年生活

> 孩子在巨大的潜能界域中摸索,通过试错学习,不断接近能够给予自身满足感的目标。
>
> ——阿尔弗雷德·阿德勒

几个世纪以来,维也纳都是连通东欧和西欧的大门。她坐落于阿尔卑斯山东北麓,多瑙河穿城而过,地理位置十分优越。从中世纪开始,这座城市就一直是重要的商贸中心。哈布斯堡王朝统治维也纳超过500年。18世纪后期,在玛丽娅·特蕾莎(Maria Theresa)和约瑟夫二世的宽容统治下,维也纳赢得了世界音乐之都的美名。其时,海顿、莫扎特、贝多芬和舒伯特的音乐才华震惊了世人。然而,尽管城市步入辉煌时代,犹太人等少数族裔却没能共享奥匈帝国的繁华。从1809年起,克莱门斯·冯·梅特涅(Klemens von Metternich)开始担任奥地利皇帝约瑟夫一世[①]的外交大臣,1821年又成为首相,同时继续担任外交大臣。他在帝国快速工业化的时期实行了极为严酷的压迫性统治。

1848年,奥地利革命爆发。各地民众纷纷走上街头,抗议梅特涅政府的残暴统治。尽管革命迅速遭到镇压,但很多理念和原

[①] 弗朗茨·约瑟夫一世(Franz Josef I,1830—1916),奥地利皇帝兼匈牙利国王(1848—1867在位),奥匈帝国缔造者和第一位皇帝(1867—1916在位)。——译者注

则已经深入人心,并最终成为法律,比如取消歧视犹太人的法律。1849年,约瑟夫一世颁布了新宪法,规定"公民权利和政治权利不因宗教信仰而不同"。随后,对犹太人的特殊限制和征税措施很快也被废止。此前,开放给犹太人的知识性职业只有医学。现在,他们的职业选择大大增加。他们还可以拥有不动产,雇用信仰基督教的佣人,并在帝国全境自由居住。不久后,一些犹太人甚至通过选举进入了维也纳市议会。1867年,奥匈帝国又通过了新的宪法。尽管该宪法确认帝国是基督教国家,但它还是宣称信仰自由,以及帝国所有公民都享有平等权利。

诚然,反犹太主义仍旧大行其道。但是,大部分西方国家已经开始从法律上改变对犹太人的歧视,而约瑟夫一世也决心以权利平等为基础建设一个多民族的帝国。受惠于他的开明政治,维也纳的犹太人口数从1860年的约6000人激增到了1900年的近15万人。在西欧的所有城市当中,维也纳的犹太人口无论就绝对数量还是总体比例而言都拔得头筹。放眼整片欧洲大陆,拥有更多犹太人口的城市也只有布达佩斯和华沙。

涌入维也纳的第一批犹太人主要是匈牙利人,接着是来自波希米亚和摩拉维亚的捷克斯洛伐克犹太人。阿尔弗雷德·阿德勒的祖父西蒙·阿德勒(Simon Adler)就是前者当中的一员。西蒙·阿德勒原来是布尔根兰的一名大皮毛商,后来娶了卡塔琳娜·兰普尔(Katharina Lampl)。几百年来,布尔根兰一直是奥地利和匈牙利之间的缓冲地带。西蒙·阿德勒离开那里时,布尔根兰实际上属于匈牙利,只是拥有它的匈牙利贵族与奥地利交好。布尔根兰风景如画,一派乡间景象。这里有许多湖泊,四周环绕着芦苇、田地和树林;这里有大片的葡萄园,有盘踞山顶的城堡,有静谧的小村庄;这里还走出了海顿、李斯特等著名作曲家。在19世纪中叶,布尔根兰地区大约有30万居民,其中多数是德语居民,其余是匈牙利人、克罗地亚人、吉普赛人和富裕的犹太人。

与奥匈帝国其余地区的犹太人相比,布尔根兰地区的犹太人所享有的政治氛围要宽容得多。他们常以流动经商为业,在普雷斯堡的犹太人聚居地和各大商业中心之间架起桥梁。他们由于相对富裕,出入自如,所以很少觉得自己是受压迫的少数人。到1850年代,他们已经基本不使用意第绪语,而大多讲德语或匈牙利语。而且,他们在口音和装扮上也与非犹太族裔的邻居们非常相似。

有关西蒙和卡塔琳娜的记载极为稀少,我们只知道,他们有两个孩子长大成人。长子叫达维德(David),出生于1831年,1862年在维也纳结婚,以裁剪为生。次子叫利奥波德(Leopold),出生于1835年,是阿尔弗雷德的父亲。兄弟俩很可能出生于布尔根兰,然后在19世纪50或60年代来到维也纳。1866年,31岁的利奥波德娶了葆莉娜·贝尔(Pauline Beer),后者即阿尔弗雷德的母亲。当时,利奥波德的结婚证明上显示,他的地址与女方家的地址一致。据此推断,利奥波德很可能在跟葆莉娜结婚前就已经住在了对方家里,帮助照料兴旺的家族生意。

阿尔弗雷德的外祖父母是赫尔曼·贝尔(Hermann Beer)和伊丽莎白·贝尔(Elisabeth Beer)。两人都是捷克斯洛伐克犹太人,出生于摩拉维亚的特里比希(Trebitsch),该地区也是精神分析鼻祖西格蒙德·弗洛伊德的故乡。我们不知道贝尔一家人在摩拉维亚生活了多久,我们只知道,当他们于1859年前后迁居维也纳郊外的彭青(Penzing)时,家里已经有了5个孩子,他们分别是生于1839年之前的伊格纳茨(Ignaz)、生于1843年的莫里茨(Moritz)、生于1845年的葆莉娜、生于1849年的萨洛蒙(Salomon)和生于1858年的阿尔贝特(Albert)。在彭青,他们又生育了两个孩子,分别是生于1859年的利德维希(Lidwig)和生于1861年的尤利乌斯(Julius)。

赫尔曼·贝尔创立了一家名叫"赫尔曼·贝尔和儿子们"的小

企业，经营麦麸、燕麦和小麦等农产品。当时，这是一门获利颇丰的生意。（但是，随着铁路运输的出现，竞争日益加剧，这类生意最终走上了末路。）后来，萨洛蒙接手了父亲的生意。1861年，定居彭青两年后，贝尔一家人购置了房产，并在其中生活了很多年。

婚后几年，利奥波德和葆莉娜夫妇生活在彭青和附近的鲁道夫斯海姆（Rudolfsheim）。利奥波德经营谷物生意，基本没受过正式教育，也没有上学的心思。他的几位孙辈回忆道，他是一个慷慨、穿衣讲究、实际上并不怎么信仰犹太教的老人。在他们眼里，葆莉娜相对神经质，身体也较弱。综合各方面的信息，我们可以知道，葆莉娜是一位勤劳的母亲。她既是一名家庭主妇，同时也帮助利奥波德经营家里的谷物生意。

利奥波德和葆莉娜的第一个孩子西格蒙德（Sigmund）出生于1868年。两年后，1870年2月7日，阿尔弗雷德诞生在了维也纳郊外的鲁道夫斯海姆。利奥波德和葆莉娜居住的公寓有15个小房间，对面是一个露天集市，旁边还有一大片草地，左邻右舍的孩子都在那里玩耍。后来，阿德勒多次把他的心理学取向归因于他的童年生活："从我记事时起，我身边就总是有很多的朋友和伙伴。在大多数时候，他们都很喜欢我。我很小的时候就是这样，后来也一直如此。这种与他人融洽相处的感受很可能是我觉得人有合作需求的原因。这一动机是个体心理学的关键。"

确实，贯穿整个成年阶段，阿德勒都表现得非常合群，他总能轻松地交到朋友。即便是在中年阶段，阿德勒开始蜚声国际，并因此而变得非常繁忙，他也仍旧喜欢他人的陪伴，并且几乎从不愿独处。他为人随和友善，喜欢结交新朋，并通过一起共事来加深情感。由于童年时期的阿尔弗雷德并没有跟父母当中的任何一方特别亲近，所以同伴关系对他自信和乐观心态的建立似乎非常重要。

阿尔弗雷德的友善性格无疑跟他拥有众多兄弟姐妹有关。他出生后，父母继续生养了多达5个孩子，分别是1871年出生的赫米内（Hermine）、1873年出生的鲁道夫（Rudolf）、1874年出生的伊尔玛（Irma）、1877年出生的马克斯（Max）和1884年出生的里夏德（Richard）。在成长过程中，阿尔弗雷德很喜欢这些兄弟姐妹们的陪伴，但是，这种亲密的关系并没有维持到他成年之后。他们当中无人成名或拥有广泛的影响力。

距离阿尔弗雷德家不远处就是奥地利皇宫美泉宫，那里有一座美丽的大花园，名满海内，后来更是在古斯塔夫·克里姆特[①]的一幅画作中名垂千古[②]。学龄前的阿尔弗雷德对这座花园非常着迷，他很喜欢去那里摘漂亮的花朵。不过，他也风趣地回忆道："我的'犯罪生涯'没有持续多久。因为有一天，花园的卫兵不让我再进去了。"

不过，在年幼的阿尔弗雷德看来，比美泉宫的卫兵更难对付的是他的哥哥西格蒙德。西格蒙德活泼、霸道，常常让阿尔弗雷德觉得他在与自己争宠。作为家里的第一个男孩，西格蒙德在阿尔弗雷德的犹太家庭里也占据了传统上更有优势的位置。也许让阿尔弗雷德感到更加沮丧的是，他哥哥的身体比他好得多。根据阿尔弗雷德自己的心理学理论，我们的幼年记忆对成年生活的内在基调有十分重要的影响。所以，想到自己的童年总是围绕着生病和吃药打转，那心里肯定不是滋味。

阿尔弗雷德在他为数不多的散乱自述中谈到，在5岁以前，只要他一生气，他的声门就会紧闭，让他一时喘不过气来。几十年后，以爱争辩而闻名的他却充满诙谐地回忆道："那种感觉非常痛苦，于是，3岁的我决定彻底放弃愤怒。从那天往后，我就没再生过气。"

[①] 古斯塔夫·克里姆特（Gustav Klimt，1862-1918），奥地利著名象征主义画家。——译者注
[②] 即创作于1916年的《美泉宫花园》（Park of Schönbrunn）。——译者注

人生的动力

更为严重的情形是，阿尔弗雷德得了佝偻病，这是当时孩子的一种常见病。因为这件事，他与西格蒙德的关系变得更紧张了。"在我很早的记忆里有一幅画面。一张长条凳，我坐在一头，因为佝偻病而浑身缠着绷带①；而我身体健康的哥哥则坐在另一头。他能跑，能跳，想干什么都能毫不费力地做到。而对我来说，做任何事都十分费力……所有人都要花很大的工夫来帮我。"为了增强阿尔弗雷德的体力，葆莉娜和利奥波德很乐意放他去外面撒欢儿。而且，由于他们房子的不远处就是野外，所以这不是一件难事。在房后宽阔的草地上，阿尔弗雷德跟他的许多朋友尽情追逐打闹，他的佝偻病最后也彻底好了。

虽然利奥波德和葆莉娜不是有文化的人，但两人却非常重视音乐。阿尔弗雷德学会了弹钢琴，有时也尝试作曲。他还特别喜欢用未来会成为浑厚男中音的嗓音唱舒伯特的歌曲和日耳曼民歌。大约3岁时的一天，阿尔弗雷德的父母去参加亲戚的婚礼，临时把他留给家庭女教师照看。晚上回到家后，他们惊讶地发现，阿尔弗雷德正站在饭桌上大声演唱一首流行的街头民谣。这首滑稽的歌曲讲述了一位自视高贵的妇人。她的心肠如此柔软，以至于见不得小鸡的脖子被扭断。副歌是这样唱的："如果连小鸡的痛苦都如此难以承受，那为何还要用锅铲欺负可怜的丈夫？"

听到阿尔弗雷德唱得这么好，利奥波德的脸上露出了微笑。不过他很快就发现，这一定是家庭女教师背着他们带孩子去看了当地的歌舞表演。这位家庭教师立即遭到开除，而在她离开后，阿尔弗雷德也获得了更多的自由。

这出滑稽剧情落幕后不久，小鲁道夫得了白喉。在那个年代，人们对这种极其危险且常常致死的疾病知之甚少。父母没有采取任何预防感染的措施，继续让阿尔弗雷德和鲁道夫同睡一个

---

① 用作矫正。——译者注

房间。他们的家庭医生尽管非常担心,却也无能为力,只是建议阿德勒一家人在孩子的房间里放一盆热水,然后不时丢一些芦苇和干花进去。这样做了不久后,当4岁的阿尔弗雷德有一天早上醒来时,他发现身边躺着的鲁道夫已经死了。

这件事让阿尔弗雷德的内心遭受了巨大的冲击。后来,阿尔弗雷德参加了在外祖父母家举行的葬礼,亲戚们都去那里悼念。阿尔弗雷德与外祖父母并不怎么亲近,这一天过得无比漫长。坐马车回家途中,他注意到了他的母亲。"她一袭黑衣,罩着黑色的面纱,一直哭个不停。外祖父转过身去安慰她,对着她小声耳语了几句,让她的脸上露出了一丝微笑。他肯定在说将来还可能有其他孩子出生。"但在当时,阿尔弗雷德对母亲嘴角飘过的那丝笑容却表现出了强烈的震惊和厌恶。他心里分明在想:一位母亲怎么可以在自己孩子的葬礼当天露出笑容!此后多年,在这件事上,阿尔弗雷德心里一直都对母亲怀有一种深切而无言的怨恨。

不久之后,临近5岁的阿尔弗雷德也大病了一场,差点死掉。冬日里的一天,一个大一些的孩子叫阿尔弗雷德去滑冰。这个男孩很快就滑得不见了人影,可阿尔弗雷德还站在冰上。他感到越来越冷,那个男孩却一去不返。阿尔弗雷德非常担心,浑身上下哆嗦个不停,不过最后还是回到了家里。进门后,感到筋疲力尽的他当即就倒在客厅的沙发上睡着了。葆莉娜忙着做家务,没有察觉到异常。但是,利奥波德回到家中,一看阿尔弗雷德的睡姿,便立即大声喊她过来。

夜幕降临,父母叫来了医生。阿尔弗雷德恢复了一点意识,看到床边站着一个陌生人。医生做了检查,摸了摸阿尔弗雷德微弱的脉搏,然后转身对利奥波德说,别费事了,孩子救不活了。阿尔弗雷德完全理解他的话,特别是在鲁道夫刚刚离世后不久。后来,阿尔弗雷德再次失去了意识。等他再次醒来时,发现身边站着另一个医生,而他的父母则按着他的手脚。他感到左腿剧烈疼痛,往下一看，不由得吓了一大跳。他看见血淌得到处都是，还有很多水蛭吸在他身上。他觉得非常受不了，但也毫无办法。

奇迹发生了，阿尔弗雷德从肺炎中康复了。就在那时，他做了一个决定，誓言将来要做一名医生。一些年过后，他的父母转述了那名医生的骇人警告：如果你们家老二再得肺炎，那就很可能会要命。听到这句话，中年阿尔弗雷德回忆道："我更加确认了我的选择。我必须成为一名医生。对于这个决定，我从来都没有怀疑过。"

———

当然，阿尔弗雷德对医学和科学的兴趣打小就胜过宗教。在彭青和鲁道夫斯海姆，阿德勒家人身边的非犹太族裔能够在很大程度上包容他们的宗教背景。但是，像同时代的很多匈牙利犹太人一样，利奥波德和葆莉娜也基本不遵守犹太教义。除了偶尔去犹太教堂和在一些重要节日里象征性地举行一些仪式外，他们并不认为自己的生活与犹太教有多大关联。对他们来说，犹太教是古代以色列人的老传统，它并不属于这个以蒸汽机和火车头为标志的新时代。

成年后，阿德勒只能回忆起几次参加犹太教活动时的并不愉快的经历。在他快5岁时的一天，一家人到犹太教堂参加礼拜。就在阿尔弗雷德对似乎没完没了的安静祷告感到无聊时，他发现附近柜子的抽屉口露出了一块奇怪的布（里面放着做礼拜用的法衣）。他十分小心又好奇地拽着这块奇怪的布，像是拽着一条从柜子里爬出来的蛇。就在这时，整个柜子突然开始向前倾倒，接着"轰"地一声砸在了地板上。阿尔弗雷德以为自己引发了天怒，吓得拔腿就跑。

还有一次，阿德勒一家在家里庆祝逾越节①。阿德勒听说，天使会检查每个犹太家庭，看他们是否只吃未经发酵的面包。这让阿尔弗雷德感到非常怀疑，于是他决定做一个试验。逾越节当晚，在其他家人睡去后，阿尔弗雷德悄悄摸下了楼，用发面饼替换掉了逾越节用的无酵饼。他把门半开着，等待了几个小时，想知道天使会做何反应。"当天使最终没有出现时，"他幽默地回忆道，"我并没有感到特别意外。"

即便很小就对宗教抱有怀疑态度，阿尔弗雷德仍然发现《圣经》里包含很多心理学启示。他特别喜欢《创世记》里的故事（比如约瑟夫和他的兄弟们的故事），里面记载了人在处理家庭关系时的很多弱点。在阿德勒随后的演讲和写作生涯中，他常常引用圣经故事来说明个体心理学的概念，比如手足相争、梦的解释和自卑情结。身为人父的阿德勒虽然不遵守宗教仪礼，他却让自己的孩子们认真研读《圣经》，因为它对人性有深刻的洞察。

尽管当时的大多数维也纳犹太人也像阿德勒的家人一样，迫切地想要摆脱祖先曾经受到的对待②，但他们还是挤在了维也纳21个区中的个别地带。他们社交和做生意的对象也往往以犹太人居多。如同西格蒙德·弗洛伊德之子马丁（Matin）日后所回忆的那样："无论贫富……我们都进入犹太人的圈子。我们的朋友是犹太人，我们的医生是犹太人，我们的律师也是犹太人。如果有人经商，那么生意伙伴也是犹太人。我们读的报纸是犹太人写的，报纸也是犹太人办的。我们也会到犹太人多的地方度假。"

在维也纳，犹太人最集中的一个区是利奥波德城。阿尔弗雷德7岁时，一家人从乡村模样的彭青和鲁道夫斯海姆一带搬到了那里。利奥波德城位于多瑙河运河和多瑙河之间，拥有最高的犹

---

①逾越节（Passover），纪念历史上犹太人在摩西的领导下成功逃离埃及。——译者注
②历史上，犹太人曾被限制居住在"犹太人居住区"。——译者注

太人口比例，戏称"无酵薄饼岛"（Matzo Island）。在几个世纪前的文艺复兴期间，这里曾被专辟为维也纳的犹太人居住区，所有犹太人每晚都必须返回，否则就会被监禁或处死。虽然这样的压迫性限制早已被取消，但是在19世纪晚期，众多工薪阶层的犹太移民依旧选择在拥挤的利奥波德城居住，以至于这里实际上再一次成为了犹太人居住区。至于利奥波德和葆莉娜为何搬家到这里，我们并不清楚。但是，经济原因（比如这里的住房更为廉价）很可能是重要的考虑因素。

然而，阿德勒的自传性文字中却从未提及他在这里的童年生活，这一点非常重要。加上他后来改信新教，这似乎意味着，阿德勒并不以自己的犹太文化背景为傲。确实，在随后多年当中，他很可能把这一点看作一种尴尬，这一点与弗洛伊德非常不同。就这一点来说，阿德勒也未能免俗。阿德勒在利奥波德城度过了4年的童年生活，在此期间，大多数犹太居民都把自己沉浸在日耳曼文化，而非犹太文化当中。到1880年，在维也纳，无论是参加希伯来文课外培训的犹太儿童人数，还是到犹太教堂参加礼拜的信众人数都已经明显下滑。维也纳有一所由一位西班牙学者建立的犹太教神学院，但这所神学院实际上与当地的维也纳犹太人没有任何联系。直到1900年，维也纳也没有出现过一位当地土生土长的犹太教拉比。

在维也纳，这一同化趋势不仅在宗教领域普遍存在，在文化领域也同样如此。维也纳有很多犹太人报纸，但没有哪家报纸的文字是伦敦或巴黎的犹太人报纸所使用的意第绪语，也没有哪家报纸在报名中提及犹太人或犹太教。虽然利奥波德城有两家意第绪语剧院，但整个维也纳都没有出版过一本重要的意第绪语文学作品。所以，跟同时代的许多人一样，阿德勒在成长过程中对犹太教意兴阑珊也就不奇怪了。

1881年，阿德勒一家搬出利奥波德城的喧嚣市区，把家安在了黑尔纳尔斯（Hernals）。黑尔纳尔斯是一片乡村地带，当时还不属于维也纳。阿尔弗雷德应该很喜欢这里，因为这里更像人烟稀少的彭青和鲁道夫斯海姆。几年前，他曾在那里度过了快乐的时光。阿德勒一家租下了两幢相邻的房子。房子是一家奶牛场的一部分，而奶牛场又属于帕尔菲（Palffy）伯爵，他是来自布尔根兰的匈牙利上议院议员。最有可能的情况是，利奥波德受雇于伯爵，帮他销售农产品。

同年，阿尔弗雷德的外祖父赫尔曼去世了。第二年，他的外祖母伊丽莎白也撒手人寰。由于父母双亡，葆莉娜和她在世的6位兄弟姐妹分掉了他们的房产。她把属于她的那一份变卖给了她的一个兄弟。1883年7月，阿德勒一家在韦灵（Währing）买了一幢房子。韦灵也在维也纳的边界之外，也同样是田园风光。这里的房子多是平房，而且有花园。阿德勒一家的房子是当时典型的商业住宅，由经营场所、楼上的卧室和楼下的马厩组成。它几乎正对着埋葬有贝多芬和舒伯特的著名墓地（如今叫舒伯特公园）。

阿尔弗雷德喜欢韦灵的田园气息。一家人养鸡，养兔子，甚至还养了牛、山羊和马。但是，他与哥哥西格蒙德的无休止竞争却给他的青春期蒙上了一层阴影。阿尔弗雷德总是觉得自己被"模范哥哥"映衬得黯淡无光，他也总是因为哥哥在家里更被看重而愤愤不平。多年以后，作为一名蜚声世界的心理学理论家，阿德勒诗意化地把年龄相近的兄弟姐妹比作了苗圃里争抢阳光和生长空间的树苗。即便进入中年，他也还是会不厌其烦地说起那位富商西格蒙德："那个既乖巧又用功的人过去总在我前面，现在还在我前面！"

青少年时期的阿尔弗雷德是否曾拥有或谋求拥有恋情尚不得而知。出身中产阶级的青少年几乎没有风流的机会，特别是那些拥有犹太背景的青少年。人们认为，行为端庄的年轻女性应该在婚前保持贞洁，并应尽力抵制一切挑逗。在性的问题上，换作接受过良好教育的年轻男性，人们则常常待之以双重标准。他们被默许，有时甚至被年长的男性亲属鼓励去妓院释放性欲。在当时的社会文化氛围里，与仆人或女工这种社会地位较低的女性发展短暂而慎重的恋情也被认为是可以接受的。

但是，阿尔弗雷德的青春期很可能是相当纯洁的。在现今留存下来的唯一一张他十几岁时的照片里，一个15岁的少年身材修长，表情忧郁，两眼明亮而纯净。成年后，在遇到他未来的妻子赖莎（Raissa）之前（当时他们都是大学生），他从未委婉地表露过对任何一名女性的迷恋。成为父亲后，阿德勒也只与自己已经成年的儿子谈论过一次关于性的话题，那是在库尔特即将动身去意大利做毕业旅行之前。一脸诧异的库尔特所得到的建议是："预防性病的唯一可靠方法就是爱情。"

自幼年起，阿尔弗雷德就喜欢跟朋友们在外面玩耍，打闹。然而上学就是另一回事了。从一开始，利奥波德和葆莉娜就对家中次子的学业充满了期待。然而讽刺的是，他们对知识本身却兴致寥寥。此外，他们也没有认真读过《塔木德经》等犹太教经典以及欧洲文学。与奥匈帝国的绝大多数犹太父母相似，利奥波德和葆莉娜也是从实用的角度看重教育，把教育当作塑造孩子美好未来的工具。虽然利奥波德花费毕生精力做谷物生意来养活他的大家庭，但他也梦想阿尔弗雷德能够在学术上脱颖而出，进而在法律或医学等体面的行业出人头地。

在阿德勒夫妇这样的中产阶级看来，这类职业能够为孩子提供终身保障，而做经营却会不可避免地遭遇起伏。这些一心想要融入欧洲主流社会的家庭也希望，通过接受大学教育，他们的儿子或许能够从维也纳见多识广的非犹太族裔那里获得比单纯依靠经济上的成功所能获得的更大的肯定。

当然，利奥波德和葆莉娜也熟知什么样的教育才能让他们的次子拥有律师或医生这样的理想职业。首先，跟所有维也纳孩子一样，阿尔弗雷德要在6~10岁读小学。然后，假设阿尔弗雷德能够达到特定的要求，他就要进入一所著名的中学，接受为期8年的严格训练。而后，他就要进入维也纳大学，最后再获得律师或行医执照，开始过上体面的生活。

正如作家斯蒂芬·茨威格（Stefan Zweig）在他对战前维也纳的回忆录中所写的那样："如果只考虑社会性的原因，那么所有的富裕家庭都会尽力让家中的男孩子们'接受教育'……在开明的自由主义时代，只有通往大学校门的所谓'学术'教育才拥有最高的价值，这就是为何所有'体面'的家庭都想在至少一个儿子的名字前面冠以某种博士头衔。"

起初，阿尔弗雷德很可能让他的父母感到满心欢喜，因为小学阶段的课程对他来讲毫不费力。不过，出现这一结果其实并不让人感到意外。在19世纪后期，维也纳的小学只提供四种基本训练——阅读、写作、算术和宗教。在彭青和鲁道夫斯海姆的半城半乡地带，很少有家庭拥有阿德勒夫妇那种重视教育成就的犹太文化传统，所以阿尔弗雷德很可能并没有在同学那里遇到多少像样的竞争。实际上，他还经常辅导邻居家的孩子，这让人们觉得他学习非常好。正如阿德勒日后所言，他显然是在用其他领域的成功来补偿身体上的孱弱。

但是，阿尔弗雷德一到9岁，他在学校的快乐时光就戛然而止了。成功完成了小学阶段的学习后，阿尔弗雷德现在要进入中学，开始为进入备受尊崇的维也纳大学做长期的艰苦准备。而与此同时，他的大部分同学却走上了截然不同的、非学术的职业培训轨道，14岁即可毕业。对于这些出身农民或劳工的孩子来说，提高社会地位的唯一选择就是参军或成为神职人员。同样地，非犹太族裔的手工业者和店主也很少会把自己的孩子送进中学。而且，从整体上说，维也纳的非犹太商人也不寻求让家里的男孩子们接受高等教育。

1879年秋天，阿尔弗雷德的父母把他送进了备受好评的施佩尔中学（Sperlgymnasium）。学校坐落在维也纳利奥波德城施佩尔街。巧合的是，14年前，同样是9岁的西格蒙德·弗洛伊德也曾在此入学。在那之后，学校修改了招生要求，规定10岁为最低入学年龄。也许父母在阿尔弗雷德的年龄上做了手脚，他才被顺利录取，因为在学校的记录里，阿尔弗雷德的出生年份为1869年。

阿尔弗雷德发现，施佩尔中学跟他城乡过渡地带的小学非常不同，不只在学习方面，在社会交往方面也是如此。比如，这所奥地利的著名中学只收男生，其后四十多年也均是如此。几乎所有的教育界人士都认为，把如此宝贵的教育资源投在女孩子身上纯属浪费。而且，她们肯定会干扰男孩子学习。对这些男孩子来说，学习是耽误不得的。

更让9岁的阿尔弗雷德感到吃惊的是，他的许多新同学也跟他一样来自中产阶级的犹太家庭。不过，如同阿德勒夫妇所明确知晓的那样，犹太儿童在奥地利上中学早就不是什么新鲜事了。因为在近一百年前，约瑟夫二世就已经解除了对犹太人入学的限制[1]。约瑟夫二世是第一位鼓励犹太人通过接受世俗教育来融入社会的欧洲君主。1782年，他还取消了针对犹太人的多项税收。在随后的几十年里，寻求借助世俗教育（即所谓的"启蒙运动"）来融入欧洲文化的犹太人稳步增长。这些犹太人非常看重中学教育，认为它是融入社会的关键通路。

然而奇怪的是，在19世纪的奥地利，中学教育并不是向上流动的主要通道。教育的分化使工匠、体力劳动者或店主家庭的男孩子们很难接受高等教育。这似乎不仅仅是一个经济问题，因为

---

[1] 1782年1月2日，约瑟夫二世颁布《宽容法令》，允许犹太人接受教育。——译者注

学费一般不贵，而且贫困学生常常还可以免交学费。它还可能是一个心态问题，因为维也纳的工人阶级民众大多都没考虑过要把自己的孩子送进有名望的中学。他们出身农民，已经习惯为社会地位高的人服务，而不习惯坐在他们身边听课。相比之下，大多数犹太人，例如阿德勒夫妇，却没有这种安于事人的传统。

出于各种原因，在维也纳的所有中学里，犹太学生的比例几乎都远远超出犹太人口占据维也纳总人口的实际比例。据估计，在19世纪末期的维也纳，犹太居民在城市总人口中的比例为8%。但是，在内城、利奥波德城和阿尔瑟格伦德（Alsergrund）等地的中学里，犹太学生的比例经常在40%~80%之间。在1875年，也就是阿尔弗雷德进入中学4年前，犹太学生占据的比例大约为30%。不过，值得注意的是，犹太学生很少进入维也纳最著名的两所中学——苏格兰中学（Gymnasium zu den Schotten）和特雷西亚学院（Theresianische Akademie）。这两所中学提供最精英的教育，是维也纳很多政治领导人的摇篮。

阿尔弗雷德班上的同学普遍非常聪明，而且大多大他一岁，加上父母对阿尔弗雷德的期待给他很大压力，这就使他在学校感到非常不适应。他对数学课尤其感到头痛，以至于学完一年后不得不重修。阿尔弗雷德的学业表现如此之差，让利奥波德非常生气。他吓唬阿尔弗雷德说，他要让他退学去给鞋匠做学徒。

在阿德勒夫妇这样的中产阶级犹太父母中，这类威胁非常典型，但显然不大可能发生。在维也纳，只有极个别的犹太男孩才会在制鞋等手工行业里做学徒，或者参加低等职业课程。即便在培养裁缝的针织行业学校，犹太学员也只占2%。实际上，犹太年轻人都不愿意从事这样的行业。部分原因在于，与偏见较少的中学相比，反犹太主义在这些行业里更加盛行。而且，即便是那些在经济上非常困顿的犹太家庭，他们也认为，对于家里的男孩子们来说，从事贸易和商业活动要比从事制鞋或裁剪行业更有希望。

不过尽管如此,阿德勒后来仍然回忆说,父亲威胁让他当学徒,而这确实吓住了他。也许他想到了做裁缝的大伯达维德所过的艰难生活,并担心步其后尘。后来,在他成为一名医生之后,阿德勒出版了他的第一本专著,写的就是维也纳小作坊里的裁剪工作对健康的危害。不管怎样,他确实下决心要努力学习了。没过多久,他的成绩就有了大幅的提升。

至于让他头痛的数学,阿德勒日后想起了一件事(也许他也觉得难以置信)。那时,他的老师被一道题难住了,但是全班只有阿德勒一个人想到了答案。他这样回忆道:"这次成功从整体上改变了我对数学的态度。我从前完全对数学不感兴趣,但现在我开始喜欢数学,并且利用一切机会提高我的数学能力。结果,我成了学校里数学学得最好的学生之一。这次经历帮我……认识到了能力天生论的谬误。"

不过,要说阿德勒真心喜欢读中学也是相当不准确的。在整个中欧地区,像施佩尔中学这样的学校是从相当传统的视角来看待自身使命的,即为即将进入大学和在专业或文职领域承担重要工作的年轻人提供希腊语和拉丁语经典的严格训练。这些以人文主义为导向(而非以教会为导向)的教育机构最早出现于18世纪后期。设计这些课程的教育者强烈地感受到,学习拉丁和希腊语法对逻辑思维模式的建立至关重要,阅读古典文学对审美能力的培养必不可少,掌握古代历史和哲学能够激发高贵的情感。阿德勒进入施佩尔中学前十年,奥匈帝国中学课程的设置权被政府收回,于是整个帝国的中学课程全部标准化,没有任何创新和改变的空间。

用我们今天的教育标准来看,当时的课程是极为严格的。学生在10~18岁之间要学习希腊语、拉丁语、德语和相应的语言文学,此外还有历史与地理、数学、物理和宗教。他们还要选修法语和英语课。在德语课上,像阿尔弗雷德这样的六年级学生(16

岁）要学习中古高地德语，学习从古代到马丁·路德的德语文学，并分析诗歌《尼贝龙根之歌》（Nibelungenlied）。第二年，他们还要学习新高地德语、从路德到歌德的德语文学，以及深入分析歌德和席勒的作品。在最后一年，他们还要分析从浪漫时期至今的德语文学。

在后来的生活中，阿德勒从来没有对德语文学表现出太多的兴趣，所以他很可能并不喜欢施佩尔中学的这些课程。然而，强调拉丁语法和文学的核心课程或许还要更加无趣。在8年中学生活的每一年当中，根据年级的不同，学生们每周都要学习拉丁语5~8小时。希腊语则从第三年开始学习，一直学到最后一年，每周学习4~5小时。学生们要阅读《伊利亚特》和《奥德赛》，以及柏拉图和索福克勒斯的著作，而且全部读原文。他们还要接触西塞罗、贺拉斯、李维、奥维德、塔西佗、维吉尔和尤利乌斯·恺撒的作品。相比之下，学生们每周只能在数学或科学上花费3个小时。此外，学生们的课程表里还有体操、音乐、绘画和书法等课程。

1881年，当阿德勒一家因利奥波德经商需要而从利奥波德城搬到黑尔纳尔斯时，阿尔弗雷德也转学到了位于黑尔纳尔斯街的黑尔纳尔斯中学。当阿德勒一家再次搬家时，阿尔弗雷德仍然留在这里上学。这一次，他们在隔壁的韦灵区住了很久，直到阿尔弗雷德18岁并获得预科学位。遗憾的是，这所学校的档案已经毁于二战战火，所以我们无法得知阿尔弗雷德在此期间的学业表现。

不过，有一点似乎非常清楚，那就是，阿德勒在黑尔纳尔斯中学和施佩尔中学的8年时间里过得非常不愉快。在他晚年的大量著述中，他从未提及哪怕一位给他启发的老师或哪怕一次令他振奋的求知经历。实际上，阿德勒后来成为了战后奥地利的重要教育改革者。在其事业早期，他就与卡尔·菲尔特米勒（Carl Furtmüller）等激进的社会主义评论家站在了一起。在他们看来，整个教育体系需要彻底改革。尽管很多奥地利的中学毕业生选择了心理与教育之外的职业，但他们的感受无疑也是如此。他们认为，他们在艺术或科学方面所取得的专业成就不仅没有受惠于年轻时所接受的学校教育，反而深受其害。

作家斯蒂芬·茨威格颇为讽刺地回忆道："这太过分了，几乎没有时间锻炼身体，做运动，更别提玩耍和娱乐了。……我的整个中学阶段只是没完没了的厌倦和无聊。……在那种单调、严酷、毫无生气的学校教育中，我实在想不起曾有过什么'欢乐'或'幸福'，它彻底糟蹋了我们一生中最绚烂、最自由的时期。"

首先，大多数中学的环境在建筑和空间上就非常沉闷。教室往往粉刷成白色，没有图画等任何装饰。学生两两坐在一起，一坐就是好几个小时。木凳子很矮，坐起来很不舒服。厕所的味道有时无孔不入。课程本身过于严格，缺乏弹性。"8年来，"茨威格说，"没有一个老师哪怕问过我们一次，我们想要学些什么。而且所有年轻人心中所渴望的鼓励刺激措施也完全是缺失的。"

确实，学校最主要的教学方式就是强调学生在上一课中犯了多少错误。学生之间不可以有任何交流，无论是两两交流还是几个人在一起交流。教师严肃地坐在前面，学生坐着木凳在下面。学生只能问老师认为适合问的特定问题，一切都要服从于标准化课程。"要想把某个学生看作一个个体，"茨威格回忆道，"教师就要特别注意他的特质……在当时，这不仅超出了教师的职权，也超出了他的能力。"

比这种漠不关心更糟的是，学生婴儿化了。在教学过程中，他们的智力和创造力不可避免地受到了损害。即便是行将毕业的18岁青年也被当作孩子一样对待。抽烟被抓到要受惩罚，想上厕所也得乖乖举手，等待准许。阿德勒从未在他的著作中怀念或试图美化奥地利19世纪末的学校教育制度。对于阿德勒中学生活的记忆，茨威格有一段话总结得很好，他说："对我们来说，学校就是强迫、厌烦和无聊的代名词。在那里，我们被迫定点定量地接受'不值得了解的科学'。……这是一种沉闷而毫无意义的学习。我唯一真正快乐的幸福时刻（我必须感谢我的学校）就是我能永远不必再去上课的那一天。"

对青年阿德勒来说，那幸福的一天发生在1888年春天。当时，他从黑尔纳尔斯中学获得了毕业证书。18岁那年，他被维也纳大学录取，准备攻读医学预科课程。此时，阿尔弗雷德的哥哥西格蒙德已经被迫离开中学去帮助父亲打理已经陷入困境的谷物生意。对正在挣扎中的利奥波德和葆莉娜来说，他们对阿尔弗雷德成为一名成功医生的梦想，就是照亮他们的孩子们的美好前程的灯塔。

第2章
一名激进派医生的成长

> 长大意味着拥有更多的力量，争取进步胜于找寻旧日的天堂。
>
> ——阿尔弗雷德·阿德勒

1888年秋天，阿德勒入读维也纳大学医学院。他决定将来做执业医师，而不是研究者。也许主要是因为这个原因，他对课程论文几乎没有兴趣。在此后的多年里，阿德勒几乎记不起他所接受的医学训练对他有任何启发，或者对他的学术生涯有任何促进作用。当然，他的学业成绩并不突出。他花费了7年光阴修完了所有医学课程，这个时间不快也不慢。他只修了必修课，并且以最低等级通过了他的三次资格考试。

考虑到医学院教师的医学取向，我们很难想象阿德勒不这样表现还能怎样。他的教授们所强调的是经验至上和严谨诊断，而不是如何护理患者。到19世纪中叶，他们的医学哲学被人文主义医学实践者们嘲讽为"治疗虚无主义"，因为他们很少提及如何仁慈地对待受病痛折磨的个体。维也纳医学教员的麻木不仁让一位毕业于海德堡大学的医生感到极为震惊，他甚至在世纪中叶写了一首诗，讽刺他们一边讨论患者的诊断，一边任由患者死去。然而从整体上看，这类批评对维也纳的医疗实践影响不大。

毫无疑问，讲到维也纳大学医学院最臭名昭著的治疗虚无主义案例，我们就不得不提及匈牙利产科医生伊格纳茨·塞麦尔维斯（Ignaz Semmelweiss）。1847年，在大学所属的综合医院工作的他发现，造成可怕的产褥热的原因是，刚从解剖室里出来的医生在不知不觉中把细菌带入了生产母亲的子宫。由于大胆主张同事应采取充分消毒措施，塞麦尔维斯横遭指责和嘲笑，直到1865年去世。

23年后，当阿德勒进入维也纳大学学习医学的时候，情况并没有出现明显的改观。进入维也纳综合医院时，可怜的患者都充满了恐惧，害怕他们无法再活着走出医院。入院治疗的患者必须提前付款。为了帮助改进诊断过程，所有死去的患者也都要接受尸体解剖。一位医学院校友后来回忆起了他听说的发生在当时的一件事。一名患有胸膜炎或肺炎的女患者快要死了，而一群学生却急不可耐地围在她身边，想要听她肺部发出的啰音。当来访的医生被这样的冷酷无情所震惊时，医学院的一位教授却说："什么治疗不治疗的，完全不重要。我们要的是诊断。"

这种冷血的做法与阿德勒想成为一名医生（他所认为的最佳助人方式）的整体动机完全背道而驰。不过，尽管课程不尽如人意，他仍旧决心实现自己的目标。而且，他也有一些办法来释放负面情绪。现在的阿德勒早已克服（或补偿）了早年的身体孱弱，成长为一个健壮又活跃的年轻人。虽然他身高仅有一米七零，谈不上高大壮硕，但他喜欢跟朋友们一起游泳，徒步旅行，偶尔也去爬山。他后来经常向听众建议，为人父母者应该教孩子游泳或其他既有趣味又有一定强度的运动，以此来培养孩子的自信心。

令大学期间的阿德勒感到更加满足的是，他每天晚上都可以在附近的廉价咖啡馆里跟朋友们畅谈。他不喜欢独处，即使在思维特别活跃的时候，他似乎也从未记过日记。他更喜欢在无拘无束的公共空间、在朋友的陪伴下讨论哲学或社会问题。在接下来

一名激进派医生的成长

的几十年里，随着阿德勒在维也纳和海外的名声越来越响，这一活动形式也将成为他的标志性特征。

由于在当时，精神病学还不是大学的必修课程，所以阿德勒没有接受过任何正式的精神病学训练。他也没有听过讲师西格蒙德·弗洛伊德[①]讨论癔症的讲座。不过，在他大学生活的第五个学期，阿德勒选修了理查德·冯·克拉夫特-埃宾（Richard von Krafft-Ebing）的课程，讲的是"神经系统最重要的疾病"。克拉夫特-埃宾是维也纳最有名的精神病医生之一，生于德国，是一名天主教徒，他协助发现了梅毒导致瘫痪的生理机制。他最为人熟知的事情很可能是他发明了"受虐狂"的术语，以及他于1866年出版的关于性偏见的著作，这本书的影响力持续了逾半个世纪之久。

阿德勒的大学档案显示，他的第五、第六和第七个学期过得特别辛苦。在这三个学期当中，他每周都要上10小时的手术或内科课程。内科课程由内科医生赫尔曼·诺特纳格尔（Hermann Nothnagel）讲授，他是人文治疗的坚定倡导者。他这样写道："确实，我们目前还很难影响病理过程的本质。但是，这并不意味着医学被判作一个闲散的看客角色，或被斥作听其自然。"与阿德勒相同，诺特纳格尔选择医学生涯也是为了奉献社会。他的著名格言是"只有好人才能成为伟大的医生"。同时，他也是一位富有创造力且成果丰硕的研究者。他对脑部疾病进行了广泛的研究，也是第一个完善了血压测量的人。诺特纳格尔在课上讲到了各种神经障碍。同时，他也是令阿德勒大受鼓舞的少数教授之一。

大学第七个学期结束后，阿德勒于1892年3月24日通过了第一次资格考试。在接下来的一周，他开始服役，即为期一年的义务兵役的前半段，直到10月1日。

在大学的第九个学期中，阿德勒上了所罗门·斯特里克（Salomon Stricker）的神经系统病理学课。斯特里克是一位著名的

[①]1885年8月底，弗洛伊德成为维也纳大学的神经病理学讲师。——译者注

组织学家，因研究血管神经和研究死亡组织的新技术而闻名。在阿德勒的第十个并且也是最后一个学期中，他只上了每周10小时的手术课。阿德勒在1894年5月22日通过了他的第二次资格考试，然后等了将近一年半才参加了最后一次资格考试。

像阿德勒这样计划投身临床实践而不是走学术研究或专业化道路的医学生通常可以去两所医院，一所是前述的维也纳综合医院，另一所则是规模小得多的维也纳联合诊所（Poliklinik）。对前者而言，带薪职位只开放给奥地利公民。由于阿德勒是匈牙利公民（他到1911年才成为奥地利公民），那么志愿医疗工作就将是阿德勒唯一的选择。

联合诊所成立于1871年，创办者是反传统的莫里茨·贝内迪克特（Moritz Benedikt），其宗旨是在奥地利对社会保障进行立法之前为工人阶级家庭提供免费医疗服务。作为维也纳大学的副教授，出生于德国的贝内迪克特已经在用催眠疗法来治疗癔症（比青年弗洛伊德关注癔症要早好些年），但高级教员却警告他放弃这个非传统的禁忌领域。由于从未被保守的同事所接受，直到1899年，贝内迪克特才成为正教授。阿德勒或许是受到了贝内迪克保持思想独立和无视正统医学的鼓舞，这一品质很快就将在整体上主导阿德勒的职业生涯。

联合诊所的医务人员虽然没有报酬，但他们有机会积累第一手临床经验，并有可能获得潜在的客户。1895年，阿德勒开始在奥古斯特·冯·罗伊斯（August von Reuss）教授的眼科工作。当年11月12日，他通过了第三次并且是最后一次资格考试。在10天后的11月22日，他获得了医学博士学位。

看到他们的次子所取得的成就和他一片光明的职业前景，利奥波德和葆莉娜一定感到非常欣慰。他是家里第一个获得高级知识分子地位的人。在接下来的几个月里，阿德勒继续在联合诊所做眼科工作。然而转年4月1日，他再次被招去服役，这一次是他一年期义务兵役的后半段。阿德勒被分到了一支匈牙利军队，登记的名字是阿拉达尔·阿德勒（Aladar Adler）。他驻扎在普雷斯堡，服务于第18军事医院。1896年9月30日，阿德勒服役期满。

═══

阿德勒在联合诊所为贫穷患者诊病的经历折射出了他的政治态度。因为，到19世纪90年代中期，他已经对社会主义充满兴趣。马克思和恩格斯的著作让他在思想上获得了极大的鼓舞，他似乎找到了一条能够让理想主义抱负得以实现的可行路径，即通过施展医术来奉献社会。他所感兴趣的不是经济理论和经济分析，而是社会主义的乐观主张——通过实施特定的社会行动，人们的生活便可能得到极大的改善。

每天晚上，在维也纳著名的圣斯特凡大教堂附近的多姆咖啡馆（Café Dom），阿德勒都会在那里坐上好几个小时，享用咖啡和便宜的食物，并与朋友们热烈讨论各种哲学思想。他虽然对加入"乱七八糟"的政党组织不感兴趣，但他很快就开始频繁地参加社会主义者集会。正如阿德勒长年的同事卡尔·菲尔特米勒后来所回忆的那样："这个圈子里的成员之间有非常丰富的思想交流，他们都充满了热情，梦想让这个世界变得更加美好。这与日耳曼民族主义群体在处理政治和社会问题时所表现出的那种肤浅截然不同。这个圈子当中有很多人……都在公共生活中扮演着重要的角色。"

确实，在阿德勒的大学时代，一种源自民族主义的反犹太主义逐渐在整个中欧地区弥漫，包括奥地利和著名的维也纳大学。这种对犹太人的敌意与几十年后在欧洲法西斯旗帜下发生的制度性的残暴行为很难相提并论，但它确实标志了维也纳大学在社会氛围上的明显改变。"组成所谓的日耳曼学生协会

人生的动力

（Burschenschaften）的那些人，"斯蒂芬·茨威格回忆道，"都是脸上有疤、醉醺醺和不讲理的年轻人，他们占据着厅堂。……手里拿着粗重的棍棒。他们不停地攻击犹太人、斯拉夫人、天主教徒和意大利学生，把手无寸铁的他们赶出大学。每到'闲逛'（Bummel，指周六的学生暴行）都会流血。"

没有证据表明，阿德勒曾经是这些反犹太帮派的受害者。但是，这些人的存在却让那些不属于日耳曼民族主义者的学生团结了起来（尽管这种团结是松散的），促使他们同情国际化的社会主义运动。虽然阿德勒成长于一个不虔信宗教的家庭，但是作为一名犹太人，阿德勒对日耳曼民族主义运动全无兴趣。相反，社会主义运动却为许多像他一样身为知识分子的年轻犹太人提供了许多诱人的价值，比如经济正义和通过强调理性与进步来关爱弱势群体。

对这些世俗化的维也纳人来说，在新的工业时代，犹太教相比而言已经显得无关紧要和陈旧过时。奥地利的大多数社会主义领导者都是这类世俗化的犹太人，比如颇有影响力的维克多·阿德勒（Viktor Adler，与阿尔弗雷德无亲属关系），这似乎并不是历史的巧合。

作为奥地利社会主义之父，维克多·阿德勒很可能充当了阿尔弗雷德·阿德勒效仿的榜样。虽然两人从未有交往，但他们的生活经历非常相似。1852年，维克多·阿德勒出生于一个同化的犹太人家庭。后来，他进入维也纳大学学习过医学。最初，他决定做一名精神病医生，而且跟年轻的弗洛伊德一样，他也有大学毕业后去巴黎继续求学的经历。但是没过多久，他就决定做一名给穷人看病的全科医生。最后，在19世纪80年代中期，他开始全力组织奥地利陷入低潮和分裂的社会主义运动。奥地利首相爱德华·塔菲（Eduard Taaffe）依据1886年的《无政府主义法》，以煽动判乱为由将维克多·阿德勒逮捕并多次囚禁。但是，维克多·阿德勒坚定不移，终于在1888年12月成功地建立了一个统一的社会民主党。

在随后的几年里，维克多·阿德勒在将奥地利社会主义运动导向民主政治表达而非暴力表达的过程中扮演了关键的角色。作为哈布斯堡王朝的坚定捍卫者，他于1889年宣布："除法国和英格兰之外，奥地利也许是全欧洲拥有最多自由主义法律的国家，以至于它像是一个共和国，只是最高统治者不是总统而是君主。"

第二年，维克多·阿德勒通过揭幕维也纳五一劳动节，并借机要求实行八小时工作制而展现了他的组织才能。社会主义运动的另一个重要事项是制定普选制度，因为已经有几十万人（如果没有上百万人的话）因交不起5莱茵盾的人头税而被剥夺公民权。

数万工人和他们的子女手持红旗，唱着歌，以四路纵队沿着宽阔的普拉特街游行。正如茨威格后来所回忆的那样："主街是一条可爱而宽阔的板栗树林荫大道，通常只有贵族和富裕中产阶级的马车和随从出现在这里。社会主义者！在当时的德国和奥地利，这个词散发着一种血腥和恐怖的独特味道。"

维也纳1890年的五一劳动节示威活动是当时全欧洲社会主义政党所组织的类似活动中最为成功的一次，给目击者留下了深刻的印象。整个过程虽然非常和平，但它还是引发了温和主义者的担忧，比如政府的《新自由报》（*Neue Freie Presse*）。他们报道说："人们在囤积食物，好像即将要被围城，所有人的心里都怀着沉重的担忧。……这种恐惧是一种耻辱，如果中产阶级没有沉沦得这么深，如果他们没有失去全部的信心，这种事就根本不会发生。"

当时，阿德勒只是一个20岁的毛头小伙，与维护中产阶级关于维也纳的自尊相比，他更担心的是父亲利奥波德那每况愈下的生意。或许是因为，阿德勒眼睁睁地看着自己的家陷入困境，所以才变得激进起来。实际上，阿德勒一家在风景如画的韦灵区的房子已经被抵押。第二年，他们被迫折价卖掉了房产，返回喧嚣的利奥波德城居住。在那里，阿德勒一家生活得非常窘迫，直到阿尔弗雷德的哥哥西格蒙德成为一个成功的商人，家里人才重新拥有了舒适的生活条件。

阿尔弗雷德·阿德勒从未写到过他在维也纳拥挤的劳动阶级犹太人区里的童年和青年生活。也许，他对那些年月感到怨恨。在这一方面，他对犹太教的态度也与社会主义领袖维克多·阿德勒没有什么不同。后者虽然也在犹太人家庭长大，但他对先祖的宗教却只有反感。在他26岁那年，他跟父亲一起皈依了新教。维克多·阿德勒热切希望社会主义能够加快同化的速度，让犹太教和犹太文化双双从地球上消失。阿尔弗雷德·阿德勒从来没有公开表示过这种情绪，但他后来也加入了新教，并且与奥地利的犹太人社区完全切断了联系。

大多数拥护奥地利社会主义的犹太知识分子也同样如此。他们在自己的宗教和文化遗产中看不到值得留存的有价值的东西。在政治上，他们很高兴地看到，维克多·阿德勒第一次成功地统一了奥地利社会主义运动的温和派和激进派。事实上，随着对奥地利的活跃工会的成功吸收，社会民主党得以迅速壮大。1897年，该党在议会取得了前所未有的成功。

━━

1897年夏天，阿德勒似乎平生第一次，也是唯一一次堕入爱河。他遇到了赖莎·爱泼斯坦（Raissa Epstein），不过确切情况仍不得而知。不喜欢把个人事务公之于众是阿德勒的性格，他从没写到或公开说起过自己求爱的经过。即便是他的女儿亚历山德拉和儿子库尔特也不记得他说起过他跟母亲或其他人发生过什么浪漫往事。

根据主导维也纳中产阶级生活的严格社会规范，身为青年知识分子的阿德勒应当在取得经济独立前保持单身。而且，他也只能与相同社会阶级的女性保持柏拉图式的纯精神恋爱。我们已经提到过，中产阶级单身男性与他人发生性关系是完全可以的，只不过要非常慎重，而且对方只能是社会等级较低的女性。正如茨威格后来所回忆的那样："典型的是与社会等级较低的女性发生短暂关系，比如女店员或女服务员，还有从事艺术职业的女性，比如女演员或舞女，以及更常见的妓女。"

在这一方面，婚前的阿德勒是怎么做的，我们不得而知。但是在他的早期著作里，他强烈地谴责了这种歧视女性的虚伪习俗。对于像他妹妹赫米内和伊尔玛这样的"正经"中产阶级女性来说，有关性的社会习俗甚至更为严苛——在婚前彻底禁欲是一条不可违反的规则。"为了保护年轻女孩，"茨威格说，"你一刻都不能让她们单独待着。她们身边得有人陪着，不能让她们一个人出门。上学、上舞蹈课、上音乐课都得有人陪，回来的时候也一样。……她们就像温室里的奇花异草，只能生活在人工加温的环境里。"

在俄国，赖莎以她自己的方式激烈反抗类似的教养方式。1873年11月9日，赖莎生于莫斯科，她是安娜·爱泼斯坦（Anna Epstein）和季莫费·爱泼斯坦（Timofei Epstein）的次女。季莫费夫妇是富裕的、相对同化的犹太人，他们似乎非常重视对女性的教育。他们鼓励赖莎学习知识，姐姐罗莎（Rosa）后来做了图书管理员。姐妹俩是幸运的，因为她们的父亲有很多极为富裕的亲戚。他们拥有大片林地，并且为莫斯科和遥远的圣彼得堡之间的铁路建设供应了大量的木材。

赖莎的母亲安娜过世很早，所以赖莎的童年并不快乐。目前还不清楚季莫费何时再婚，何时又生了儿子，但是赖莎和继母的关系很不好。19世纪后期，反犹太主义在俄国大行其道。在这样的氛围里，聪慧、即将成人的犹太女孩赖莎也感到不安和压抑。莫斯科大学因为她是女性而拒绝了她的入学申请。所以，她在22岁时去了瑞士。在那里，她于1895~1896年间在苏黎世大学读了三个学期，修了生物学、显微学和动物学等课程。显然，她读的专业属于自然科学。

1897年，赖莎来到维也纳，个中原因并不清楚。那时候，她对社会主义已经产生了浓厚的兴趣。阿尔弗雷德第一次邂逅身材娇小、皮肤白皙的赖莎似乎是在1897年三四月间的一次社会主义集会上。当时，仍然单身的阿德勒已经获得了医学博士学位。显然，他已经到了适合谈婚论嫁的年龄。

阿德勒对赖莎展开了迅疾而炽烈的追求。他不仅喜欢赖莎的长相，他还欣喜地发现，赖莎不仅充满智慧，而且还跟他一样拥有通过社会主义行动改善世界的理想。他可能也觉得，来自俄国的赖莎浑身散发着一种迷人的异国风采，而她的犹太民族也让他感到安心。虽然阿德勒并不信仰宗教，但他或许感受到了来自家庭的些许压力，因为他们不希望他违背犹太信仰。

23岁的赖莎似乎已经被这位年轻维也纳医生的礼貌和敬意所打动。在7月11日写给"尊敬的小姐"并以"衷心的问候"结尾的一封信中，阿德勒向赖莎表达了过去一周没能在她家（可能是女生宿舍）找到她的失望。一个周六黄昏，赖莎意外失约后，阿德勒感到非常孤独，他在维也纳蜿蜒曲折的街道上漫无目的地游荡了好几个小时。星期天，他照例两次上门找她，然后又写信给她。

在接下来的几周里，阿德勒对赖莎越来越痴迷。到8月13日，虽然他仍旧称呼赖莎为"尊敬的小姐"，但他已开始诗意地袒露自己的灵魂，这在他往后的生活中绝无仅有：

我已经烧掉了我身后的桥，一叶扁舟载我至翻滚的时间骰子。我的目光不再指向沉沦的海岸，它变得更自由、更轻盈。在知识的长空，我重新凝聚了力量，于奇异背后寻本源，在绚烂之下探求分子的一致……如果一个人能从他的生活中提炼出最根本的元素……他就成为一位先知：全知，全能，全智。就是这样，他明了善恶。我们的目光更加犀利，像X射线一样穿透躯壳，直窥本心。

赖莎有多少次回复了她热烈追求者的来信，我们不得而知，因为她的回信无一幸存。虽然两人迅速坠入爱河，但过程一波三折。不知是经历了一次争吵还是遭受了拒绝，在那个夏末，阿德勒写下了一封伤感的回信：

  赖莎！听到你的名字，我的灵魂仍旧起起伏伏，迷雾在我眼前飞舞。这个可怕的字眼戳中了我的弱点。糟糕的念头狂野地冲击着，冲击着曾经是勇敢水手的伤者。……是的，在你说出这个让我痛不欲生的字眼时，你的尖叫声带着征服者的冷酷，在废墟上回荡。说到艰难、痛苦和穷困——你直面了我生命的谜题，看到了我生命的激流从每一条血管中涌出，从我温暖的心，流向你。……亲爱的女士！我不想骗你或让你失望，否则我就不得好死。我知道，你高贵的品性会试图拯救我。……我没有什么可以失去，所以也没有什么可以害怕。……我会满心欢喜地回应你的邀请。

9月初，赖莎离开维也纳回到了俄国。婚礼已经在安排当中，赖莎也已经开始做准备了。当月17日，兴奋异常的阿尔弗雷德写道，他收到了她的信：

> 当你的消息传来，当我用我的整个灵魂吸入你圣洁的话语，当我努力结结巴巴地描述你的爱对我的赠予——宝贝，我于是在极大的不安和极大的喜悦之间震荡——我会咒骂令我与你分离的灾祸，我也会欢庆我们即将完全拥有彼此的狂喜。

在同一封信中，阿德勒也提到，朋友们劝告他推迟与赖莎的婚期，等到他在事业上站稳脚跟再说。如果新婚夫妇的生活出现困难，那么阿德勒经济窘迫的父母将很难提供帮助。阿德勒提到一句警告："想想看，如果你生病了，不能工作了，你的妻子和孩子怎么生活？"但是，凭着标志性的自信，他继续向赖莎保证道："听听最近这些聪明人的话，好像我不知道怎么做更好。我这么回答他们：'但是，魔鬼偏偏要在我刚开始快乐的时候造访吗？'我还说：'我就从没生过病。'"

由于12月在遥远的俄国举行婚礼的计划已经确定，利奥波德和其他家人表示他们想去参加婚礼。虽然阿德勒愿意让他的哥哥西格蒙德和另外几位亲戚参加，但他还是劝自己62岁的父亲不要去，因为冬天走这么长的路太辛苦。

阿德勒一边忙着办理出国旅行需要的证件，一边在维也纳寻找合适的地方租住。这个过程非常耗时，而当地的房地产经纪人所提供的服务并不能令他满意。最后，他把找房子的事托付给了朋友，并决定立即动身前往莫斯科，在婚礼举行前与赖莎共度时光。他不敢把这一冲动、不合传统的安排告诉赖莎的父母，于是在10月4日这样写信给赖莎：

> 你父亲还没有给我写信，现在已经太迟了。如果你父亲能给我父亲写几句话，比如告诉他已经得知我的求婚，并且希望进一步了解我，那就太好了。我这样不请自来对你的家人来说很失礼，但是我必须这么做。就是这样。

然后，阿德勒又兴奋地补充道：

  我已经在收拾东西了，书和各种证件扔得到处都是。……收到这封信后，不要再写信给我了，我周五就出发了。所有证件都已经准备好，我的护照有效期是6个月。现在，我只差在俄国结婚的准许了，我明天去俄国领事馆取。如果没办法及时拿到，我会让他们寄给我。太好了！宝贝！太好了！再过几天，我就能把你拥在怀里了！

第3章
独立执业

> 毫无疑问,对我来说,所有人在生活中表现得都像是确切了解自己的力量和能力一般。
>
> ——阿尔弗雷德·阿德勒

1897年12月23日,阿尔弗雷德和赖莎在俄国斯摩棱斯克市举行了一场喜庆的犹太式婚礼,很多亲朋到场庆贺。阿德勒27岁,新娘则刚满24岁。斯摩棱斯克是一座工业小城,只有4.5万居民,从莫斯科往西坐几个小时的火车就到了。赖莎家的有钱亲戚就住在这儿。他们的住所位于该市一处中等规模的犹太人社区里,这里有居民4500人,其中很多人都做木材生意。

与赖莎相比,阿尔弗雷德的家庭在种族和宗教上更为同化,因此,他很可能对神圣的希伯来婚礼祷告等仪式感到陌生。现有的历史证据表明,这可能是阿尔弗雷德·阿德勒最后一次参加正式的犹太教礼拜。当时,俄国犹太人婚礼的典型做法或许是首先用希伯来语相互起誓,然后举行由热闹的犹太传统音乐(意第绪语民谣)助兴的庆祝宴会。

婚礼过后不久,两位新人返回维也纳。在阿尔弗雷德去俄国的几个月里,他的朋友们显然没有为他找到合适的公寓。于是利奥波德和葆莉娜就慷慨地把他们在艾森街①22号的房子腾了出来，直到他们的儿子和新儿媳找到更稳定的住处。

阿德勒和赖莎的第一个家位于维也纳第9区的一排法国风情的老式住宅当中，它的前面是一条狭窄而幽深的坡道，直通维也纳市中心。阿尔弗雷德常去的几家医院就在附近。

一开始，与赖莎一起生活让阿德勒感到无比幸福。在认识他的人看来，阿德勒变得更加轻松和自信了。他曾经用一种奇特的方式冲动地向朋友吐露道："就算我在实验室做一个她，结果也不会比她更适合我的口味！"不过，由于没有像样的事情来满足赖莎的好奇心，她很快就开始想念遥远故国的家人和朋友。好在生活里发生的一件事在一定程度上化解了她的孤独，那就是1898年8月5日，阿德勒的第一个孩子瓦伦丁·迪娜（Valentine Dina）出生了。孩子出生在婚后七个半月，目前还不清楚她是否属于早产。不过可以肯定的是，小瓦伦丁的出生填补了阿德勒外出工作时留给赖莎的空缺。

多年以来，阿德勒一直想成为一名执业医生，而非从事学术研究。与赖莎结婚后不久，他就兴奋地在利奥波德城的切林街（Czeringasse）7号开设了一家私人诊所，成为了一名内科医生。就在这座带有庭院和喷泉的优雅建筑里，阿德勒和赖莎找到了一间面朝普拉特大街（Praterstrasse）的舒适公寓，这里于是成为夫妇二人的第一处永久居所。阿德勒一幅拍摄于这一时期的照片显示，一个英俊、严肃的年轻人穿着精心缝制的西装马甲，系着漂亮的领带。他的短发径直向后梳去，露出了宽大的额头、眼镜和八字胡。

有关这一阶段的各种信息显示，阿德勒是一个怀抱理想、工作勤奋的医生。在职业生涯早期，他对写作的兴趣并不大，而是

---

① 艾森街（Eisengasse），即今天的威廉·埃克斯纳街（Wilhelm Exnergasse）。——译者注

将大量工作时间用于精心护理患者，以此来发展他的诊所。由于身强力壮，他只需很少的睡眠，其余时间几乎都在工作。虽然阿德勒喜欢抽香烟和雪茄，但他极少大量饮酒。也许是打小就顾忌自己身体的原因，他保持着非常健康的生活习惯。对于这件事，他相当认真。

晚上，阿德勒和赖莎会与朋友们在咖啡馆里聚首，来客中还有社会主义者、知识分子和画家。阿德勒一边放松地喝着咖啡，吃着点心（阿德勒很快就将获得当时典型成功男士的啤酒肚），一边阅读最新的报纸和杂志。他最喜欢就政治、哲学和艺术等话题展开热烈的讨论。他也仍旧喜欢听演奏会，有时也弹钢琴，唱歌。但是，随着工作日益繁重，他越来越没有时间享受闲情逸致。他只是偶尔去看望父母，而他们似乎也无法影响阿德勒在工作和家庭生活方面的选择。

诊所附近的居民大多为中低阶层，包括大量犹太居民。这样的地理位置在名声上不如有许多名医执业的艾森街响亮。不过，阿德勒在这里行医倒是更容易为自己树立口碑。此外，这里也有维也纳著名的普拉特游乐园。1766年，约瑟夫二世首次将该游乐园向奥地利公众开放。普拉特游乐园由位于多瑙河西岸的皇家狩猎保护区和许多运动场、一座动物园和一个马戏场合并而成，其高耸的摩天轮深受维也纳学童喜爱。后来，在由卡罗尔·里德（Carol Reed）导演、以二战后的维也纳为背景的著名谋杀悬疑剧《第三人》（*The Third Man*）中，维也纳摩天轮成为了时代的印记。

由于待人和蔼、医术精湛，阿德勒很快就成了利奥波德城一位受人尊敬的医生。他的患者和同事对他尤为赞赏，因为他根据直觉得出的诊断往往非常准确，让人不可思议。据说，他的第一个精神科病例是他的一个远房表妹。她说自己突然头疼。"但是，没有人，"阿德勒温和地回答，"只是头疼。你确定你的婚姻幸福吗？"他的暗示激怒了这位表妹，后者愤然冲出了诊室。

然而没出一个月，她就提出要和丈夫离婚。

阿德勒的患者并不富裕，但他对此不以为意。他行医的目的是改变社会，而非为自己积累财富。从阿德勒留存的病历记录可以看出，他的患者来自各行各业，有商人、学生、会计、律师、作家、公务员，甚至还有很多厨师、店主、家庭教师和簿记员。

阿德勒最特别的患者或许是普拉特游乐园里的那些表演者，比如大力士、空中飞人和杂技演员。这些依靠体力和技巧维生的人向年轻的阿德勒医生分享了他们的人生经历、挫折、欲望、期待和目标。为了更好地帮助患者，他决定认真研究隐藏在身体与心灵之间的神秘联系。

特别是，在这些年里，阿德勒开始深入思考他后来称之为"器官缺陷"（organ inferiority）的对成年人的个性和习惯行为的影响。他发现了一个有趣的现象，游乐园里的很多表演者都曾在幼年时存在先天缺陷，而后又通过锻炼成功地克服了它们。这些患者的经历无疑会让阿德勒回想起自己幼时对身体强壮的渴望。几年后，阿德勒对这一努力超越此类困境的现象的思考就逐渐成为了他的补偿（compensation）和过度补偿（overcompensation）理论。它们已经成为现代心理学殿堂的基石，甚至还成了英语中的常用词。

在阿德勒开始独立执业的那些年里，维也纳政治的主导者是当地教会背景的中产阶级团体——基督教社会党，其领导者是极富煽动力的卡尔·卢埃格尔（Karl Lueger）。卢埃格尔是维也纳理工学院一名校工的儿子，曾获得法律学位，而后进入政界，为已经参加竞选三十余年的自由党做基层组织工作。感受到维也纳工匠和店主对糟糕经济的日益不满，卢埃格尔开始猛烈抨击资本家和犹太人。他逐渐向温和左派倾斜，最终在19世纪80年代后期引发了一场新的政治运动。

身材魁梧、优雅俊朗的卢埃格尔成功地领导了基督教社会党，使它成为了维也纳最强大的政党。1895年，市议会选举他为市长，但弗朗茨·约瑟夫皇帝因为他强烈的反犹立场而拒绝承认他。市议会再次投票，皇帝也再次否决了对他的任命。当市议会第三次并且第四次投票选举卢埃格尔之后，弗朗茨·约瑟夫与卢埃格尔进行了一个小时的会面，最终说服对方"暂时"让步，接受副市长一职。1897年4月，卢埃格尔在维也纳市议会第五次投票中再度被推举为市长。这一次，奥地利皇帝没有再阻拦对他的任命。

当选三次，任职13年，直到1910年去世，卢埃格尔在维也纳掌握了相当大的权力。他的基督教社会党宣称自己是"小民"的支持者，他们对市政厅的腐败、对银行家和工业家的巨大权力、对犹太人在维也纳商业和文化生活中的广泛影响多有不满。维也纳的中下层店主和手工业者害怕来自新出现的百货公司和大众营销手段的竞争，而卢埃格尔的演讲成功地借助反犹太言论获取了他们的支持。后来，他的演讲启发了年轻的希特勒，在其日后所写的《我的奋斗》（*Mein Kampf*）一书中，希特勒称赞他为"有史以来最伟大的日耳曼人市长"。

不过，卢埃格尔并不是一个想要置犹太人于死地的标准纳粹者。他曾经打趣地把反犹太主义定义为"只在必要的时候厌恶犹太人"，甚至于，他在维也纳的精英圈子里还有几位犹太人支持者和朋友。作为维也纳的无冕之王，他还发起了一系列现代化和改革项目。他命令将天然气工厂和电厂收归市政，使公营部门的力量大大增强。卢埃格尔也下令拓展维也纳的交通网络，开展劳工交换，并在维也纳新建了一百多所学校。通过从南部的阿尔卑斯山修建一条长240公里的水槽到维也纳，他成功地改善了城市的供水状况。他鼓励植树造林，挽救了维也纳日益缩减的绿化带。

市政府甚至买下了两家企业，并且创建了一系列市政机构来推动住房、就业、人寿保险和储蓄银行等事业。他推动建立的储蓄银行最终吸引了十万名存款人。

卢埃格尔对公益事业的关注还体现在各种改善城市卫生和环境状况的措施上。除增加预留给公园、花园和森林保护区的市政用地外，他还推动建立了一家现代屠宰场、一家孤儿院、一家结核疗养院、一家精神病院和一处用作休闲的海滨。此外，卢埃格尔还建立了卫生救护系统和服务城市贫民的公共浴池网络。他推动建立的公园配有游乐场，每根灯柱周围都有花坛。他推动建立的公立学校设计精美，还为贫困学生提供免费午餐。

与此同时，阿尔弗雷德·阿德勒所深深认同的社会民主党也在继续推动其影响深远的政治与经济改革。维克多·阿德勒等敌视资本主义的社会民主党领导者，认为自身是连接欧洲和全世界工人以便建立世界新秩序的国际运动的组成部分。看到167.5万名民众被少数极端富有的资本家割裂，看到中产阶级自鸣得意、骄傲自满，看到大量底层工人勉强维持生计，他们认为，维也纳是资本主义制度及其与生俱来的分配不公的绝佳缩影。

———

就是在这样的政治经济背景下，28岁的阿德勒出版了他的第一本专著。1898年面世的《裁剪行业健康手册》（*Health Book for the Tailor Trade*）是一本31页的专题著作，同时也是柏林戈莱别夫斯基（E.Golebiewski）博士编辑的《职业卫生指南：职业病与工伤事故的预防》系列图书中的第五本（前四本分别针对烘焙、木工、纺织和采煤行业）。这套便宜的小册子名义上是为工人的健康所写，但里面也包含激励人心的格言——防范危险的第一步是了解危险！

当时，奥地利的裁剪业正濒临毁灭。裁剪是一种家庭手工业，其所剩不多的从业者正过着贫病交加的悲惨生活。他们的工作有季节性，工作量和报酬都极不稳定，并且时常遭受雇主的剥削。维也纳裁剪工被迫在污浊的家中每天工作18小时，阿德勒的大伯达维德即是如此。如前所述，达维德的艰难生活可能是阿德勒撰写这本书的原因之一。

阿德勒写这本书是为了"描述裁剪业经济状况与职业病之间的联系，以及生活水平降低对公共健康的危害"。据信奉社会主义的阿德勒所言，中欧裁剪工的患病率高于所有其他行业，平均预期寿命也最低。在这本小册子的第一部分，阿德勒概述了奥地利和德国的裁剪业在过去几十年里的一般社会经济状况。尽管像达维德·阿德勒这样的裁剪工已经开始直接服务于个人客户，而且他们已经由行会组织起来，并受到后者保护，但成衣业的出现已经从根本上动摇了这一历史悠久的行业。

阿德勒认为，在政府的严密监管下，大工厂的工作条件已经大幅改善。而且，这类工厂所雇用的裁剪工也更容易团结起来一致行动，为自己争取权益。与此相反，在一系列因素的作用下，小作坊的工作条件要差得多。首先是技术创新不足，裁剪工仍然使用老式缝纫机。其二是小作坊只服务本地的小市场，其业务更容易遭受经济波动的影响，经常导致全年工作量分布极度不均。在一年当中，一名裁剪工可能会有五六个月每天工作18个小时，妻子儿女也要帮他辛勤劳作，却在其余月份里几乎无活可干，面临要么失业，要么仅以极低报酬工作的窘境。

这本书还细致地描绘了裁剪工不堪的工作条件。由于政府的监管很难覆盖到家庭手工业，所以裁剪工大多都吃住在工作场所。这些工作场所一般都是城市里最肮脏、最容易使健康遭受损害的地方。那里阴暗、潮湿、拥挤、空气不流通，很容易导致传染病肆虐蔓延。当流行病发生时，这一状况对顾客也很危险。另外，裁剪工所承受的精神压力也在侵蚀他们的健康。

在《裁剪行业健康手册》的第二部分，阿德勒介绍了家庭手工业裁剪工所经常罹患的具体疾病。首先，阿德勒使用先前发表的数据制作了两张统计表，借此说明肺病是头号威胁。这一点很容易理解，因为裁剪工总是弯着腰或坐着工作，每时每刻都在吸入布料上的灰尘。对裁剪工来说，肺结核这种可怕疾病的发病率是其他行业劳动者的两倍。他们的工作姿势也容易引发其他疾病，比如静脉曲张和痔疮等循环障碍，以及患病率超过30%的肠胃病。同样，弯腰也会增加关节炎、风湿病和脊柱侧弯的发病率。裁剪工健康状况堪忧还有两个原因，一是他们经常接触有毒染料，二是顾客带来的旧衣物也容易传播传染病。

在总结裁剪工容易患病的原因时，阿德勒强调了以下因素：长期营养不良、居住条件差、劳累过度、缺乏政策保护，以及许多裁剪工因身体原因无法从事其他行业。

在第三部分也是最后一个部分，阿德勒提出了自己的建议，以此来改变这种不尽如人意的现状。他不仅主张立即制定新的劳动法，而且明确提出了具体的实施建议，其中一些做法相当超前，比如严格执行现行法律，为家庭手工业而非仅为雇工20人以上的企业提供工伤保险，实行强制退休政策，提供失业保险，设置每周法定工作时限，将裁剪工的工作场所和居住场所分离，禁止计件赔偿。最后，他还呼吁为裁剪工建造更多住房和餐饮设施。

阿德勒撰写《裁剪行业健康手册》显然不是为了发表一种客观中立的学术意见，而是指向明确的行动，这一点将成为贯穿阿德勒学术生涯的显著特征。站在马克思主义的立场上，阿德勒也谴责了如野草般蔓生的资本主义。他表示："由于全球市场毫无节制的竞争，小企业主被迫寻求他所能得到的最便宜的雇工，尽最大可能剥削工人，并尽量使用季节性工人。"

这本书强调了医生作为社会活动家和改革者的特殊角色，这一点预示了阿德勒日后的观点。他明显地暗示了母校臭名昭著的"治疗虚无主义",并攻击了主流的"当代学院医学"。他认为,这种医学"忽视了社会疾病的存在……只有依靠一种当今医学尚不知晓的新的社会医学,这些社会疾病才能得到有效的医治"。

阿德勒认为,要想从根本上消除多发的职业病,如欧洲裁剪工所罹患的那些疾病,医学专业人员就要勇于承担新的社会责任。具体地说,阿德勒建议道,政府要派健康检查员监督企业是否达到了最基本的健康要求,比如充足的空气、空间和光线。医生们也应积极开展公众教育,例如让裁剪工更好地了解他们所选行业的健康风险。

对于阿德勒在随后3年中的情况,今天的我们知之甚少。他偶尔会去看望父母,但无论跟利奥波德还是跟葆莉娜都不是特别亲近。他们都没有接受过良好的教育,在精神上也少有追求。阿德勒可能已经发现,他已经逐渐与他们没有了共同语言。根据利奥波德的几个孙辈所言,步入老年的利奥波德除了看报纸就是关心自己的穿着。衣服要剪裁合体,靴子要明光锃亮。阿德勒在他后来的作品里格外严厉地批评了祖父母辈对孙辈的溺爱,这样看来,他也可能与利奥波德或葆莉娜在子女养育方面产生过摩擦。

虽然阿德勒很疼家里最小的孩子,即正在为日后成为钢琴家而努力的十几岁的里夏德,但他跟另外两个妹妹和两个兄弟却不是特别亲密。赫米内跟赖莎合不来,很快就几乎与这对新婚夫妇断了联系。阿尔弗雷德跟哥哥西格蒙德的关系继续以紧张和竞争为主调。为了帮助家里度过经济困境,西格蒙德放弃接受大学教育,跟利奥波德做起了谷物生意。由于这一原因,他心里或许埋藏有对弟弟的一丝怨念。

1901年9月24日,阿德勒的第二个孩子亚历山德拉出生。不久后，阿尔弗雷德与赖莎的夫妻矛盾似乎有所加剧，这一情形跟今天许多高学历或双职工夫妻所遭遇的没什么不同。由于家里有两个孩子，28岁的赖莎发现自己要花更多时间做家务和带孩子。然而，关心政治、思维活跃的她对家务和日常琐事毫无兴趣。而且，她身在奥地利，无法从远方亲友那里获得心理上的慰藉。

在当时社会风气的影响下，阿德勒希望他的妻子能够愉快地扮演贤妻良母的角色，他自己则越来越忙于出诊和养家。由于他的患者大多来自利奥波德城的工人家庭，所以很多患者只付得起很少的钱，甚至完全付不起钱。实际上，阿德勒在整个行医生涯中都是这样。他不仅诊费低廉，而且也经常批评那些意欲通过行医致富的同行。

情况通常是这样，阿德勒工作一整天，然后回家仅待上片刻就再次出门，去格林斯坦咖啡馆（Café Griensteidl，维也纳社会主义者的"据点"之一）见朋友，一聊就是几个小时。赖莎一天到晚照看孩子，从无间断，她肯定不喜欢这样的生活。特别是她也喜欢谈论政治和社会话题。

阿德勒并非不了解赖莎的感受。在给一位记者朋友弗朗茨·布莱（Franz Blei）的一封信中，阿德勒这样写道："自从第二个孩子出生以来，我的妻子完全被绑在家务上了。幸运的是，小孩已经开始学着走路了。希望会走后情况会好一些。"然而，这样的日子持续不到3年，他们的第三个孩子库尔特也会出生，而赖莎也会更加不堪重负。

事实似乎是，跟成长于19世纪的大多数男性一样，阿德勒即使在家也很少做家务。他更关心与工作有关的事情。索菲（Sophie）在阿德勒家做厨师和女佣二十多年，她后来回忆道："我第一次来到阿德勒家时，先生手里总是拿着一本书或一支笔。出诊回来后，他会一直坐到凌晨，看书，写东西。后来，他就不这样了，因为一整天都有人来，到夜里也是。不过在他年轻的时候，他讲话并不多。"

有时，阿尔弗雷德和赖莎会发生明显的个性冲突。这类事情在多大程度上源自他们相异的文化背景，我们并不完全清楚。但是，作为一个土生土长的维也纳人，阿德勒似乎对她不遵守常规、不愿穿着体面以符合她作为医生妻子的新社会地位的做法感到失望。阿德勒比较活跃、外向和老练。两人临近吵嘴的时候，他会尽力避免冲突，同时借助开玩笑巧妙地化解紧张气氛。而赖莎的脾气则不是很好，有时甚至非常暴躁。

由于阿德勒把心思都放在了工作上，而家务又让赖莎不堪重负，于是他们在育儿方面就比较松懈。一次客人来访，阿德勒的一个孩子静悄悄地走进厨房，然后手里挥舞着一把长长的切肉刀走了出来。"你们看我厉不厉害！"孩子满不在乎地对坐在餐厅里瞠目结舌的大人们说。不过，这样的事情似乎并不多见。亚历山德拉和库尔特后来都回忆说，他们的父亲非常和蔼，很关心人，并且从不体罚他们。在提出要求的时候，阿德勒会说明原因，而非命令或威胁。就此而言，他已经在实践他日后向全世界不计其数的父母和专业人士所宣扬的理念。

━━━

在开办诊所4年后的1902年，阿德勒在《医学新闻简报》（*Aertzliche Standeszeitung*）上发表了两篇文章。该刊由海因里希·格林（Heinrich Gruen）新近创建，双月发行，旨在提升奥地利医生的职业素养。显然，阿德勒在该刊的策划阶段就被视为了关键作者之一，因为创刊号中特别刊载了其宣言性质的文章——《社会力量对医学的渗透》（*The Penetration of Social Forces into Medicine*）。

阿德勒一边继续阐述《裁剪行业健康手册》中的进步思想，

一边敦促同行投身社会医学，特别是疾病预防领域，并称后者为"科学的医学所给予人类的最有价值的成果"。对于公共卫生这一重要议题，阿德勒强烈谴责政府机构和非专业人员从医生手中夺取控制权的做法。一些政策已经开始由非医学人员评估，比如关于职业卫生和感染性疾病（如结核病）治疗的政策，因为"在日常生活的小烦恼中，在对精致研究项目的总是不切实际的期待中，医学界又一次失去了远见"。

阿德勒呼吁扭转这一情形。他写道："只有这样，人类才会将犹豫不决的、常常是毫无希望的艰难治疗转变为胜券在握的预防，才能将无能为力或'低能医学'的时代转变为胸有成竹的时代。"

在这篇文章中，阿德勒称赞鲁道夫·菲尔绍（Rudolf Virchow，1821~1902）是关心社会的医生的重要榜样。阿德勒表示："青年菲尔绍与志同道合者曾强烈要求通过社会方式解决疾病问题。这位细胞病理学的开创者认为机体是由细胞组成的社会组织，并首先大力呼吁社会疗法，这不只是巧合。"

菲尔绍是一位著名的研究者，曾信奉机械主义哲学。他坚定地捍卫贫民的利益，同时也是德国社会医学的创始人。1848年，他创办了一份自由主义期刊《医学改革》（*Medical Reform*），后来又在德国议会推动公民意识运动。最终，他投入了医学人文主义的怀抱。他说："现在是时候放弃科学对生命的拘谨认识了，这种认识只把生命看作基本粒子所固有的分子间作用力的机械作用结果。"后来他又说："生命不能简单地归结为物理和化学作用力。"菲尔绍多年里影响深远的社会活动和声名远播的医学实践将激励阿德勒整整一生。

那年晚些时候，阿德勒在《医学新闻简报》发表了他的第二篇文章《社会医学教职》（An Academic Chair for Social Medicine）。他特别提议，为了提高公共卫生水平，教育机构应该设置特定的大学教职，组织相应的研讨会，并且需要经济学家、社会学家和公共教育人士共同合作。在阿德勒的乐观构想中，政府和大学对新教职及其附属研讨会的支持将能够——

> 最终推动系统清除目前的医疗乱象。而且，即将在那里点燃的火苗不仅会照亮所有听众的头脑和心灵，同样也会照亮他们自身。经过持续十年的卫生普惠教育，把卫生事务从政治与剥削的羁绊中解放出来，然后我们才能讨论大规模流行病！

除体现阿德勒对社会医学的持续关注外，这篇不长的文章还预示了他日后所强调的关于教育是社会进步的关键的主张。在接下来的几十年里，阿德勒将成为奥地利学校教育改革的关键人物，尤其是在培训教师和医生以深入理解孩子的心理需求方面。实际上，这篇文章发表二十多年后，阿德勒将主张设置特定的大学教席（我们现在称之为特殊教育）来"减少和消除"青少年的适应不良和犯罪问题。

虽然阿德勒对通过预防医学进行社会改革充满热情，但他仍然不得不继续履行服兵役的义务。从1902年8月中旬到9月中旬，阿德勒在匈牙利后备军洪韦德（Honved）第18步兵团服役。该团主要由讲德语的士兵组成，驻扎在布尔根兰州的奥登堡镇。

回到维也纳后不久，阿德勒在9月30日给他的朋友布莱写了一封长信。由于服兵役而未能及时回复布莱，阿德勒向他表达了歉意。他还愉快地回忆了最近的家庭旅行，表示他们体会了"匈牙利的壮丽。那是吉普赛人的生活"。说到专业话题，阿德勒这样写道："我已经给编辑穆勒（Muller）写了信，现在还没收到他的消息。他搬去月球了吗？"他还问布莱是否读过近期发表的一篇文章，其作者是维也纳的一位医生，名叫西格蒙德·弗洛伊德。

人生的动力

　　阿德勒和弗洛伊德到底是如何相识的，现在还没有令人满意的解释。半个多世纪以来，两个心理学派各自提供了一种说法，可这两种说法都不正确。

　　其中一种说法或许来自阿德勒的小说家朋友、传记作家菲莉丝·博顿（Phyllis Bottome）的杜撰：1900年到1902年间的一天，一篇文章出现在了维也纳非常有影响力的《新自由报》上。该文嘲笑了弗洛伊德的新作《梦的解析》①。阿德勒认为这本书写得很好，所以觉得有必要写一篇评论或公开信来为它辩护。后来作为回应，心怀感激的弗洛伊德便邀请他参加了一场非正式的精神分析讨论会，该讨论会就是后来有名的星期三心理学会（Wednesday Psychological Society）。遗憾的是，这一记录并没有证据来证实。无论是《新自由报》，还是维也纳的其他任何出版物，其中都没有发现由阿德勒为弗洛伊德辩护的文章或信件。

　　至于弗洛伊德的不实说法，则是源自这位精神分析鼻祖的首创。在他1914年出版的专著《精神分析运动史》（The History of the Psychoanalytic Movement）中，他讲述了一群早期崇拜者找他求教精神分析的事，其中就包括阿尔弗雷德·阿德勒，而弗洛伊德则慈爱地同意了他们的要求，这就是星期三心理学会的缘起。自从这段表示其施惠于人的记录公开以来，弗洛伊德的追随者们就把阿德勒描述为他们备受尊敬的领袖的"学生"，甚至"门徒"。弗洛伊德的说法同样是错误的，因为它不但讲述了错误的事实，而且出现了关键的遗漏。

　　现在基本可以认定的是，维也纳医生威廉·施特克尔（William Stekel）曾接受过弗洛伊德的短期治疗，并使其心理性阳痿的症状

---

①《梦的解析》（The Interpretation of Dreams / Die Traumdeutung），又译《释梦》，出版于1899年。——译者注

大为减轻。他十分叹服弗洛伊德对人类心理的洞察，于是在1902年建议他为可能对这一新疗法感兴趣的其他同事开办一个固定的讨论会，每周讨论一次。由于当时的弗洛伊德在专业圈子里遭到孤立，所以他接受了这个建议。秋天，他向施特克尔和另外三名维也纳医生（受邀者的年纪都比弗洛伊德小很多）发出了明信片，邀请他们参加他在贝格街（Berggasse）19号诊室举行的非正式讨论会。其中两名医生是马克斯·卡哈内（Max Kahane）和鲁道夫·赖特勒（Rudolf Reitler），他们在维也纳大学参加题为"神经症心理学"（The Psychology of the Neuroses）的精神分析讲座时就认识弗洛伊德。跟弗洛伊德一样，卡哈内也将一卷让·沙尔科（Jean Charcot）的法语精神病学讲座翻译成了德语。而且，最先把弗洛伊德的著作介绍给施特克尔的同样是卡哈内。

这个小团体的第五名医生，同时也是年纪最轻的成员是一位已经毕业7年的独立执业医生。几乎可以肯定地说，他没有接受过弗洛伊德的治疗，大学时也没有听过他的课，他就是阿尔弗雷德·阿德勒。下面是弗洛伊德写给阿德勒的一封落款为11月2日的完整信件：

非常令人尊敬的同行：

　　为了讨论我们感兴趣的话题——心理学与神经病理学，我身边的几名同事和追随者将光临我家，一周一次，时间是晚上八点半。参加者现在有赖特勒、马克斯·卡哈内和施特克尔。不知您可否赏光？我们已经商议好，下一次讨论是在下周四。无论您是否愿意来，也无论这里的气氛是否适合您，我都期待您真诚的答复。

　　　　　　　　　　　　　衷心的祝福来自您的同行，
　　　　　　　　　　　　　　　　　　　　弗洛伊德博士

几十年后，两位绅士将痛苦决裂。阿德勒也会拿出这张发了黄的明信片给记者看，证明14年前抛出橄榄枝的是弗洛伊德，不是他。

那么，弗洛伊德为什么要邀请这位信奉社会主义的同行来参加每周一次的讨论呢？一些历史学家最近提出，弗洛伊德听说阿德勒医术精湛，并且在医学方面很有见解。或者，阿德勒也可能医治过弗洛伊德的亲戚或朋友。

第4章
与精神分析结缘

> 我记得很清楚,当作为一名青年学生和医者的我对精神病学的状况感到非常不满时,我发现弗洛伊德勇敢地开辟了另一条路。
>
> ——阿尔弗雷德·阿德勒

1902年秋天,时年46岁的弗洛伊德成功地从长时间的孤独内省中走了出来。他终于在维也纳大学医学院获得了令人垂涎和极受尊敬的教授职位,虽然没有报酬。同年,他也刚刚出版了自己关于人类心灵的第二本重要著作《日常生活的精神病理学》(*The Psychopathology of Everyday Life*)。虽然他出版于1899年的开创性著作《梦的解析》在奥地利医学界和受过教育的公众中几乎没有引发任何反响,但弗洛伊德还是愈加确信了自己在历史中的地位和声望。

这样的景象已经许久都没有见到了。从少年时代起,弗洛伊德就显露了非凡的学术才华,成为中学里最优秀的学生。小时候,他就清楚地知道自己智力超群。在维也纳大学医学院,他也展现了出众的研究才能,集勤勉、细致和创造性于一身。但是,为了迎娶未婚妻玛莎·贝尔奈斯(Martha Bemays),让她过上富有的生活,而自己又尚未财务独立,所以弗洛伊德不得不放弃了成为一名医学研究者的大有希望的前途。在1880年代中期,弗洛伊德曾研究过可卡因对心理的影响。他也与巴黎的让·沙尔科一

人生的动力

起合作,将催眠用作治疗手段。然而从法国休假回来后不久,时年31岁的弗洛伊德就认为自己应该结婚,并且去做收入更高的执业医生了。

在接下来的16年里,弗洛伊德一边努力支撑他的家庭(他家里孩子很多,而且还在不断增加),一边也更加热衷于探索人类心灵的未知工作机制。在1890年代,他认为癔症(如无法解释的瘫痪)源自性的无意识紧张。1895年,他与约瑟夫·布洛伊尔(Josef Breuer)合作撰写了他的第一部心理学著作《癔症研究》①,以期解决这一问题。起初,弗洛伊德确信,几乎所有的癔症都可以追溯到童年时期的性虐待经历。而且,在1896年,他也在维也纳的医学同行面前勇敢地发表了这个观点。他的这一"诱惑理论"②来自持续多年的潜心研究,但却招致普遍怀疑(著名的克拉夫特-埃宾称之为"科学童话")。弗洛伊德陷入沮丧近乎一整年。

在1890年代后期,弗洛伊德发觉有必要对自由联想(free association)和梦展开深入的自我分析,同时修正他的癔症理论。他确信,虽然癔症患者所生动回忆起的诱惑经历从来都没有真正发生过,但它代表了长期被压抑的性幻想和性欲望。在他看来,所有的个体——不仅仅是神经症或癔症患者——都有强烈的、无意识的性感觉,这种性感觉可以对他们的心理和身体健康产生巨大的影响。为了支撑这一新理论,弗洛伊德精心撰写了《梦的解析》一书和他刚刚出版的《日常生活的精神病理学》一书,后者阐释了"口误"对个性的揭示。最近,他还完成了他对十几岁的女患者"朵拉"的病例分析③,这本书将在几年后出版。

尽管40多岁的弗洛伊德对自己如此高产表示满意,但他仍然

---

① 《癔症研究》(Studies on Hysteria),又译《歇斯底里症研究》,出版于1895年。——译者注
② "诱惑理论"(seduction theory),又译"诱奸理论"。——译者注
③ 《朵拉:歇斯底里病例分析的片段》(Fragment of an Analysis of a Case of Hysteria(the Dora case history),出版于1905年。——译者注

孤立于主流心理学之外。《梦的解析》不是几乎完全被医生们忽视，就是成为他们嘲笑的对象。事实上，他气恼地发现，他必须花费大量时间整理一个删节本《论梦》①，以此来增加公众对这本著作的关注。而且，弗洛伊德一直认为，与理解他的思想的人交流心理学观点是一件非常愉快的事，而他最近也刚刚与医生威廉·弗利斯（Wilhelm Fliess）结束了这样的交往②。因此，施特克尔鼓励他组织一个针对精神分析的小范围讨论组似乎正当其时。

在往来明信片上所约定的那一天，阿德勒、卡哈内、赖特勒和施特克尔来到时尚的阿尔瑟格伦德区，走进贝格街19号，参加了第一次晚间会面。对于居住在犹太人口聚集的利奥波德城的阿德勒和施特克尔来说，弗洛伊德宽敞的公寓式办公套间并不算远。五位医生在弗洛伊德的候诊室里坐下，热烈地讨论了吸烟对心理的影响。这一形式固定下来，后来就成为了以弗洛伊德为首的星期三心理学会。一开始，讨论氛围非常友好。施特克尔日后不无夸张地回忆道："五个人谈得极为投缘，完全没有不和谐的声音存在。我们就像是新大陆的拓荒者，跟随弗洛伊德前进。思想的火花在心灵间跳跃，每一个晚上都充满启示。"

阿德勒觉得这些讨论非常开阔思路，因此经常参加。毫无疑问，他发现弗洛伊德博学多才，是一位激动人心的原创理论家。阿德勒对施特克尔的认可要超过卡哈内和赖特勒，后两者对心理学的看法似乎颇为传统。也许从一开始，弗洛伊德就认为阿德勒是这几人中最有创造力和说服力的思想者。但是，尽管二人彼此

---

① 《论梦》（On Dreams），出版于1901年。——译者注
② 1904年，弗利斯认为弗洛伊德将自己尚未发表的理论告知了他人，并因此与之交恶。——译者注

尊重，却从未成为朋友，甚至少有来往。没有证据表明，他们在旅行中相互通过信。他们的家人在社会关系上也没有任何交集。

表面上，弗洛伊德和阿德勒有很多共同之处。两人都成长于高度同化的犹太人家庭。19世纪中叶，两个家庭也都是从奥匈帝国的外围地区迁居到维也纳。虽然弗洛伊德接触犹太教更多，对自己的种族更有认同感，但两人都信奉世俗主义，对宗教仪礼毫无兴趣。他们的父亲都是不甚成功且少有文化的商人，无法为后代提供安稳的物质生活。此外，两位思想者都曾在犹太人聚居区利奥波德城居住多年，但阿德勒也曾在维也纳市郊居住。

弗洛伊德和阿德勒都把医生作为自己的主要职业选择。他们都毕业于维也纳大学，很多课程都由同一名教授讲授。他们甚至毕业于同一所中学。不过，与成绩优异的弗洛伊德相比，阿德勒只是一名普通的学生。获得医学博士学位后不久，两人都坠入爱河，娶了犹太人妻子，并生养了很多孩子。他们都对人类的思想抱有浓厚的兴趣，也都对维也纳乃至奥地利社会的许多方面充满批评。

鉴于两人在家庭背景和兴趣方面的诸多共同点，为什么阿德勒从未在情感上接近弗洛伊德呢？这里有几点重要的原因。首先，两人在年龄上相差十四岁，可能致使真正的友谊无从生长。弗洛伊德仅仅刚到中年，不可能充当阿德勒的父亲式人物。他倒更可能充当提供指引的哥哥形象。然而，阿德勒跟他的哥哥西格蒙德关系很差。事实上，阿德勒与哥哥之间的紧张可能已经不知不觉地蔓延到了阿尔弗雷德和弗洛伊德的关系里。

从气质上讲，两位医生也相当不同。弗洛伊德从事医学职业的主要动机是做研究，他一生都保持着高度的理性，充满书生气。他对家人和同事明确表示过，他并不喜欢看病，这么做只是为了满足经济上的需要。如有必要，弗洛伊德也会友善待人，但是，除了他最忠实的仰慕者之外，很少有人会说他是一个热情或快乐的人。相比之下,阿德勒热爱临床医学工作,却对实验室研究少有兴趣。他喜欢治疗患者,也喜欢面向各种各样的普通听众讲课。阿德勒的个性亲切而外向,他最喜欢在晚间嘈杂的咖啡馆里跟朋友们谈天说地。

在政治态度上,弗洛伊德和阿德勒也相当不同。几十年来,观点各异的历史学家对弗洛伊德政治观的描述颇为不同。现在比较清楚的是,弗洛伊德早期基本持自由主义观点。但是与阿德勒不同的是,他有一些贵族趣味,认为自己比普通劳动阶层高出一等。同样地,弗洛伊德也从未对社会主义感兴趣,同时远离社会民主党,即使在第一次世界大战后该党统治维也纳的时候。此外,他也从未像阿德勒那样批评过他们共同的母校在学校管理方面的保守做法。

他们的妻子在个性上差别更大,她们绝不可能友好相处。两人十二岁的年龄差异可能是最不重要的一项。根据各种流传的说法,德国犹太人玛莎·弗洛伊德(Martha Freud)是一个尽心尽责、有时甚至有些顺从的家庭主妇,对思想和政治事务毫无兴趣。据历史学家彼得·盖伊(Peter Gay)所说:"她是典型的资产阶级妇女。她爱家,勤勉,背负着沉重的家庭责任,深陷中产阶级道德的桎梏。"玛莎成长于一个严谨的东正教家庭,热爱犹太教。事实上,她曾向一位家人表示,与弗洛伊德结婚后的第一个周五晚上,弗洛伊德坚决反对她在他们的新家点安息日蜡烛,这是她一生中最难过的时刻之一。

相比之下,俄国犹太人赖莎·阿德勒则是一位不信仰宗教的政治革命家,在成年后的大部分时间里笃信托洛茨基主义。她是一位坚定的女权主义者。她不喜欢家庭生活,最喜欢与跟她一样具有强烈社会主义信念的女性交往。赖莎思维活跃,子女成年后以翻译为生。在与阿德勒的婚姻期间,她坚持自身的独立地位,与维也纳顺从的资产阶级家庭主妇完全相反。

在随后的几年里，星期三心理学会的成员数量稳步增长。已有成员会介绍外部人员加入，同时却较少有人退出。加入要经过所有人一致同意，但在一开始就形成的非正式氛围里，这很可能只是一种形式。到1906年，弗洛伊德50岁，星期三心理学会也拥有了17名成员。在此之前，十几名参加者几乎总是能够围坐在弗洛伊德候诊室里的长桌前展开热烈的讨论。当时，学会成员的背景相当单一：几乎所有人都是在年龄和名望上不及弗洛伊德的医生。所有人都有犹太背景，其中也没有女性。

弗洛伊德特别重视像书商兼出版商雨果·海勒（Hugo Heller）和音乐学家马克斯·格拉夫（Max Graf）这样的非医学人士的参与。他们的加入表明，精神分析或许最终能够超越狭小的医学范围。格拉夫后来回忆说："学会聚首遵循一定的程序。首先由一名成员宣读一篇论文。然后，有人会端来黑咖啡和蛋糕。桌上还有雪茄和香烟，人们会抽掉很多。闲聊一个小时后，讨论就开始了。最后和最重要的发言往往来自弗洛伊德。"马克斯·格拉夫最终因为感受到"一种宗教气氛的形成"而永远地退出了学会。不过，他离开后仍然非常景仰弗洛伊德的才学。

星期三心理学会在前4年里没有正式记录，所以我们无法确知，阿德勒的临床实践究竟在多大程度上受到了他积极参与的这些讨论会的影响。他后来的著作也没有显露出来自精神分析的明显影响。

1903年，阿德勒为《医学新闻简报》撰写了两篇关于社会医学的文章。第一篇文章题为《城市与乡村》（City and Country），分为三个部分，阿德勒在其中质疑了人们普遍持有的假设——奥地利的乡村生活比城市生活更健康。阿德勒认为，事实恰好相反。他指出，由于市政当局拥有更大的影响力，所以它能采取更先进的卫生措施，提供更好的公共卫生服务。

阿德勒过去偏爱提出具体的政策建议，此时，他也呼吁制定统一的卫生保护法，以便同等地适用于奥地利的城市和乡村地区。他认为，现行法律只适用于城市，并且忽视了城市与乡村日益增长的交流。阿德勒还中肯地指出，只有管理水和粮食供应的国家法律才能最终保护城市免受源自乡村地区的流行病的侵害。

针对"国家出力还是自力更生？"的话题，阿德勒呼吁他的医生同行能够更多地参与社会福利和改良运动。与他从前的文章相比，阿德勒此时的语气明显更为严厉，他的做法也更贴近马克思主义。他呼吁医生同行抛弃幻想，停止期待奥地利的公职人员能够对医学真正感兴趣。因为，"没有任何政府能作出改变，政府只会做关系到有政治影响力的阶层和代表其利益的事情"。还有，"作为有政治影响力的阶层的管理者，政府只会在必要的时候关心医疗事业。……现在，医疗事业的重要性已经不那么绝对了"。

阿德勒认为，只有与工人阶级斗争相结合，医生才能获得真正的、合法的政治权力。他说，由于"我们这个时代不坚决的社会预防措施"，保守的当局通常会阻碍医学进步。他还特别指出，维也纳大学医学院的教职人员任命也受到政治家的严重干预。讽刺的是，阿德勒说，其母校的学术衰落成为了"对我们的统治阶级最大的奖赏"。简而言之，通过选择不假思索地屈从于奥地利的精英——资本家阶级，这个国家的医生注定在政治上失势，并最终在专业上败亡。

1904年，阿德勒发表了其职业生涯至今最重要的文章。该文同样发表在《医学新闻简报》上，它的题目是《作为教育者的医生》（The Physician as Educator）。这篇文章预示了阿德勒日后工作的许多重要主题。文章一开始，他承认："我们应该感谢弗洛伊德，他让我们明白了婴儿期的印象、经历和成长对正常个体和神经质个体所发挥的巨大作用。"他接着补充道："或许，弗洛伊德必须强调儿童的生活，强调异常童年经历所引发的悲剧性冲突的表现，我们才能认识到教育科学的重大意义。"

贯穿整篇文章，阿德勒都在强调预防的重要性。他说："不是治疗生病的孩子，而是保护健康的孩子不受疾病侵害，这是医学科学合乎逻辑和道义的挑战。"过去，他曾经在《医学新闻简报》中阐述过这一观点。但是现在，他第一次建议医生承担起教育者的角色，帮助教师和家长预防青少年出现心理问题。他对养育健康儿童的具体建议包括：

1. 大人必须赢得孩子的爱。"教育中最重要的帮助就是爱。……孩子的爱……是教育最可靠的保证。"
2. 最能帮助孩子进步的是"相信孩子的力量"。而且，"孩子的自信心和勇气是他最大的财富。勇敢孩子的未来不是外部世界作用的结果，而是内心力量作用的结果。"
3. "弱小和经常生病的孩子"很容易失去自信，那些"被娇惯和过度保护的孩子"也一样。
4. "在任何情况下，孩子都不应该害怕教育者。"还有，"在任何情况下，即使面对性侵犯行为，你也不能恫吓孩子，因为这样做永远达不到目的，还会剥夺孩子的自信，在孩子内心制造极大的混乱"。
5. 赞扬和奖赏比惩罚更胜一筹。实施惩罚时，你要让孩子认识到自己的错误，并且把注意力集中在正确的行为上。
6. 大人应该设法"让孩子自由决定"，即，大人要提供具体的选择，而不是让孩子盲目服从。

在这篇文章中，阿德勒并没有试图去研究可能导致孩子发生心理问题的社会或经济因素。例如，他从未贸然借用马克思主义的任何推测，比如为何父母会觉得在养育子女的过程中很难不给他们造成心理困扰。阿德勒也没有说，拒绝服从当前的社会规范可能会对一些叛逆的孩子更有益。这一批判主义路径要等到1920年代后期，威廉·赖希（Wilhelm Reich）综合精神分析和马克思主义后才能出现。

尽管如此，《作为教育者的医生》却是阿德勒第一篇专论儿童及其心理培养的文章。在这一方面，他可能受到了一位青年教育家的强烈影响，那就是注定会成为他的好友和主要合作伙伴的卡尔·菲尔特米勒。作为一位与社会民主党紧密联系的教育改革者，菲尔特米勒在二十多岁时就已经成为了奥地利有争议的名人。

菲尔特米勒出生于1880年，在维也纳长大。他的父母分别信仰不同的宗教。他的母亲卡罗利妮·比尔曼（Caroline Biermann）是一位犹太商人的女儿，已经改信天主教，成为了一名严格的修炼者。从著名的苏格兰中学毕业后，菲尔特米勒于1898年进入维也纳大学，主修德语语言文学，辅修哲学与法语。他最早对政治产生热情是在大学期间，特别是在他参加社会科学教育组织（SSEO）的过程中。该组织成立于1895年，其宗旨是向公众传播高地德语文化，并定期邀请著名学者演讲。1901年，21岁的菲尔特米勒当选该组织秘书。当时的主席和副主席分别是未来奥地利共和国的两任总统米夏埃尔·海尼施（Michael Hainisch）和卡尔·伦纳（Karl Renner）。同年，菲尔特米勒成为奥地利首个成人教育中心"人民学院"（Volksheim）的创始人中年纪最轻的成员。大约二十年后，他的好友阿德勒将在这里多次进行公开演讲。

大学期间，菲尔特米勒与三年级的俄国犹太学生阿利妮·克拉奇科（Aline Klatschko）坠入爱河。后者的父亲萨穆埃尔（Samuel）是维也纳关系紧密的俄国社会主义流亡者社区中一位受人爱戴的重要人物。他热情友好，很快便与年轻的菲尔特米勒交好。他们都抱有同样激昂的政治和文化理想。经过4年的学术研究，菲尔

人生的动力

特米勒于1902年获得博士学位，博士论文的题目是《施莱格尔兄弟、经典史诗和威廉·洪堡的史诗理论》。

从青春期开始，菲尔特米勒就在努力自食其力。在大学假期，他曾为富裕家庭做家教。1901年，他开始在维也纳索菲亚中学（Sophiengymnasium）教授中学课程。1903年，他获得德语授课资格，同时可教授副科拉丁语和希腊语。卡尔的母亲在同一年去世。不久之后，他与父亲皈依了路德教会。当时，公务员必须有宗教信仰。1904年11月，菲尔特米勒和阿利妮·克拉奇科结婚。不幸的是，婚后的菲尔特米勒只得到一份远在德国、波希米亚交界处的卡丹镇的实习工作，于是他们被迫搬离维也纳，告别那里多姿多彩的文化生活。

几乎可以肯定，菲尔特米勒和阿德勒是通过他们同是俄国人的妻子相识的。阿利妮与赖莎抱有同样的女权主义和社会主义信仰，但阿利妮在政治参与方面更为积极。最终，她将代表社会民主党入选维也纳市议会。虽然比阿德勒小10岁，但菲尔特米勒却展示了一种兼具知性与社会理想主义的魅力人格，这一点与阿德勒完美契合。不久之后，他们就将长时间地聚在一起热烈讨论，先是在格林施泰德尔咖啡馆（Café Griendsteidl），后来在中央咖啡馆（Café Central）。他们连同志同道合的朋友一起商讨关于奥地利社会改革的计划和愿景。阿德勒向菲尔特米勒介绍了关于公共卫生和医疗的新观点，包括弗洛伊德在精神分析领域的探索。反过来，这位青年教师也强调了教育创新作为社会转型工具的重要性。

━━━

似乎有理由认为，菲尔特米勒对阿德勒的影响不仅发生在思想上，同时也发生在心理上，因为阿德勒在1904年10月17日正式抛弃了犹太教，此时正值菲尔特米勒结婚前夕。这一天，阿德勒与他的两个女儿瓦伦丁和亚历山德拉一起（但没有赖莎）在多萝西娅街（Dorotheergasse）教堂接受了新教洗礼。阿德勒的弟弟马克斯后来成了一名天主教徒，在梵蒂冈任职。另一个弟弟里夏德宣布自己为"无宗教信仰的公民"，合法地终止了他与犹太教的联系。赖莎一点也不虔诚，但是，由于她成长于俄国犹太人家庭，其中渗透了浓厚的意第绪民间文化，而她丈夫的成长环境中却缺少这种文化，所以，她很可能会感受到一种较为强烈的民族认同。也许在她看来，阿尔弗雷德做出皈依新教的重要决定只是在用错误的方式规避反犹太主义。我们目前还不知道阿德勒年迈的父母如何看待他的这一决定。葆莉娜已经65岁，身体很不好，两年后就去世了。利奥波德则健康很多，寿命将超出妻子15年，但他似乎与阿尔弗雷德的家庭来往不多。

阿德勒为何会选择皈依基督教，他的追随者们从来都没有给出令人满意的解释。不过可以肯定的是，他这么做与信仰本身无关。数十年后，在被问及其父是否去过教堂或给孩子们讲过关于耶稣基督的故事时，库尔特忍不住笑了起来。他吐露道，除去参加他的婴儿洗礼之外，他的父亲一生只去过一次教堂，而且他确信自己是无神论者。不过，库尔特也深情地回忆道，每到圣诞节，家里都会装点一棵圣诞树，从无例外。由于自认为是犹太人的弗洛伊德和他的妻子也同样遵守这一习俗，我们就可以推断，对维也纳的大多数城市居民来说，这一习俗基本不具有宗教意涵。

在犹太背景的维也纳人那里，阿德勒皈依基督教并不是什么新鲜事。由于19世纪的欧洲社会提供了历史上前所未有的机遇，犹太人也开始创纪录地大量皈依新教。这一过程始自欧洲最富有的犹太家族，早在1780年和拿破仑战争结束[①]之间就已存在，并在随后的几十年中稳步延续。在奥地利，这一趋势在1848年革命之前就已经开始。维也纳两大著名犹太家族阿姆斯坦（Amsteins）和埃斯克

[①] 即1815年。——译者注

莱斯（Eskeles）都让他们的孩子（尽管不是他们自己）接受了洗礼。特别是在德国这样的自由主义国家，犹太皈依者认为他们这样做是获得接纳和进入上流社会的正当途径。在犹太裔德国诗人海因里希·海涅（Heinrich Heine）笔下，洗礼证书已经成为不可或缺的"西方文化入场券"。

对阿德勒一代的许多欧洲犹太人来说，这一更为博大的文化比自己祖先的信仰更有吸引力。记者阿诺尔德·霍利埃格尔（Arnold Hollriegel）回忆说："我认为自己是日耳曼人，我的犹太教对我来说意义不大。"回忆起自己在维也纳的童年生活，托尼·卡西尔（Toni Cassirer）①也说："我们是在脱离宗教的环境中长大的。我父亲家已经有三代人没有奉行宗教仪式了。"著名剧作家阿图尔·施尼茨勒（Arthur Schnitzler）也回忆道，他的祖母在赎罪日禁食，也在逾越节吃无酵薄饼，但"接下来的一代……往往表现出对犹太教圣灵的漠视和反对，有时甚至对宗教仪式怀抱讽刺态度"。

促使犹太人大量改变信仰的另一个原因是，欧洲国家常常禁止犹太人从事特定职业。要想规避这些限制，唯一的途径就是成为基督徒。即使到19世纪晚期，犹太人获得大量法律权利，许多人仍旧发现，改变信仰可以让他们立即获得"纸面上的权利"所无法带给他们的很多社会和经济方面的机会。

这样的动机在阿德勒的家乡维也纳尤为常见。与欧洲其他地区相比，维也纳犹太人改信其他宗教的比例要高得多。虽然维也纳主要是一座天主教城市，但改变信仰的犹太人只有一半选择信仰天主教。整体上看，大约1/4的犹太人改宗者加入了新教，另外1/4宣布自己不信仰任何宗教。维也纳著名的改宗者有音乐家古斯塔夫·马勒（Gustav Mahler）和阿诺尔德·勋伯格（Arnold Schoenberg）、作家卡尔·克劳斯（Karl Kraus）和奥托·魏宁格（Otto Weininger）、政治活动家维克多·阿德勒和他的儿子

---

① 哲学家恩斯特·卡西尔（Ernst Cassirer）的妻子。——译者注

弗雷德里希（Friedrich）。其他著名人物，如政治家威廉·埃伦博根（Wilhelm Ellenbogen）和精神分析学者奥托·兰克（Otto Rank），则通过正式宣布自己不信仰任何宗教而脱离了犹太教。

无疑，维也纳犹太人改宗率颇高的一个关键原因是禁止犹太人与非犹太人结婚的压制性法律。在近一个世纪的时间里，这一歧视性的法令已经退出了法国和德国的公共生活。但是在奥地利，如果宗教信仰不同的两个人想要结婚，那么其中一人要么必须改信对方的宗教，要么必须宣布放弃自己的宗教信仰。事实上，据估计，在1870年到1910年间改宗的所有犹太人中，超过80%是单身。可以推测，很多人这样做是为了与非犹太人结婚。

不过，在阿德勒改信新教的时候，他已经娶了一名犹太女性。他也早已完成学业，成为一名独立执业的医生。当然，犹太人并未被禁止从事医生这一职业。在备受尊敬的维也纳医疗界，阿德勒的犹太医生同行在人数上占据了相当大的比例。不过，反犹太主义很可能使他们的事业受到了阻碍，例如一生没有改宗的弗洛伊德[①]。但是，也许弗洛伊德更忠诚于自己的血统，他坚决拒绝像阿德勒那样皈依基督教，或者像他的年轻同事奥托·兰克那样宣称自己不信仰任何宗教。

对于阿德勒改信新教，弗洛伊德从未公开置评。但是，他肯定知道这件事，并且也肯定不赞成他这样做。作为一个心高气傲的无神论者，弗洛伊德把所有的宗教情感都嘲笑为心理不成熟的标志，但他却无比珍视自己的犹太血统。1907年，他在写给同事卡尔·亚伯拉罕（Karl Abraham）的一封信中表示："犹太人必须面对更大挑战的客观处境会在我们这些人身上激发出最大的潜能。"在同一时期，弗洛伊德也在信中恳求音乐家马克斯·格拉夫不要为了规避反犹太主义而给他的儿子施洗："他正在积蓄应对这场斗争所需的一切力量。不要剥夺他的这一优势。"

[①]弗洛伊德在争取教授职位的过程中屡屡受挫。——译者注

人生的动力

　　弗洛伊德的这一态度对阿德勒影响不大，因为在1905年2月25日，他的第三个孩子库尔特出生了。不久后，他就跟他的两个姐姐一样接受了洗礼。也许是因为帮助赖莎照料孩子，阿德勒在这一年里只发表了两篇短文，其中一篇刊登在一份德语期刊中，标题是《教育中的性问题》。这篇文章呼应了弗洛伊德的观点，即，儿童拥有性感觉，而教育者应当认可这一感觉。另一篇技术性较强的文章是《数字与强迫性数字思想的三种精神分析》。在这篇文章里，为了证明弗洛伊德关于无意识动机的概念，阿德勒试图说明，患者看似无意说出的数字实际上具有隐含的特定心理意义。

　　1906年11月，阿德勒在星期三心理学会做了一场重要演讲。几周前，弗洛伊德鼓励学会成员努力让讨论更有专业性。现在，讨论会可以经常性地吸引20名成员参加。他们已经达成一致，决定雇用一名受薪秘书来记录出勤和收支情况，并针对每次讨论会做详细记录。这位秘书就是奥托·兰克，他当时21岁，是维也纳大学一名有天分的青年学生。

　　弗洛伊德非常喜爱年轻的兰克。1904年10月，住在利奥波德城的兰克因身患肺病而找家庭医生阿德勒看病。显然，两人开始讨论起心理学来，因为兰克随后借走了阿德勒手里的《梦的解析》。读完弗洛伊德的另外两本书后，兰克开始兴奋地分析起自己的梦境来。后来，在1905年4月，阿德勒在教师戒酒联合会演讲，在听众中看到了兰克。在接下来的一个月里，阿德勒带着兰克参加了星期三心理学会的一次讨论。随后，他便成为那里的常客。

　　在兰克1906年11月6日的会议记录里，阿德勒是主要发言人，发言的题目是"论神经症的器官基础"。这场演讲是阿德勒对他即将出版的一本书的总结。该书于1907年以德语出版，书名为

《器官缺陷研究》[①]。自从4年前与弗洛伊德、卡哈内、赖特勒和施特克尔一起创建学会以来，我们不知道阿德勒还做过多少次这样的发言，也不知道他讲了哪些话题。不过，兰克11月的会议记录却表明，阿德勒的发言代表了他对早先研究的后续思考，即他已经发表的关于"动情带[②]的生理学与病理学"的研究。

阿德勒的重要演讲突出了其后出现在《器官缺陷研究》中的观点。从本质上说，他在他的同行们面前讲了三个基本问题。首先，几乎所有的神经症都源自先天缺陷，即器官缺陷，例如视觉或听觉障碍、肌无力。其次，性早熟的主要原因在于这一童年缺陷，因为大概任何身体缺陷都会对性活力造成不利影响。第三，人们总是在尽力克服自己的先天缺陷，以便努力适应社会。阿德勒把这一过程称作"补偿"，并且强调，这种努力往往导致过度补偿，即造成先前缺陷器官的"超价"（supervalence），变劣势为优势。

当然，被现代心理学广泛接受近九十年的是第三个问题中的"补偿"概念。除去描述其在医疗实践中遇到的具体病例之外，阿德勒还讨论了一些知名人物，比如作曲家贝多芬（失聪）、莫扎特（据称耳部畸形）和舒曼（从起初的幻听症状发展为精神病）。他也引用了早年存在语言缺陷的著名演说家德摩斯梯尼（Demosthenes）和摩西（Moses）的例子。

参加讨论会的大多数人都被阿德勒的第三个也是最有意思的问题所吸引，特别是弗洛伊德。"他非常重视阿德勒的工作，因为他自己的工作也被向前推进了一步。"年轻的兰克忠实地记录道，"弗洛伊德说，从第一印象看，阿德勒说的很多东西可能都

[①]其英文版为《器官缺陷研究与心理补偿——对临床医学的贡献》（*A Study of Organ Inferiority and Its Psychological Compensation: A Contribution to Clinical Medicine*）。德文版出版于1907年，英文版出版于1917年。——译者注

[②]动情带（Erotogenic Zones），又译"性感带""性觉区""动欲区"。——译者注

是对的。"为了支持阿德勒关于过度补偿的见解，弗洛伊德提到了当代德国画家弗朗茨·冯·伦巴赫（Franz von Lenbach）的例子，他只有一只眼睛能看得见。在对各种职业（包括画家、音乐家和诗人）不同类型的器官缺陷和由此产生的过度补偿进行一系列猜测后，弗洛伊德感慨地说："好厨师总是特别不正常。"还有，"弗洛伊德也提到，他自己的厨师在快要得病的时候饭总是做得特别好"。

并非所有听众都对阿德勒的发言留下了深刻的印象。有人批评他所依据的是偶然事件，而非统计数据，这类反对意见将一直跟随涉猎广泛的阿德勒。还有人认为，他夸大了先天因素对性格形成的重要性，而且，他还需要更加具体地定义器官缺陷。

几个月后，《器官缺陷研究》出版。在当时，这是一本说理细致又逻辑严谨的著作。这本薄薄的小书充满了病例研究，说明了过度补偿机制是人类性格中可被证实的现象。虽然书里提供的经验数据很少，但阿德勒还是引用了11月份学会讨论会上提到的一项医学研究结果。该研究显示，在学习油画的德国学生样本中，70%存在视觉异常。

在整本书中，阿德勒清楚而明确地显示出，自己的思想受到了弗洛伊德的影响。但他也坚持认为："弗洛伊德在他的精神分析学中所论证的压抑、取代和转化这些有趣的精神现象（我也发现它们是精神神经症最重要的组成部分）的根源是有缺陷的器官。"换句话说，是先天缺陷，以及由此而形成的自卑感，触发了弗洛伊德所发现的内隐心理过程。如果一个人没能得到足够的补偿，他就会患上神经症。

阿德勒肯定已经想到，别人会怀疑听觉或视觉障碍有可能导致性压抑的说法，于是阿德勒宣称，二者之间肯定存在某种联系："我认为这是器官缺陷理论的一条基本原理，即每一个器官缺陷都有其遗传机制，并通过相伴随的性功能缺陷而让人感受到它的存在。"

当然，这一假设并没有经受住时间的考验。由于缺乏支持性的证据，阿德勒在短短几年内就抛弃了这一假设。在阿德勒的心理学思想演变中，更为关键的是《器官缺陷研究》中的一个相当含蓄的观点：如果补偿和过度补偿是人类的基本特征，那么社会世界中就一定存在某种先天的、掌握某种技能、获得某种能力的原始驱力。不过，阿德勒并没有直接谈及这一点，而且情况很可能是，他甚至还没有在思想上形成这样的概念。但是，他可能已经模糊地感觉到，由于关注这一驱力而非性驱力，他已经走上了与弗洛伊德完全不同的道路。

在1907年间，阿德勒进一步完善了他的这一观点。他在维也纳大学哲学学会的一场演讲中强调，器官缺陷的真正意涵总是涉及个人独特的生物学构成与外部社会需求之间的相互作用。例如，对一名天生腿部力量软弱的女性来说，如果她住在很少需要长途跋涉的城市社会，她或许就不大可能获得相关的补偿。

在当年发表的题为《儿童的发育缺陷》的论文中，阿德勒把他社会主义性质的对预防医学的重视和他对器官缺陷的新近思考结合了起来。他呼吁家长关心教育，以此来确保他们的孩子健康成长：

> 孩子是我们的未来！我们的一切创造、一切对前进的敦促、一切对陈旧障碍和偏见的破除，通常都是为了我们的后代，都是首先为了帮助他们。虽然今日争取精神自由的斗争异常激烈，但我们正在动摇迷信与农奴制的根基。明天，我们的孩子将会在柔和的自由之光的照耀下，在纯粹的知识甘泉中畅饮，而无须面对腐朽思想的威胁。

阿德勒认为，发育异常源自住房不足、父母营养不良、孕妇

人生的动力

过度工作和养育过程中常有的虐待等因素。最后,他用一种近乎癫狂的乐观口吻结束了全文:

> 今天,陈旧和腐朽正在土崩瓦解,它们已经没有了存在的权利。有一天,真正人性的殿堂会以我们所无法想象的自豪与勇敢的姿态矗立。在它面前,一切虚伪和欺骗都将化作齑粉。我们要为我们的孩子而斗争!他们将拥有我们所热切向往的空气、阳光和营养。虽然它们还不为今天的人民所有,但我们的孩子将充分享有它们!我们正在争取洁净的住房、足够的工资、劳动的尊严和有用的知识。有一天,这些都将为我们的孩子所有。我们流汗是为了他们的安宁,我们奋斗是为了他们的健康。

由于自己的激扬之论得到了菲尔特米勒等朋友和赖莎的肯定,阿德勒确信,他的心理学取向必将促成社会进步。而且,尽管他继续与弗洛伊德的维也纳精神分析协会(Vienna Psychoanalytic Society)[①]保持着密切的联系,但他越来越发现,同样坚决的弗洛伊德对这些事情的看法完全不同。

[①]1908年,星期三心理学会更名为维也纳精神分析协会。——译者注

第5章
与弗洛伊德决裂

> 不要太担心弗洛伊德学派和他们的评头论足。自从学派创立以来，（精神分析学者们）只会对我们所说的事情说三道四。
>
> ——阿尔弗雷德·阿德勒

对于其第一本书所引起的反响，阿德勒感到非常满意。《器官缺陷研究》在他的维也纳医学同行中大受欢迎，其中也包括星期三心理学会的成员。几乎所有到弗洛伊德的诊室参加周讨论会的人都认为这是一本重要的著作，能够大大推动人们对影响神经症发展的生物学力量的理解。

这一年，学会内部也在发生巨大的变化。学会成员要缴纳会费负担开支，其中最大一块是兰克作为秘书的工资。由于新来的人比离开的人多，学会成员已经上升到21人。而且，随着学会的壮大，学会内部的气氛也（或许是不可避免地）发生了改变。施特克尔对学会早期温情和睦的回忆已经烟消云散，成员之间唇枪舌剑，甚至诉诸人身攻击——精神分析式的人格诋毁。由于弗洛伊德后来经常这样做，所以其成员在这方面青出于蓝似乎也合情合理。一些交流已经相当不留情面，例如爱德华·希奇曼（Eduard Hitschmann）说医师弗里茨·维特尔斯（Fritz Wittels）之所以对怀孕、纯洁的医学院女生和梅毒这三个话题感兴趣，是因为他自己在这三方面都遭受过挫败。

人生的动力

由于这种没有底线的交流，学会于1908年2月正式推出了新的规定。经过成员投票，学会决定将一年当中的部分讨论会用作评论新书和期刊文章。这项工作由学会秘书兰克负责，并由希奇曼提供协助。按照规定，此后每名成员每年都要发表一场演讲。为了防止有人行为不端，弗洛伊德答应，如果某位演讲者发现自己被不适当的非议所干扰或被直接打断，他就会以学会主席的身份介入制止。弗洛伊德愤怒地说，不得不对他人加以谴责这种事让他在工作上感到非常尴尬。他还威胁，如果成员不能礼貌行事，他就会关闭讨论会。他希望，"对心理的进一步理解能够克服人与人交往中出现的各种困难"。

由于阿德勒一向与人为善，所以他不大可能卷入学会内部日益严重的纷争当中。虽然很清楚的是，他已经开始建立自己独立的心理学体系，但他仍然尽力与学会里的其他成员和睦相处。不过，他从未在情感上走近学会的中坚分子，也从未走近其重要的外籍成员，无论是匈牙利人桑多尔·费伦齐（Sandor Ferenczi）、英国人欧内斯特·琼斯（Ernest Jones），还是瑞士精神病医生卡尔·荣格。也许，这些早期的国际精神分析倡导者们从一开始就感觉到，阿德勒从未像他们那样热烈地推崇弗洛伊德。他们也可能发现，阿德勒因为思想独立，热衷社会主义，因而不愿与他们交好。不论是何种原因，在阿德勒参加学会活动的最后3年里，他的合作者中没有一个人是医生。

也许，在这一时期，阿德勒最亲密的思想盟友是卡尔·菲尔特米勒。后者于1908年离开卡丹，4年后任教于维也纳的一所中学。初到卡丹时，菲尔特米勒和阿利妮的文化生活非常单调，但他们很快积极投身政治，参加社会民主党集会，并且为新组建的反教会组织自由学派（Free School）成立了地方分会。自由学派的领导者是充满激情的奥托·格勒克尔（Otto Glöckel），他将在第一次世界大战后的社会主义全盛时期主持维也纳教育委员会工作十余年。

与弗洛伊德决裂

由于强烈反对教会干预公立教育,菲尔特米勒夫妇招致了教会的敌视。1906年11月,卡丹地区的一份报纸把他比作了一种鼹鼠模样的动物(与菲尔特米勒的名字谐音),还说他的妻子是一个"泼妇"。同年,他获得了哲学课程的授课资格。1908年,他又获得了法语课程的授课资格。不到30岁的菲尔特米勒已经发表了批判古典教育的论文,他对阿德勒讲述的精神分析很感兴趣,也兴冲冲地听了弗洛伊德1906年在维也纳大学所讲的课程。

菲尔特米勒怀着兴奋的心情回到维也纳。那一年,大他10岁的朋友阿德勒与弗洛伊德第一次出现了明显的分歧。阿德勒在刊载于一份重要医学期刊的《生活和神经症中的攻击驱力》一文中提出,人类有两种重要的人格驱力,一种是性驱力,一种是攻击驱力。阿德勒认为,两者的存在都是为了满足生理需要以及从外界获取快感。由于弗洛伊德已经在大谈性欲,阿德勒于是更加强调攻击,他表示:

> 从幼儿时期起……从第一天(第一声啼哭)开始,我们发现孩子对外界环境的态度就只能用敌对二字来形容。仔细观察后,你会发现,产生这种态度的原因是器官很难获得快感。这一情形……表明,人类存在一种获取满足的驱力,我们称之为攻击驱力(agression drive)。

在这篇意义重大的论文中,阿德勒显然在努力精确定义他所说的"攻击"(aggression)一词。他明确提到,攻击与许多其他本能驱力(如"去看、听和触摸"的冲动)一起形成了相互作用或聚合(confluence)。阿德勒还指出,这种聚合不仅包括破坏和犯罪行为,还包括神职人员、法官、警察、医生、教师和"革命英雄"所表现出的有益行为。

人生的动力

从今天的视角看，在这篇文章里，作为心理学先驱的阿德勒正在摸索如何描述人类的自我彰显（assertiveness）倾向。因此，他的"攻击驱力"一词实际上有点用词不当。而且不久之后，他就不再使用这一称谓了。讽刺的是，在目睹了第一次世界大战的恐怖之后，弗洛伊德却会像阿德勒曾经主张的那样，假定人类存在某种固有的破坏倾向。然而，同样是这篇发表于1908年的文章，阿德勒却在其中指出，我们所谓的攻击驱力常常转化为对社会有益的行为：

> 慈善、同情、利他主义和对苦难的敏感都是新的赎罪（satisfactions），都来自原本倾向于破坏的驱力。……攻击驱力越大，这种文化上的转变就越强。因此，悲观主义者能预防危险，卡珊德拉[①]也成为了预言者和先知。

阿德勒关于攻击的观点引起了弗洛伊德的注意，他在次年发表了一篇文章，表示了有限的赞同。弗洛伊德欣然承认，人类有攻击倾向，但却不像阿德勒那样认为这种冲动独立于性欲或力比多（libido）之外：

> 最近，阿尔弗雷德·阿德勒在一篇富有启发性的论文中提出了这样一种观点，即焦虑是他所谓的攻击本能被压制的结果。他非常笼统地说，这一本能是人类生活的重要组成部分，"在现实生活以及在神经症中"，……我无法认同这一观点。实际上，我认为这是一个误导性的概括。我无法想象有这么一种特别的攻击本能，不仅与我们熟悉的自我保护本能和性本能并存，还跟它们享有平等的地位。

[①] 卡珊德拉（Cassandra），希腊神话中的特洛伊公主，有预知未来的能力。——译者注

但是，同样在这关键的一年，阿德勒不仅设想了名为攻击的基本驱力，他还在发表于一份新教育月刊（弗洛伊德很可能没有注意到这本刊物）的短文中断言，我们天生都需要感情（affection），这种需要的早期表现——

> 非常明显，没有人不知道。孩子们想要被抚摸、被爱和称赞。他们喜欢让人抱着，喜欢不离亲人左右，喜欢跟他们一起睡觉。后来，这一欲望指向了一切包含爱的关系，包括对亲人的爱、对朋友的爱、对其他社会成员的爱和性爱。

阿德勒还没有提出，我们实际上有一种天生的对社会兴趣的需求。等到几年后，他的思想才会发展到这一步。现在，就像对待攻击驱力一样，他只是把我们对感情的需要看作"去触摸、看和听"的生物性冲动的聚合结果。在阿德勒以社会为导向的观点中，教育者负有特别重要的责任来以一种健康的方式引导这种冲动的聚合：

> 儿童发展在很大程度上取决于这一驱力复合体是否能得到适当的指引。……为了驱动孩子表现出文化行为，我们应该让孩子的冲动在得到满足之前绕一个弯。这样一来，情感需要的方式和目标就上升到了一个更高的层次。一旦目标允许被替代，比如父亲的位置被教师、朋友或战友所替代，那么派生的、纯净的社会兴趣就会在孩子的灵魂中苏醒。……但是，如果孩子……因为没有学会延迟而只能获得原始形态的满足，那么他的愿望就还是会指向眼下的感官愉悦。

人生的动力

在阿德勒看来，有效的教育必须能够满足孩子对感情的先天需求，否则就很可能造成诸如情感疏离和行为不端等问题，因为"所有尚未得到满足的驱力最终都会使机体攻击环境"。在随后的一些年里，阿德勒将因为他在中欧等地揭示青少年犯罪的心理根源而获得国际赞誉。

━━━

同样在1908年，阿德勒结交了另一位激进的社会主义者，他就是即将对世界产生巨大影响的列昂·托洛茨基（Leon Trotsky）。托洛茨基比阿德勒小9岁，本名列夫·达维多维奇·布隆施泰因（Lev Davidovich Bronstein），父母是富裕的乌克兰犹太人。作为社会民主党人开展两年革命活动后，托洛茨基于1898年被捕。1902年，他从西伯利亚流亡中逃脱，前往伦敦，并在那里第一次遇到列宁。1905年，他回到家乡领导革命，结果遭到失败并再次被监禁。不过，他又一次逃脱，并于3年后来到维也纳。

托洛茨基时年29岁，已经与他的第二任妻子纳塔利娅·谢多娃（Natalia Sedova）结婚（二人结识于1902年，纳塔利娅当时在巴黎索邦大学学习艺术）。夫妇二人带着两个儿子列昂（Leon）和谢尔盖（Sergei），租住在一间破旧的公寓里。此时的托洛茨基接管了俄国流亡报纸《真理报》（*Pravda*）的编辑工作，仅有的几位同事中有一名叫做阿道夫·越飞（Adolf Joffe）的流亡记者。越飞因患病而对吗啡成瘾，还患有抑郁症，于是找阿尔弗雷德·阿德勒治疗。后来成为列宁政府重要外交官的越飞高度评价了阿德勒，使托洛茨基心生好奇。

在社交方面，托洛茨基夫妇经常参加萨穆埃尔·克拉奇科为维也纳的俄国流亡社会主义者举办的热闹沙龙。显然，克拉奇科对托洛茨基与他几年前对未来的女婿菲尔特米勒一样热情而慷慨。不久之后，纳塔利娅结识了菲尔特米勒的妻子阿利妮，以及阿利妮的密友赖莎·阿德勒。

到1909年，主要得益于两名女主人友情日深，托洛茨基和阿德勒两家人已经过从甚密。尽管纳塔利娅成长于俄国的希腊东正教家庭而非犹太人家庭，但她与赖莎拥有很多共同点。她们都在富裕家庭中长大，都有国外求学经历，也都长期支持社会主义革命，只是纳塔利娅要激进许多。多年前，纳塔利娅曾被俄国寄宿学校驱逐，因为她鼓动同学读宣扬社会主义的作品而不是《圣经》。后来，她又因参加1905年革命而被捕入狱。此外，两名女性都在异乡抚养幼童，并都嫁给了才华横溢、魅力四射的丈夫。

在托洛茨基夫妇居住在维也纳的5年中，纳塔利娅与赖莎一起共度了许多时光。她们的丈夫经常与她们一起吃饭谈天，也一同外出休闲。库尔特·阿德勒日后回忆道："在我6岁左右的一个大晴天，两家人都去了维也纳的城市公园，里面有一大片空地供小孩子玩耍，但是不能踢足球。托洛茨基正在和他的两个儿子一起踢球，结果突然来了一个警察，要没收他们的球。托洛茨基立即走上前去与他交谈。让我们都很吃惊的是，他真的说服了那个警察让我们继续踢球。"

与足球相比，托洛茨基更感兴趣的是思想，他发现阿德勒的心理学理念非常有趣。十月革命后，托洛茨基将敦促俄国的医生接纳精神分析的基本准则。不过，在治疗心理脆弱的越飞时，他所做的却是耐心地发掘他的才干，提升他的自信，特别是赋予他一种推动社会主义革命的使命感。

阿德勒所熟知的另一位俄国革命家是马特维·斯科别列夫（M. I. Skobelev），他是越飞和托洛茨基在《真理报》的同事。斯科别列夫的妻子有两名幼子，跟纳塔利娅一样，她也与赖莎特别投缘。在关键的1917年，斯科别列夫将相继成为杜马（俄国革命前的议会）和苏维埃执行委员会成员，他将在那里对抗列宁的反民主政策。

1909年3月，在这两位俄国大革命家的影响下（虽然影响可能并不深入），阿德勒在维也纳精神分析协会上做了题为《关于马克思主义心理学》的报告。当时，他是唯一一位来自奥地利社会民主党的成员。尽管他计划将这些观点公开发表，但他最终没有这样做，也许是因为，他那天晚上的演讲遭到了弗洛伊德和其他参会者的冷遇。

正如兰克的简洁记录所描述的那样，阿德勒的观点很难理解。赞扬了马克思在思想上所取得的成就后，阿德勒接着说，无产阶级的"阶级意识"总是包含人们在心理上对卑微和劣等的本能敏感。后来他断言，虽然在神经症中，攻击本能受到了抑制，"但阶级意识解放了它。马克思说明了如何通过实现文明的内涵来满足攻击本能，即理解造成压迫和剥削的真正原因，以及建立适当的政治组织"。阿德勒最后说："马克思整本著作的高潮就是呼吁有意识地创造历史。"

弗洛伊德对此不以为意。他坚持认为，阿德勒并没有讲出马克思主义中包含精神分析思想的任何证据。不过，在阿德勒的激发下，他也谈了他自己对人类进步的理解。在弗洛伊德看来，人类进步所涉及的不是阶级斗争，而是"意识的拓展，……这种拓展使人类能够在持续面对心理压抑的过程中应对生活"。一名参会者嘲笑社会主义是"宗教的替代品"，而弗洛伊德则温和地鼓励阿德勒公开发表文章，继续这一话题。

10月18日，阿德勒第四个也是最后一个孩子科尔内莉娅（Cornelia）出生。9天后，菲尔特米勒正式加入协会，结束了阿德勒作为社会主义者在协会内形单影只的状态。从一开始，菲尔特米勒就是一个善于表达、心直口快的参与者，他试图在协会关于儿童和成人心理问题的广泛讨论中加入马克思主义的视角。于是，菲尔特米勒在12月的一场题为《宿命还是教育？》的报告中表示，影响现代家庭的经济变革正在让孩子日益远离父母的生活。因此，现在的教育工作者肩负着帮助青少年培养社交技能的新责任。菲尔特米勒在赞扬阿德勒最近一篇题为《孩子对感情的需求》的文章时说，他的朋友"在如何利用孩子对感情的需求推动教学的问题上提出了很好的建议"。

同样，在阿德勒的同行达维德·奥本海姆（David Oppenheim）所发起的一次关于青少年自杀（后来作为论文集发表）的社会大讨论中，菲尔特米勒坚持认为："学生的自杀不能单纯从心理学的角度来看待，而必须从社会的角度考虑。学校的责任与其说在个别教师，不如说在整个系统。"弗洛伊德委婉地指出，正规教育是社会规则的反映。对此，菲尔特米勒尖刻地反驳道："学校不仅仅是生活，它比生活更严酷。学校每隔半年就要对孩子们的表现来一次总评，没有人能一声不吭地忍受。……我们必须改变整个学校制度。"

菲尔特米勒加入协会后不久，阿德勒在思想上找到了更多的支持者，他们有弗朗茨·格吕纳（Franz Grüner）、古斯塔夫·格吕纳（Gustav Grüner）、弗朗茨·冯·海（Franz von Hye）男爵、史蒂芬·冯·马达（Stephan von Maday）和一些信奉社会主义的同行，如医生玛格丽特·希尔弗丁（Margaret Hilferding），她是协会最早的几位女性成员之一。她嫁给了医生鲁道夫·希尔弗丁（Rudolf Hilferding），后者已经是社会民主党人中重要的马克思主义理论家，也将于日后担任德国魏玛共和国的财政部长。在第一次世界大战后的奥地利，玛格丽特也将大力倡导维护妇女权益，包括堕胎权。

═══

到1910年冬天，协会内部的一些变化已经让弗洛伊德越发感到不自在。他在3月写给同事卡尔·亚伯拉罕的一封信中说，他已经无法从协会中得到快乐了，还称阿德勒、施特克尔和伊西多尔·萨德格尔（Isidor Sadger）为"老一辈"，说他们是"难缠的人，很快就会觉得我在挡他们的路"。

这类感觉并不新鲜。早在1909年6月，他就曾向荣格说起，阿德勒是"一个理论家，精明，有见解，但他所朝向的不是心理学，而是生物学"。尽管如此，弗洛伊德还是把阿德勒描述为"正派人"，并补充说："我们必须团结他。"不过显然，他的这位年轻同仁在随后一年里变本加厉的背道而驰没能让弗洛伊德继续保持这一温和看法。

3月30日，在德国纽伦堡举行的第二届国际精神分析大会上，风云突变。在显然是经过精心策划的一次演讲中，弗洛伊德的副手费伦齐出人意料地提议组建国际精神分析协会，由荣格担任常任主席，管理所有出版物，他的瑞士同胞弗朗茨·里克林（Franz Riklin）担任秘书。听到费伦齐的建议，来自维也纳的参会者们非常震惊。显然，这么做将把权力从他们手中转移到苏黎世。更让他们感到屈辱的是，费伦齐还当众批评了维也纳精神分析协会。

在65名参会者中，包括阿德勒在内的维也纳代表占据了大约1/3。他们表示抗议，并且在施特克尔的召集下成立了一个非公开的小团体。就在他们齐聚酒店会议室商讨最佳行动策略的时候，弗洛伊德突然出现在了会议室门口。据包括弗里茨·维特尔斯在内的多名见证者回忆，弗洛伊德异常忧虑地说："你们大多都是犹太人，所以不会有人支持你们的新学说。犹太人能够发挥奠定基础的作用就已经很好了。我得跟更广大的科学界建立起联系，这么做绝对是必要的。我老了，受不了总被人攻击了。我们都处在危险当中。……瑞士人会救我们。"

对于这番话，阿德勒做了什么样的回应，今天已经无据可查。但是，经过长时间的争论，弗洛伊德还是答应妥协：国际精神分析协会主席每两年选举一次，也不拥有对出版物的审查权。

在一周之后的4月初，协会举行了第二次会议。会上，弗洛伊德颇有风度地提议阿德勒担任新任主席，同时兼任新月刊《精神分析杂志》（Zentralblatt）的主编，以此来补充荣格新近创立的《精神分析与精神病理研究年鉴》（Yearbook）。弗洛伊德还建议施特克尔担任协会副主席，协助阿德勒工作，同时跟他一道兼任《精神分析杂志》的主编。包括阿德勒的支持者在内，几乎所有人都非常喜欢这一新的安排，他们以鼓掌的方式选举弗洛伊德担任了新设置的"科学主席"一职。

在接下来的几周里，阿德勒作为协会主席积极行动，组建了包括施特克尔和另外5人在内的执行委员会。协会这时的主要工作之一是为不断增加的参会者找到新的讨论场所。协会成员已经增长至约35人，每次参加讨论会的大约有一半，而弗洛伊德候诊室里的那张大桌子已经坐不下这么多人。阿德勒找了两家咖啡馆，兰克也找了一家，但协会成员一家都没选中，而是选择租用一所学院的礼堂。

这很可能不是一个明智的决定，因为成员参加讨论会的积极性立即出现了下降。多年以后，英国精神分析学者欧内斯特·琼斯回忆道，改变地点后，讨论氛围似乎变得"更冷淡，更正式，跟我几年前的感受完全不一样"。尽管如此，弗洛伊德最初还是认为，他已经成功地改善了他与维也纳精神分析协会的成员们之间的紧张关系。出于一种可能是一厢情愿的想法，弗洛伊德写信给荣格："我对我这一次的斡旋结果很满意。维也纳和苏黎世公平竞争，这么做只能推进我们的事业。维也纳人没风度，但他们有水平，仍然可以为精神分析运动做出大的贡献。"

但是，弗洛伊德不会满意太久，因为阿德勒很快就产生了一种截然不同的、无法与精神分析相容的心理学见解。同年，阿德勒在一份重要医学杂志上发表了一篇影响深远的文章，题为《生活和神经症中的心理雌雄间性》。现在，阿德勒已经不再认为人

人生的动力

类存在先天的攻击驱力,而是把他的关注重点转移到了自卑的主观和情绪化状态上。几十年后,他在回顾自己的思想发展时说:"1908年,我突然想到,实际上所有人都长期处于攻击状态,我轻率地把这种态度称为了'攻击驱力'。但我很快就意识到,我所面对的不是一种驱力,而是一种面对生活中必须要完成的事项的态度。它部分处于理性层面,部分处于非理性层面。"

这篇发表于1910年的关于心理雌雄间性(这一术语反映了阿德勒的观点,即所有人都兼有男、女两性特质)的论文在概念上是一个关键的突破,而且它明显与弗洛伊德的基本观点相悖。在《器官缺陷研究》中,阿德勒只是隐晦地提出,拥有缺陷器官的个体借助努力获得补偿或过度补偿。而在3年后的现在,他已经在把这一见解明确化,并且把它作为了他即将成形的心理学体系的关键:

> 这些客观的现象经常引起主观的自卑感,从而阻碍了孩子的独立,增加了他对关心和爱的需求,并且往往持续一生。……源头是……孩子在大人面前的弱小感。如此一来,孩子才需要得到关心和爱,才出现生理和心理上的依赖和顺从。如果早期存在主观可以感受得到的器官缺陷,那么这些特征还会加强。由于依赖性增强,我们对自己的渺小和无力感增强,结果就导致对攻击的压抑,进而引发焦虑现象。

当时,阿德勒把这种自卑感称作男性钦羡(masculine protest),因为对欧洲男性来说,这种自卑感似乎与无法实现诸如自信、雄心勃勃、积极进取和对抗权威等男性文化标签有关。阿德勒认为,感到自卑的欧洲女性同样也存在男性钦羡,因为她们通常不认可诸如同感、同情和顺从等女性文化标签。阿德勒认为,这一心理困扰可以治愈，因为，"教育和心理治疗的目的就在于揭示这一机制，让它进入意识的领域。这样一来，女性过度滋长的男性特质和男性过度滋长的女性特质就会消失……患者就能学会坦然面对外界压力"。

阿德勒认为，这类概念模型推动了精神分析对于人类思维的科学探索，理解这一点非常关键。他当然知道，对性驱力的淡化会削弱弗洛伊德关于人格发展和神经症的整个理论。不过，阿德勒似乎天真地认为，只要客观地呈现所有事实，弗洛伊德就会修正他的理论。因此，在协会6月份举行的自杀研讨会上，阿德勒显然对其维也纳同仁所取得的成绩感到满意。根据各方证据，阿德勒自认为是精神分析理论忠诚而有力的支持者。因为在他看来，精神分析的范围远不止弗洛伊德所说的"幼儿性欲"。在研讨会的开场白中，阿德勒愉快地表示：

> 大约七年来，一群对精神分析研究感兴趣的医生和心理学家每周都会开会讨论他们的经验和观察。这个由弗洛伊德和布洛伊尔推动的小圈子主要致力精神分析方法和理论的探索。此后，精神分析研究中心已经遍布世界各地，我们现在已经有很多同行，而且还在快速增加。

可以想象，阿德勒的观点肯定会让弗洛伊德感到震惊。阿德勒甚至在一篇关于精神两性的新文章里强调，神经症的根源是自卑感而非性欲。至此，阿德勒的做法显然已经完全超出弗洛伊德及其支持者们所能容忍的底线。自《梦的解析》发表十多年来，为了证明自己的观点，即幼儿性欲是人格形成的关键，弗洛伊德一直在精心建立一个有临床证据支持的严密理论。他肯定不会让像阿德勒这样的后来者（尽管很有头脑）毁掉自己的成果并取而代之，尽管仍然以精神分析之名。

因此，弗洛伊德和阿德勒的冲突并不是权力之争或个性之争，而是尖锐的思想之争。这场冲突异常激烈。弗洛伊德在1910年间写给荣格等外国同仁的情绪化的信中显示，他越来越认为阿德勒是个"自大狂"，是对整个维也纳精神分析协会和国际精神分析运动的威胁，必须早点除掉，以防造成更大的影响和破坏。但是怎么做呢？毕竟，阿德勒是国际精神分析协会的主席，受到大多数成员的尊敬。他也成功地建立了忠诚于自己的社会民主派教育家和医生群体。

很快，弗洛伊德就设置了一个巧妙的局，并且立竿见影。11月中旬，弗洛伊德的门生希奇曼在协会的一次会议上提出："阿德勒至少应该把自己的理论详细解释一番，特别是与弗洛伊德学说的分歧之处。"希奇曼伪善地说，这么做或许可以让两种观点得到有益的融合。随后，弗洛伊德进一步建议阿德勒具体解释他的男性钦羡的概念，阿德勒欣然应允。

1911年1月4日，阿德勒做了他的第一场报告，题目定得很宽泛——《精神分析的一些问题》。首先，阿德勒称赞了弗洛伊德对于性欲在神经症形成中的作用的突破性见解，但他很快就开始借助近期的一个临床病例阐述起自己的观点来，即，"性欲被器官缺陷唤起和激发，它是强化了的男性钦羡，其感受也同样强烈"。随后，他又以一种在弗洛伊德的支持者们看来是亵渎神明的方式补充道，总的来说，在理解人类的性欲时，"不可能把性欲是神经症起因（或性欲是文明社会里的神经症起因）这一点视为真实存在而加以考虑"。

弗洛伊德完全没有参与充斥了激烈批评的讨论。他的支持者保罗·费德恩（Paul Federn）、希奇曼和鲁道夫·赖特勒等人轮番向阿德勒发起了猛烈的攻击，其中最典型的是费德恩。他宣称："如果性欲不是神经症的核心和起因……那么阿德勒的观点就真的非常危险……他的工作是倒退性的，并且站在了弗洛伊德学说的对立面。"面对这样的评论，阿德勒只是温和地表示，他"从来都不会对他的观点最初来自弗洛伊德的学说这一事实提出异议"，然而他却肯定地说，普遍适用于所有人际关系的原则不是性欲的满足，而是想要彰显自我的驱力（the drive for assertion）。

2月1日，阿德勒做了第二场报告，这次讲得更为详细。报告的题目是"男性钦羡是神经症的核心问题"。他再一次赞扬了弗洛伊德的见解，接着又立即开始阐述一种完全不同的人格发展观。阿德勒解释说，很明确，基本的"自我本能"（它让我们能够生存在社会世界中）包含"想要变得更重要，更有力量，更有优势"。每个孩子的特定环境都有助于决定这种冲动以何种形式表现在他的关系中，包括性关系。

对于神经症的形成这一关键问题，阿德勒找到了两个独立发挥作用的因素，一是与特定器官缺陷有关的自卑感，二是对女性角色的深切担忧。"当这些因素彼此强化时……情感生活就失去了本来的面目"。

三年多来，阿德勒一直在向协会强调，存在器官缺陷的孩子更容易患上神经症。现在，他也主张，社会价值观是神经症的另一个主要促发因素，特别是性别角色无孔不入的影响。"女性被男性贬低，这一点在我们的文化当中已经有非常清楚地显现。事实上，我们甚至可以把它看作我们文明的驱动力之一"。

即便只是因为遗漏，这样的评论显然也冷落了作为弗洛伊德理论根基的幼儿性欲。可阿德勒随后继续明确表示，对于神经症的治疗，"性欲是否是以及在多大程度上是神经症的根源并不重要……有的患者即便已经知晓自己有恋母情结，他们的症状还是没有改善。人们不应该再谈论关于性的欲望和幻想的情结了，即使是恋母情结也必须被理解为一种强大精神活动的组成部分，理解为男性钦羡的一个阶段"。

人生的动力

这一次，当弗洛伊德开始讨论时，他的脾气就没有那么和善了。他说自己感到非常愤慨，因为阿德勒的所谓发现实际上跟他自己的观点非常接近，只是起了不同的名字而已，如男性钦羡或心理雌雄间性。然后，弗洛伊德更加尖锐地攻击了阿德勒的观点，因为他的"反性倾向"非常危险。

> 在我看来，阿德勒的所有这些学说并非毫无意义，我会对它们做出如下预测：它们会给人留下深刻的印象，但一开始就会对精神分析造成巨大的破坏。……显而易见，有个天生善于演讲的大学者正在思考这些问题。但是他的整个学说都具有反动和倒退的特征。

弗洛伊德带着明显的苦涩预言说，通过淡化性欲在人类心灵中的重要作用，阿德勒表面诱人的学说将获得许多人的追捧：

> 他的学说大部分都不属于心理学，而是属于生物学。它代表的不是无意识的心理学，而是表面自我的心理学。最后，它不是力比多或性欲的心理学，而是普通心理学。所以，它就会利用所有精神分析学者心中潜藏的抵抗来扩大自身的影响力。……这是自我心理学。有了无意识心理学的知识，它才能更加深入。

阿德勒立即回应弗洛伊德道，他也在神经症中看到了性欲的问题。然而他简练地重申："表面看是性欲，但背后隐藏着多得多的重要关系，它们只是以性欲的面目出现。……'纯粹的'性绝不是最重要的东西……它是许多驱力的聚合。"

施特克尔温和地赞扬了阿德勒的报告后，弗洛伊德做了最后的总结发言。他的情绪已经不再像先前那样激动。他退让说，他一直"承认阿德勒所做的个性研究很有价值",并且"只是在它们被用作取代无意识的心理学的时候,他才转而发难"。

这个月稍后,协会又花了整整两次讨论会继续讨论阿德勒的报告。在第一次会上,弗洛伊德的支持者们表现得非常强势。希奇曼讽刺道,由于阿德勒本人与学院心理学、教育学、社会主义和女权运动有关联,所以他会把他所看到的一切(即便明显与性有关)都理解为男性钦羡。

两周后,皮肤科医生马克西米利安·施泰纳(Maximilian Steiner)说,自从阿德勒开始对器官缺陷展开有价值的研究时起,他就越来越偏离弗洛伊德的学说。然后,他把阿德勒"不符时代的"观点(否认性欲是最主要的心理驱力)粗暴地比作了早期基督徒的认识。对协会内像阿德勒、弗洛伊德等自诩文明的世俗论者来说,这是莫大的讽刺。

那天晚上,最主张和解的人恐怕就是施特克尔了。与赖特勒一样,施特克尔也是近九年前与弗洛伊德和阿德勒一同参加星期三心理学会首场讨论的人。施特克尔称赞阿德勒,说他对协会的重要性仅次于弗洛伊德,因为他做出了"关于梦的动力学的最重要的发现"。他接着评论道:"阿德勒的观点跟弗洛伊德不矛盾……它只是建立在弗洛伊德学说的基础之上。"

当然,弗洛伊德对和解完全不感兴趣。相反,正如会议记录所表明的那样,他嘲讽地表示:"虽然施特克尔没有看出阿德勒的观点与弗洛伊德的学说之间有任何矛盾,但我们必须说明,有两个人确实发现了这一矛盾,他们就是阿德勒和弗洛伊德。"

阿德勒是否在这次讨论会之前就已经做了决定,我们不得而知。但是他所遭受的连珠炮似的侮辱以及弗洛伊德的明显默许几乎没有给他选择的余地。当天晚些时候,阿德勒由于"科学态度与他在协会中的职位不相符"而辞去了协会主席一职。施特克尔也立即宣布自己完全赞同他的老同事的决定,同时辞去了自己的副主席职位。

3月1日，协会召开重要会议，势必要选举新的主席。毫无疑问，弗洛伊德最终在欢呼中当选。随后，在弗洛伊德的反对下，阿德勒的朋友菲尔特米勒仍然成功地获得了多数票，在协会内部通过了弗洛伊德和阿德勒之间不存在彼此不相容的信条的决议。尽管如此，当晚，弗洛伊德仍然相当满意地写信给荣格，简要地通报了协会里最近发生的事情。他仍然对阿德勒留下的影响心存警惕，他说："我必须为受到冒犯的女神力比多报仇，同时确保异端不会在《精神分析杂志》中占据太多空间。……我从来都没有想到，会有精神分析学者被自我（ego）欺骗成这个样子。实际上，自我就像马戏团里的小丑，凡事都要掺和，让观众觉得所有的事情都是他干的。"

像往常一样，阿德勒继续担任《精神分析杂志》的主编，也频繁参加讨论会。从表面上看，他与弗洛伊德的关系似乎已经有所缓和，他似乎也不太像是要与协会一刀两断。然而，弗洛伊德却不想维持现状。在夏季休会期间，他巧妙地发起了第二步也是最后一个步骤来消除阿德勒在维也纳精神分析协会的影响力。弗洛伊德写信给《精神分析杂志》的出版商，宣称他不能再与阿德勒共同担任主编职务。也就是说，出版商必须在他们之间做出选择。

显然，弗洛伊德正在提高赌注，他自认胜券在握。弗洛伊德对他的同事琼斯恶狠狠地说："与阿德勒的内部纠纷很可能会出现，我已经激化了矛盾。这是一场被野心冲昏了头脑的背叛，他对别人的影响力建立在极力的恐吓和欺侮之上。"

即使对一向尖刻的弗洛伊德来说，他对维也纳精神分析协会的老同事所说的这番话也确实过于狠毒。这也显示出，阿德勒的主张——性欲不是人格决定性因素而只是次要因素——确实惹恼了弗洛伊德。为了强调幼儿性欲是最根本的驱力，弗洛伊德已经辛勤耕耘十五余载。而且他也认为，他的理论距离在学术上获得尊敬还相当遥远。不过，在他生命的最后几年里，当精神分析确实被全世界所接受，获得了世界范围的影响力后，他才越来越在这一点上抱有希望。也许，弗洛伊德确实认为，凭借自己的才智与说服力，他可以成功地把所有的现代心理学都统一到他的学说中去。

激起弗洛伊德敌意的可能并非阿德勒的学术主张。可以肯定地说，弗洛伊德认为自己有能力反驳他的年轻同事的理论，无论它们在表面上有多么吸引人。然而，令弗洛伊德大为苦恼的是，他的基本理论将无可避免地受到来自其他有说服力的人格研究者的挑战和拒绝。毕竟，他的理论将无法赢得一致的掌声了。弗洛伊德至少已经隐隐地感觉到，阿德勒对其理论体系的突破只是开始，其他人肯定也会这样做。

因此，阿德勒是打碎弗洛伊德认为其工作将收获全世界敬意的乐观预期的第一人。而且，也许我们都会不可避免地对那些破坏我们最初梦想的人感到极大的愤怒。所以，尽管很多人最终都切断了与弗洛伊德的联系，包括像施特克尔、荣格和兰德这样的亲密同事，但是没有谁像阿德勒这样让弗洛伊德产生一生难解的敌意。

《精神分析杂志》的出版商传达了弗洛伊德的最后通牒后，阿德勒辞去了他的主编职位，使对方得以避免做出尴尬的选择。同时，阿德勒也退出了维也纳精神分析协会。那年夏天，阿德勒向远在异国的欧内斯特·琼斯吐露了心声，谴责弗洛伊德"咄咄逼人"，并感叹道："我一直保持克制，因为我可以等待，我也从不妒忌观点不同的任何人。"在随后的一封信中，他表示弗洛伊德正打算对他进行"可笑的阉割"。

在弗洛伊德的小圈子之外，关于《精神分析杂志》事件的消息激起了巨大的波澜。许多人表达了对阿德勒的同情，同时谴责弗洛伊德耍手段。然而，当事态发展到必须在二人之间选边站的时候，大多数人却并没有公开宣布支持阿德勒。

不过，在菲尔特米勒的带领下，12名协会成员（协会成员共35人）签署了一封落款为7月26日的公开信。他们对弗洛伊德的操

人生的动力

纵行为表达了正式的抗议，同时宣布愿意为了所有人的利益而帮助促成真正的和解。

  获悉协会核心期刊的领导职位即将发生变动，本公开信的签署人向阿德勒博士询问详细情形。在他们的要求下，阿德勒博士写信介绍了相关情况。他们从这些信件中发现，作为期刊的两位创始人之一，阿德勒博士是在出版和财务事由的幌子下被迫考虑放弃主编职位的。

  这并非一起孤立事件，而是针对阿德勒博士本人及其科学著述的一系列不友好举动中最新的一次。直到最近，我们才认清了这起事件的影响。

  虽然在我们看来，协会和期刊的组织结构应该对抗精神分析的反对者，同时在精神分析圈子内部推动自由讨论，但这些行动正在越来越明显地呈现出一种倾向，即在圈子内部争夺控制权，并通过各种不负责任的权力斗争手段来维护它。我们的理性抵制这一情形。我们深信，精神分析的内部气氛和外部名誉都将因此而受到损害。

  因此，得知阿德勒博士被逼退出精神分析协会，我们感到非常遗憾。我们也要强调，我们原谅他这样做。我们明确认为，最重要的是在科学方面与他长期保持对话，我们也将找到这一持续讨论的适当形式。

  促使我们发出这一声明的原因有两点。首先，我们认为，在如此重要的事情上，我们有责任对协会保持诚实和公开的态度。其次，尽管我们极为重视我们作为精神分析协会活跃成员的一贯立场，但我们只愿在受到欢迎的情况下继续保持成员身份。因此，如果协会的领导者认为我们的观点和对职责的履行对协会有任何损害之处，那么我们恳请他们召集全体成员来就此事做出决定。

与这些签署者一样，面对弗洛伊德的阴谋诡计，阿德勒也不愿忍气吞声。他本可以选择沉默，让自己的名字从《精神分析杂志》的报头静静消失。或者，他也可以选择提供一个含糊委婉的解释。但是从性格上说，在涉及原则问题时，阿德勒始终坚定不移，毫不妥协。显然，他也拥有坚定的自信来直接挑战桀骜不驯的弗洛伊德。毫无疑问，阿德勒现在已经决定，从长远来看，他最好与弗洛伊德及其信徒完全脱离。因此，他在八月份的刊物中直截了当地宣布：

> 同时，我也想知会本刊读者，截至今天，我已经退出了本刊的编辑工作。期刊主编弗洛伊德教授认为，我和他在学术观点上存在巨大分歧，以至无法合作编辑本刊。因此，我自愿退出本期刊的编辑工作。

我们现在还不清楚，这个夏天剩余的几周，阿德勒是如何度过的。但是，他似乎已经开始筹备独立的自由精神分析研究会（Society for Free Psychoanalytic Study）。这一名称表明，弗洛伊德的心理学取向（虽然不是他的理论）仍然吸引着阿德勒。但显然，他们长达九年的同事关系现在已经完全结束。在他们将来各自的生活中，两人都将是对方一生的死敌。

10月11日，维也纳精神分析协会1911~1912年度的第一次会议召开。在阿尔卡丹咖啡馆举行的特别全体会议上，弗洛伊德担任会议主席。披露阿德勒和另外3名成员退出协会后，弗洛伊德代表协会决策层尖刻地宣布道：

> 他提醒那些同时也加入了阿德勒博士的研究会的协会成员，直言他们的活动具有敌对和竞争的性质，并要求他们明确立场。……立场不明的协会成员必须在周三

之前作出决定。

弗洛伊德当然知道，这则露骨的最后通牒会立即导致更多成员离开协会。但是，他这么做正是为了摆脱残存的阿德勒支持者。在这次会议前写给同事的一封信中，弗洛伊德曾轻蔑地预测，只有"一些毫无用处的成员"才会效仿阿德勒脱离协会的做法。

也许，弗洛伊德所想象的正是菲尔特米勒那样的人。当晚，也正是菲尔特米勒带头表示反对。他对弗洛伊德所代为传达的协会决策层的决定表示震惊和失望，并要求立即就如下问题举行全体投票：是否只要支持阿德勒就不能成为维也纳精神分析协会的成员？接下来的3位发言者都是支持弗洛伊德的，他们肯定了协会决策层的看法。作为会议主席的弗洛伊德当晚是如何选择发言者的，目前尚不清楚，但是菲尔特米勒的5位支持者都没有发言。施特克尔仍然在努力调和这两大对立阵营，但似乎已经无人再支持这种做法，包括最后召集公开投票的菲尔特米勒。施特克尔断言，问题的关键不在于弗洛伊德或阿德勒的理念是否准确，而在于维也纳精神分析协会是否允许成员通过"自由"思考来得出独立于弗洛伊德偏见的结论。

参加投票的成员有21名。除5人投弃权票外，11人投票赞成弗洛伊德两个团体只能加入其一的提议，另外5人投票反对。这一结果表明，弗洛伊德并未获得压倒性的优势，因为在当晚，21名成员中只有11名支持他，这还不算已经离去追随前主席阿德勒的3名成员。

当预料中的投票结果产生时，菲尔特米勒宣布他与他的5名同事就此退出协会。他们全体起立，感谢诸位同事过去多年里的勠力同心，随后步出会场。他们一起奔向中央咖啡馆，在深夜与阿德勒共庆了彼此的再度相聚。

第6章
个体心理学的诞生

> 个体心理学始于对儿童自卑感的理解。它激发了所有的力量和整个心理学运动来大力推动补偿或向补偿的方向推进。
>
> ——阿尔弗雷德·阿德勒

1911年秋,阿德勒毅然退出维也纳精神分析协会,这一决定立即开启了阿德勒一段富有成果的人生。毫无疑问,协会的派系氛围和众人对日益独断的弗洛伊德的遵奉早就让阿德勒感到不适(如果不是让他感到窒息的话)。带着几乎与他的老同事相匹敌的强烈成就动机,如释重负的阿德勒此刻备受鼓舞,因为没有人能再阻挡他前进的脚步。

在接下来的几个月里,阿德勒开始大力组织他刚刚成立的自由精神分析研究会。他给研究会起这样的名字并非偶然,因为,他当时仍然自认为是一名坚定的精神分析学者(即探究人类个性的内隐机制的实践者),只是他追求的是科学真理,而不是去论证西格蒙德·弗洛伊德的具体学说。阿德勒的研究会中的核心成员大多是那些在维也纳精神分析协会中坚决支持他的人,如菲尔特米勒、格吕纳兄弟(弗朗茨·格吕纳和古斯塔夫·格吕纳)、玛格丽特·希尔费丁、弗朗茨·冯·海、史蒂芬·冯·马达和达维德·奥本海姆,同时还有随后加入的哲学家亚历山大·诺伊尔(Alexander Neuer)和两位医生——奥托·考斯(Otto Kaus)和埃尔温·韦克斯伯格(Erwin Wexberg)。

与此同时，弗洛伊德也为自己表面上的胜利而沾沾自喜。阿德勒的支持者们退出协会后不久，弗洛伊德就开始散布诽谤性的谣言，说他的对手"被野心逼疯"，现在是"偏执狂"。为了解释自己近来所做的事，弗洛伊德向施特克尔吐露道："阿德勒不是正常人。他的嫉妒心和野心都是病态的。"在弗洛伊德口中，阿德勒的所有著述都毫无价值，完全不可能被任何真正的精神分析学者所接受。不久之后，施特克尔也因为弗洛伊德的独断专行而退出了协会。后来，在解释当初没有反对弗洛伊德针对阿德勒的恶意行为时，施特克尔表示："我首先想到的就是跟阿德勒的支持者们站在一起。……然而我在经济上部分地依赖于弗洛伊德。另外，我特别喜欢《精神分析杂志》，如果我能帮上忙的话，我不想退出编辑工作。"

至少一开始，留下来的维也纳精神分析协会的大多数成员和外国支持者都支持弗洛伊德。他们一致认为，阿德勒是一个野心勃勃的人，他否认幼儿性欲的真实存在及其对人格和社会生活的巨大影响，这完全背离了精神分析的真理。一些人长期鄙视阿德勒对社会主义的慷慨激昂，非常乐于摆脱他的社会民主党小团体。他们认为，这一小团体把纯科学的精神分析与无关的政治关切混为一谈。

最初，自由精神分析研究会的成员在阿德勒的新诊所碰面。阿德勒兼做居住的新诊所位于维也纳时尚的内城区（第1区）多明我会城堡街（Dominikanerbastei）10号。与包括弗洛伊德一家在内的很多富裕犹太人家庭一样，阿德勒一家也决定离开犹太人和工人阶级聚居的利奥波德城，搬到距离上流社会更近的街区。对于从商或在专业领域工作的维也纳犹太人来说，他们的选择只有两处：一处是弗洛伊德所长期居住的阿尔瑟格伦德区（第9区），一处是被优雅的环城大街（Ringstrasse）所包围的内城区。

阿德勒一家的新住处是一栋宽敞的两层公寓，位于几个世纪前成功抵御了土耳其入侵者的一条主街旁。这里既安静又接近市中心，深得阿德勒喜爱，他将在这里安居近25年。正如这里的一位常客所描绘的那样，这里有很多"庭院和庇荫的小巷，还有带棚架的咖啡馆。房屋的缝隙里，不时闪现圣斯特凡大教堂闪亮的屋顶。中世纪的店招依旧在商店门前摆动……油灯仍然在黑暗石龛里陈旧的圣母玛利亚画像前摇曳。邮局对面是古老的大学，虽早已破败，但它的幽灵似乎仍然跟月光一起，在它的鹅卵石广场和古老墙根下徘徊"。

就是在如此迷人的古色古香中，自由精神分析研究会举行了他们的早期讨论。现存的从1912年秋到1913年初的会议记录显示，他们讨论的话题相当广泛，从"癔症病例中虚假自我指责的临床观察"到"帕斯卡尔（Pascal）的心理学"，从"恐惧心理学"到"个体的神经症式生活"。不像稳重的玛莎·弗洛伊德（她参与维也纳精神分析协会讨论的唯一方式是准备咖啡和雪茄），赖莎·阿德勒不仅担任做会议记录的秘书，也经常参与讨论。

1912年11月下旬的一天晚上，施特克尔做客讨论会。在听过奥托·考斯对神经症的发言后，他说："我在弗洛伊德的讨论会上听过（针对这一话题的）空洞辩论。"他"很高兴看到这里正在进行如此有价值的理智讨论"。尽管施特克尔已经处在与弗洛伊德决裂的边缘（他私下称弗洛伊德为"受不了的人"），但他此次对"敌"营的亲切探访又使得他们之间的关系雪上加霜。不久后，言语刻薄的弗洛伊德就表示，斯特克尔已经堕落成了"效忠阿德勒的"传教士。

阿德勒用了很短的时间就从维也纳乃至整个欧洲赢得了大量的支持者。启用新的通信地址后，来自法国、德国、塞尔维亚和俄国等国的医生同仁纷纷来信，表达他们对阿德勒工作的强烈兴趣。其中就包括莫斯科的精神病医生比尔施泰因（I. A. Birstein）和维鲁博夫（N. Vyrubov）。维鲁博夫是一本刚创刊不久的双月刊《心理治疗》（*Psikhoterapia*）的编辑。在1912年里，维鲁博夫热切地发表了阿德勒的多篇最新论文和书评，以及关于他刚刚起步的研究会的专业活动信息。由于理念相通，阿德勒最终加入了《心理治疗》编辑委员会，他在维也纳的同事考斯、施特克尔和韦克斯伯格也是如此。

由于学术事务越来越多，再加上他在神经病学和精神病学方面的临床工作越来越繁重，阿德勒比以往任何时候都要忙碌。但是，赖莎却因为要养育4个孩子而日益不堪重负，奥地利资产阶级的"医生妻子"角色也让她感到异常压抑。另外，由于研究会的成员日益增多，阿德勒位于多明我会城堡街10号的会场已经难堪使用。当他们不得不在维也纳各地的咖啡馆辗转开会时，赖莎对研究会工作的参与也越来越少，她发觉自己正在淡出丈夫那不断拓展的事业。

不过，阿德勒的孩子们似乎都认为阿德勒是一位称职的好父亲。"在我们成长当中，"亚历山德拉回忆道，"他总是非常忙。但只要我们碰疼了或者哭了，他就会来陪我们。如果家里有事需要他，我的妹妹内莉（科尔内莉娅）有时就会去敲他办公室的门。然后他就会从里面出来，跟她一起走。"

吃饭的时候，阿德勒的孩子们常常要与喜爱社交的父亲和他前来参与热烈讨论的朋友们一起吃饭。"我们这些小孩总是跟大人一起吃饭，而且我们想在饭桌上坐多久就可以坐多久，"亚历山德拉回忆道，"父母鼓励我们自己决定什么时候离开饭桌上床睡觉。唯一的条件是第二天能准时上学。我记得我们听得津津有味，直到睡意来临，我们才一个一个地离开。"

亚历山德拉还记得，父亲明确反对体罚。"他从来都不会打我们。我的母亲只打了我一次，我就从不原谅她。当时是在乡下，他正在工作。我不敢告诉他，但或许他已经知道了，因为他那天的情绪似乎很不好。"

在4个孩子当中,亚历山德拉和库尔特后来都成为精神病医生。年龄最大的瓦伦丁获得了社会学博士学位。只有科尔内莉娅选择了非学术性的职业,做了一名戏剧演员。不过,阿德勒从不干涉他们的职业选择,也从不强迫他们在学业上取得任何成绩。不过,当阿德勒一家搬到更为富裕的内城区时,10岁的亚历山德拉一开始有点跟不上新学校的进度。"我立刻发现,我在数学上非常吃力。第一次测验,我其实没有参加就回家了,因为我觉得我做不出那些题。我父亲说:'怎么了?你真以为别人都能做出的那些破题你做不出?只要你努力,你就能把它们都做完。'"

得到这样的鼓励后,亚历山德拉回忆道:"我在很短的时间里就成了数学学得最好的学生。我的老师告诉我,'你看,阿德勒,只要你努力,你就做得到。'"

同样是在这一时期,正在读二年级的库尔特也在学习上遇到了麻烦。他回忆说:"我父亲从来不把我们所说的那些老师当回事,尽管那是一家所谓的重点学校。"有一天,库尔特的老师在课堂上侮辱了他的学习能力。当晚,他把这件事和肚子里的委屈告诉了父亲。结果,他听到了一个意想不到的回答:"你的老师是个笨蛋。"数十年后,库尔特仍然会微笑着回忆起,这一精辟评价大大提升了他在学术方面的自尊。

1912年3月下旬,此时距离阿德勒与弗洛伊德决裂不到6个月,阿德勒的小团体开始发表他们名为《自由精神分析研究会论文集》的系列专题论文。这些文章旨在用未被性欲说教所玷污的方式来推动对阿德勒所认为的心理学新领域的研究。在随后的几年里,这些著述将涵盖特定精神疾病的临床治疗、文学分析和哲学思辨等专题。

人生的动力

在介绍语中,阿德勒作为编辑解释说,我们的目标不仅是增进人们对人的发展和精神疾病的理解,同时也包括增进对人们处理道德和伦理问题的主要原则的理解,以及增进对"画家、正常人和那些为疾病所改变的人的精神生活"的理解。阿德勒在总结中明显暗指了弗洛伊德:

> 我以研究会的名义发表了这些论文。研究会应该继续充当我们的科学理论的孵化器。即将出版的研究是集体努力的结果。它们将显示,我们并不否认其他心理学观点和取向的价值。但是,我们确实拥有摆脱教条,走自己的路的权利。我们欢迎所有理解我们研究取向意义的人士与我们合作。

━━━

阿德勒的方法是否与弗洛伊德大相径庭?这个问题很快就将被永远搁置。同样是在1912年,阿德勒的重要著作《论神经症的性格》①出版,明确树立了其与精神分析迥异的心理学取向。在阿德勒思想不断发展、最终成为蜚声国际的思想者的随后25年里,这本书将具有开创性的意义。然而,这本书原文由德语写成,至今也没有像样的英文译本,这实在遗憾。

《论神经症的性格》一书在一些方面包含了弗洛伊德所长期持有的基本观点。首先,它强调成人性格形成于幼年时期,其后便相对稳定。其次,它强调,我们的内心世界并不像我们所认为的那样不为外人所知。事实上,我们所做、所说甚至所想的一切都是揭示我们内心感受和欲望的重要线索。第三,它坚持认为,

---

① 《论神经症的性格》(Ueber den Nervosen Charakter),5年后以《神经症体质》(The Neurotic Constitution)为书名在美国首次出版。——译者注

我们的真实人格往往大都处于无意识层面。第四，在训练有素的治疗师的帮助下，我们可以增进对自身的理解。

所有这些见解都是弗洛伊德心理学的核心。很明显，在他们共事的9年里，阿德勒受到了他的老同事的强烈影响。但是，《论神经症的性格》与弗洛伊德学说的不同之处在于，它所强调的主要驱力不是幼儿性欲，而是我们早期的自卑感。在《梦的解析》和《日常生活的精神病理学》等作品中，弗洛伊德都认为性欲几乎潜藏在我们日常生活的所有方面。因为，我们对特定食物，对某些文学和艺术形式，对亲密的社会关系甚至职业活动的偏爱都可以追溯至幼儿时期的性欲。

然而对阿德勒来说，我们的首要驱力是获取优势和权力，这一冲动体现在日常生活的方方面面。如果得了神经症，我们就会无意识地操纵他人，以此来间接地，甚至是偷偷地表达这一冲动。例如，阿德勒深刻地描述了这一倾向的常见例证——病人角色（sick role），即把疾病用作支配和控制手段的人。他还暗示，习惯性的迟到（让他人不得不等待）也可以被视作一种类似的无意识控制行为。

在《论神经症的性格》一书中，为了证明自己的观点，阿德勒从《圣经》《伊利亚特》《一千零一夜》，以及果戈理、斯特林堡和托尔斯泰等人的作品中搜寻历史和文学事例。他还深表赞同地引用了尼采论述人性的某些哲学观点。显然，阿德勒受到了尼采的影响，也认为意志或意向性是指导个人和社会生活的强大力量。同样，两位思想家都把成功的人看作能够充分表达自身创造欲和成就欲，而非温顺服从社会规则的人。他们也都对宗教抱有超然的态度。于是，从哲学的角度看，阿德勒已经为他新近成立的研究会吸引了几位热衷尼采思想的支持者。然而，当尼采对普通人的日常生活流露出满满的轻蔑时，作为一位长期关心劳苦大众的怀抱理想主义的社会主义者，阿德勒绝不会认同他的态度。在摆脱了传统伦理和宗教信仰的"超人"理念上，阿德勒也没有与尼采形成共鸣，而倾向于在社会和性的方面信奉主流价值观。

《论神经症的性格》一书更加受到另一位德国哲学家，同时也是阿德勒的同时代人的影响，他就是汉斯·费英格（Hans Vaihinger）。费英格出生于1852年，父母都是虔诚的基督徒。后来，他进入了蒂宾根大学神学院，并最终在哈雷大学成为哲学教授。1876年，24岁的费英格开始撰写一本关于人类生活的极富创造力的著作。1911年，该书最终以《仿佛哲学》（*The Philosophy of "As If"*）之名出版，它对阿德勒不断演进的心理学取向产生了巨大的影响。正如阿德勒所欣然承认的那样，费英格的新奇思想在推动个体心理学成为独立思想体系的过程中居功至伟。

阿德勒特别接受了费英格的如下观点，即，在我们的生活中起着关键作用的不是客观现实，而是虚构念头（fictions），即非理性想法。例如，人类很早就在信仰人格化上帝和精神不灭，以便能够在一个看似浩瀚清冷的宇宙中找到人生的意义。费英格认为，从日常的层面说，人们都是被类似的、无法证明的虚构念头所引导，譬如认为自由意志畅行无阻。

因此，阿德勒在《论神经症的性格》一书中强调说，在童年时代，我们都会产生关于生活的无意识信念或虚构念头，其中最重要的是我们对早期自卑感的态度。阿德勒把这一过程称作虚构目的论（fictional finalism）。他认为，为了有效克服这种痛苦的软弱感，体验掌控所带来的满足，每个人都制定了自己的人生策略或人生脚本。其中一些孩子的虚构目标可能是学有所成，通过智力优势来获得成就感，即阿德勒所说的优越感（superiority）。另一些孩子的虚构目标可能是成为优秀的运动员，通过体力优势来获得优越感。不过，阿德勒也坚持认为，即便在成年期，我们也是在无意识中被这样的引导性目标（guiding goals）所驱策。他后来表示，他自己的人生目标是通过成为一名医生来"征服死亡"，而这一目标源自他在幼年时所患的各类疾病，以及他亲眼目睹弟弟鲁道夫因患白喉而死去。

━━━

由于对《论神经症的性格》一书非常满意，7月，阿德勒终于认为自己在专业上做好了到维也纳大学医学院授课的准备。他向学术委员会递交了正式的申请和他的新书，以期获准成为一名无薪讲师。这一职位本身相对较低，但这是在母校获得令人垂涎的教授职位的必不可少的第一步。阿德勒无疑知晓，即使对于这样一个并不算高的教职，竞争也极为激烈。不找关系，谁也不能保证自己在学术道路上一帆风顺。1885年，弗洛伊德曾凭借对失语的研究获得了讲师的职位。而后，他耐心等待了十几年，只为医学院的学术委员会能够推荐他获得更高一级、声望也高得多的教授职位（但仍然没有薪水）。然而，即便已经等了这么多年，弗洛伊德最终还是通过找关系才在1901年正式获得了教授职位的学术任命。42岁的阿德勒肯定觉得，自己的职位升迁远不会像弗洛伊德那样耗时16年之久。然而，等他获得教授职位时，他也已经快60岁了。

虽然阿德勒很想在大学获得教职，但他已经在维也纳的思想汇聚之地——中央咖啡馆——大出风头，并且广受好评。在那里，他经常与同事、朋友讨论到深夜。在格林斯坦咖啡馆关闭后，这里就成了阿德勒的最爱。赖莎有时也会去那里度过一个愉快的夜晚。

中央咖啡馆坐落在圣斯特凡大教堂和环城大街附近热闹的绅士街（Herrengasse）旁。在战前的维也纳，中央咖啡馆是先锋艺术家、学者和作家的必去之处。这里光线昏暗，烟雾缭绕，人头攒动，头顶是高挑的天花板，四周是灰色的石墙。这里有丰富的食物，由盼望丰厚小费的服务员递送。此外还有各式各样的咖啡、糕点、白兰地和其他酒精饮料。这里也准备了丰富的报纸和杂志以供来客浏览。在战前的声望鼎盛时期，中央咖啡馆的顾客可以借助列有200种奥地利和外国出版物的专门目录自由挑选。

中央咖啡馆的夜间常客有阿德勒的老朋友和现在的杂志出版商弗朗茨·布莱、匈牙利作家埃贡·基施（Egon Kisch）、记者埃贡·弗里德尔（Egon Friedell）、嗜吸可卡因的无政府主义精神分析学者奥托·格罗斯（Otto Gross）和作家彼得·阿尔滕贝格（Peter Altenberg）、罗伯特·穆西尔（Robert Musil）、阿尔弗雷德·波尔加尔（Alfred Polgar）和弗朗茨·韦费尔（Franz Werfel）。中央咖啡馆还经常吸引奥地利的社会主义思想家奥托·鲍尔（Otto Bauer）、鲁道夫·希尔弗丁和卡尔·伦纳。后来，这些人都将拥有相当大的政治权力。至少在每个周六晚间，他们都会聚集在一起讨论马克思主义理论，同时认真谋划如何通过议会手段推翻资本主义制度。历史学家赫尔穆特·格鲁伯评论道："正是在这里，在维也纳咖啡馆的独特氛围里，奥地利的马克思主义者们据称已经形成了密切协作的强大能力。他们将深入社会，并且用语言和传单猛烈地批判它。"

鲍尔和他的社会民主党领导者们经常与俄国流亡革命者一起喝咖啡或杜松子酒。在布尔什维克开始把恐怖主义用作斗争策略之前的这些年里，这两个团体一直相处得非常融洽。这些经常见到奥地利马克思主义者的俄国流亡革命者中有阿德勒过去的患者阿道夫·越飞和他在《真理报》的上司托洛茨基。托洛茨基后来回忆道："他们是受过良好教育的人，他们在各个领域的知识都比我丰富。在中央咖啡馆，我认真地、而且几乎可以说是满怀敬意地聆听他们谈话。"

跟阿德勒一样，托洛茨基也非常喜欢中央咖啡馆，认为它是维也纳生活的不二之选，办公、会客、就餐一站解决。当1912年至1915年任奥匈帝国外长的利奥波德·冯·贝希托尔德（Leopold von Berchtold）伯爵得知，共产主义革命有可能在沙皇俄国爆发时，他不以为然地大笑道："劳驾，谁来革命？难道是那个整天在中央咖啡馆下象棋的布隆施泰因（托洛茨基）？"但是据报道说，当中央咖啡馆的著名领班约瑟夫（Josef）在1917年得知俄国爆发革命，而托洛茨基正是领导者之一时，他丝毫没有感到意外。"我一直认为布隆施泰因博士的前程非常远大，"约瑟夫嘲讽地说，"但我不该怕他不还我4杯咖啡钱就走。"

阿德勒有下象棋的爱好，偶尔会跟托洛茨基杀上一盘。但他发现，自从他开始创建一种越来越有别于弗洛伊德的新的心理学体系时起，他就变得比以往更忙碌了。1913年，除了在诸如"国际医学心理学和心理治疗大会"等重要场合发言之外，阿德勒还发表了几篇重要的论文，进一步明确了他的心理学取向。这些论文有《论无意识在神经症中的作用》《个体心理学的实践新原则》，特别是《神经症的个体心理学治疗》。

在这些论文里，阿德勒反复强调，成年期的心理困扰几乎总能追溯至幼儿期所形成的错误人生脚本上。他说："正是在这一时期，我们在身体特征和社会环境的提示下开始形成对优越感的强烈渴望。"由于这一原因，"治疗的第一要素是揭开神经症的内在机制或人生脚本的真面目"。一旦治疗师完全理解了这一计划，接下来要做的就是尽可能帮助患者意识到这一点。为了达到这个目的，阿德勒断然舍弃了弗洛伊德不容改变的做法，不再要求患者躺在沙发床上，向一个一动不动、一言不发，甚至在视线之外的治疗师大声"自由联想"。相反，阿德勒强调："与患者进行面对面的、友好的自由交谈，同时不断指出令其感到不安的'安排'和构建，患者的人生脚本就会被迅速地揭示出来。"

阿德勒越来越频繁地讲到这样的新观点，于是在这一年，他决定把他的研究会完全脱离精神分析，并将其改名为个体心理学会（Society for Individual Psychology）。从阿德勒支持者的角度看，事情的发展是合乎逻辑的，而弗洛伊德也对此感到欣慰。他希望公众最终能够明白，两人的心理学取向各自拥有一套解读人类心智的概念和方法。

1914年冬，阿德勒的第三本书《治疗与教育》（*Heilen und Bilden*）出版（与菲尔特米勒合作编辑）。该书是两位编者过去10年的论文合集。个体心理学会的另外几位活跃成员参与了包括心理学、医学和教育学在内的跨学科研究。在阿德勒的16篇论文里，15篇都曾经发表过，有些可追溯至10年前。但是，这本新书第一次把它们汇集在了一起。

同样是在成果丰硕的1914年冬，阿德勒和他的同事们成功地出版了《个体心理学杂志》（*Zeitschrift für Individualpsychologie*）的创刊号。阿德勒担任主编，并委任菲尔特米勒执行总编一职，后者突出的文字能力非常适合承担这一艰巨的任务。在这份季刊的创刊号里，阿德勒这样解释刊物的名称：

> 使用个体心理学的名称，是为了表达这样的主张：心理过程及其表现只能从个体的角度来理解，而且，我们对心理的所有深刻认识也始自对个体的研究。
>
> 我们当然知晓，想要彻底理解一个孤立个案是不可能做到的，但这不应当阻止我们在适当的历史语境下观察个性的各种表现。对于每一种情形，我们都必须问……"原因是什么？"而且最重要的是，"目的是什么？"个性并非以整体的方式呈现，我们不得不越来越多地研究人格模式。只有如此，我们才不会止步于孤立个案的研究，才能进一步总结人类内心生活的行为规律。

菲尔特米勒也在同一篇发刊词中写到，他希望这一新方法能够惠及心理学理论、心理治疗和教育领域。他号召所有潜在支持者：

> 我们不要一言堂，而要平等交流和相互支持。……本刊将为个体心理学研究提供一处平台和讨论空间。本刊也将致力于推动科学界关注个体心理学。因此，我们非常欢迎新成员加入我们的大家庭。

无疑，在响应号召的学者中，最重要的一位是美国思想家、克拉克大学教授斯坦利·霍尔（G. Stanley Hall）。自从威廉·詹姆斯（William James）几年前去世以来，年近七旬的霍尔或许一直都是美国最优秀也最有名的心理学家。霍尔于1909年秋邀请弗洛伊德访问克拉克大学5年来，两人的关系一直相当融洽。但是，作为一名独立的思想者，霍尔对阿德勒不断发展的、大有取代精神分析之势的理论体系越来越感兴趣，并且计划邀请他到美国讲学。

在4月份发表的一篇关于恐惧的文章中，霍尔称赞阿德勒的补偿概念"无论对异常心理学还是对正常心理学"都是十分"关键"的认识。霍尔明确否认了弗洛伊德对作为人格驱力的性欲的强调，他坚持认为："性焦虑本身只象征了这一要生存、要强大的意念的更深层意义上的减退。……性焦虑只是对某种普遍法则的隐喻。"

同样是在这个月里，霍尔积极地与阿德勒开始了通信，并赞扬了他的新文集《治疗与教育》，说克拉克大学的毕业生认为它是一部令人兴奋的著作。"在我看来，书中的很多内容都与正常心理学有关，让我了解了一种我所认为的新的关注理论。"随后，霍尔就阿德勒在这本新作中提出的一些具体问题征询了阿德勒的看法，例如独生子女的人格特征和中年女性对衰老的反应。5月初，阿德勒愉快地给霍尔回了信，同时寄出了更多的文章和新一期的《个体心理学杂志》。阿德勒在信中写道："你对我们工作的持续关注让我们深感荣幸。我同意你的看法：我们的个体心理学实际上是一种关于关注和兴趣的哲学和心理学。……与贵校的合作将是我们的重大进展。"

———

虽然阿德勒心理学在国际上的影响力越来越大，但并非所有人都乐于见到这一景象。在维也纳，弗洛伊德很反感地得知，他的天敌可能真的要获得在克拉克大学讲学的殊荣了。他用讽刺的笔调写信给费伦齐："我估计，霍尔的目的是把世界从性欲中拯救出来，再把它安放在攻击的基础上。"与阿德勒痛苦决裂近三年后，弗洛伊德坚持认为，阿德勒对现代心理学的影响完全是倒退性和破坏性的。实际上，在这年春天，弗洛伊德已经在奋力撰写一本能够有力而坚决地表达这一观点的专著。在给支持者的信中，弗洛伊德愉快地提到了这一正在进行中的工作，说它是投向阿德勒和荣格的"炸弹"。荣格这位反传统的瑞士精神病医生最终也与弗洛伊德决裂，原因同样是弗洛伊德对性欲是人格基本驱力的大力强调。

7月中旬，弗洛伊德迅速完成了《精神分析运动史》一书。这不是一本寻求和解的著作，而且公平地说，它对重要细节的态度不仅有失客观，甚至相当草率。这位心里憋着一股劲儿的作者几乎没有对过去发生的一系列事件做客观的记录。他认为他是在记叙一场重大而持久的斗争——不容妥协，不留情面，不念故旧，而他则是这场斗争的主角。

于是，弗洛伊德甚至没有提到他在1902年秋天寄明信片给阿德勒、卡哈内、赖特勒和施特克尔，邀请他们参加第一次讨论会的事。但是，他却以居高临下的口吻描述了12年前星期三心理学会的建立，几位医生"围绕着我，表示要跟我学习，练习和传播精神分析"。弗洛伊德也不再容忍施特克尔的异见,甚至不愿提到他的名字,只是说"一名亲身受惠于精神分析治疗的同仁"促成了学会的建立。

在随后的内容里,弗洛伊德特别提到了他的死对头:"我观察阿德勒博士很多年,从来不吝赞美,说他头脑敏捷,天生善于思考。"但他接着嘲笑阿德勒是一个可怜的野心家,说他曾向自己哀叹:"你觉得我一辈子生活在你的阴影下是一件很快乐的事吗?"

弗洛伊德仍然不认可阿德勒个体心理学派的价值,称其"完全错误",没能为科学贡献哪怕"一丁点新发现"。不知是故意歪曲个体心理学,还是根本就对二人决裂后阿德勒心理学的新发展一无所知,弗洛伊德如此宣称道:

> 阿德勒心理学的生命观完全建立在攻击冲动之上,没有为性爱留下任何空间。人们可能会奇怪,这种强调生命无趣一面的学说为何能得到关注。但我们不要忘记,只要拿出"克服性欲"的招牌,性需求遭受压迫的人类就什么都可以接受。

从本质上讲,弗洛伊德仍然在愤愤地重复他过去做过的预言。1911年冬天,阿德勒在维也纳精神分析协会的演讲结束后,弗洛伊德曾经表示,通过提供一种替代性的、不强调性欲的人性观,阿德勒将吸引一大批忠实的追随者。弗洛伊德不屑地认为,阿德勒的基本概念过分简化,与事实严重不符,他以其特有的讽刺口吻总结道:"这些科学批评并没有让阿德勒的追随者们停止把他奉为弥赛亚,如此多的使徒都在等待着他的降临。"

弗洛伊德的追随者们很快就将《精神分析运动史》用作了他们对阿德勒的正式立场。无论阿德勒在奥地利以及在后来的美国说了什么或做了什么,他都无法明显改变他们对他的看法——一个猥琐的野心家，构建了一个认为人性建立于攻击而非性爱的伪心理学体系。

但是在那个夏天，在奥匈帝国的土地上摩拳擦掌的并非只有精神病学思想者和他们的支持者。当军事指挥官弗朗茨·斐迪南（Francis Ferdinand）大公及妻子苏菲（Sophie）在波黑的萨拉热窝遭到暗杀后，欧洲各国之间的指控、要求和威胁迅速升级。很快，心理学领域的这点冲突就将被卷入一场血腥得多的战争。这场战争将不可逆转地改变阿德勒的生活和事业轨迹。

第7章
世界大战

> 战争期间,我觉得自己像个囚犯。
>
> ——阿尔弗雷德·阿德勒

1914年夏初,整个欧洲都闪耀着迷人的光彩,至少在很多人的记忆里,它似乎就是如此。当然,几乎没人能料到,6月28日萨拉热窝暗杀事件发生后,形势就急转直下。虽然两周过后,奥匈帝国的调查委员会仍然没有发现塞尔维亚当局参与此次恐怖事件的证据,但奥匈帝国政府却不肯善罢甘休,并于7月23日向塞尔维亚发出了包含十条要求的最后通牒,以此来阻止和消除塞尔维亚民族主义在巴尔干地区对奥匈帝国这一二元君主制国家的所有挑战。令许多人感到意外的是,塞尔维亚接受了其中的九条。但是,为了展开有力的报复,实施许多奥地利人口中的"惩罚性远征",奥匈帝国还是于7月28日向塞尔维亚宣战,并于当日开始炮击其首都贝尔格莱德。结果,就在几天之内,除意大利之外,欧洲所有大国全都进入了战争状态——德国与奥匈帝国一起对阵英、法、俄三国。

这次军事行动规模空前。在整个欧洲,大约有600万人在8月初接到了动员令。在维也纳和其他大部分地区,民众都洋溢着爱国的热情。这一情绪吞没了许多像弗洛伊德这样的知识分子。他曾向一位同事吐露："30年来，我第一次觉得自己是一个奥地利人，我想再给这个不太有希望的帝国一个机会。"除认为英国似乎"站在了错误的一边"外，弗洛伊德感到非常兴奋，他说："我所有的力比多都给了奥匈帝国。"在弗朗茨·约瑟夫一世宣布开战后，即使是长期反对其帝国主义统治的社会民主党人也立即表示了支持，其中一些领导者还主动服兵役。此外，社会民主党报纸《工人报》（Arbeiter-Zeitung）编辑弗里德里希·奥斯特利茨（Friedrich Austerlitz）也撰写了一篇主张实行强硬外交政策的社论。在这一方面，奥地利的社会民主党人并非个例。在欧洲，几乎所有的社会主义者都在一夜之间抛弃了他们的国际主义口号，并开始为各自国家的胜利而努力。

不过，阿尔弗雷德·阿德勒是个例外。这或许是因为，他对社会主义理想的认真程度要胜于社会民主党的领导者。或者，这是因为他的妻子是俄国人，于是成了"敌国"公民。不管怎样，萨拉热窝刺杀事件一传开，阿德勒就有了一种不祥的预感——一场旷日持久的毁灭性战争正在酝酿，即便平民的生活也将大受影响。

阿德勒在1912年12月已经服完了法律所规定的兵役，因此他不觉得自己有被征召的危险。不过，他确实遇到了一个非常紧迫的问题。因为在春末，赖莎已经带着他们的4个孩子去俄国斯摩棱斯克跟她富有的亲戚们度长假了。虽然她此前也曾去俄国度假，但这一次是他们婚后15年来分开最久的一次。阿德勒感到非常孤单。同样因为赖莎的离去而感到难过的还有两人在维也纳的朋友们。在写给赖莎的一封落款为6月下旬的信中，6位朋友共同写道："亲爱的阿德勒夫人，我们都在多姆咖啡馆。我们非常想念你。祝愿你在俄国过得愉快，你跟孩子们一切都好。"

从赖莎的信中可以看出，她和孩子们确实过得既轻松又愉快。特别是，他们还经常到乡间游玩。在赖莎寄给阿尔弗雷德的一张照片里，他们5个人站在一间农舍前，正对着镜头灿烂地微笑。

但是,由于感到大战日益临近,阿德勒知道这种田园诗般的日子不会长久。随着7月间国际局势开始趋于紧张,他给赖莎发了电报,要求她立即带孩子返回。但是,由于没有看到时局的凶险,赖莎认为丈夫的要求不合情理,于是回电报说:"等等。"然而,似乎只在一夜之间,奥匈帝国与俄国就成为了死敌,她和孩子们也被隔绝在了遥远的俄国。"一开始,我们都感到非常痛苦,我的母亲尤其深感忧心。"库尔特后来回忆道。

生性崇尚奋斗的阿德勒没有被动等待事态的发展。在一名即将离开维也纳的梵蒂冈主教(曾经是阿德勒的患者)的帮助下,他们一起登上了前往罗马的火车。由于意大利仍然在俄国与奥匈帝国的激战中保持中立,所以阿德勒打算从罗马联系赖莎。在旅途当中,火车突然停在了多洛米蒂山区。当时是半夜,列车员提着灯笼慢慢走了过来。"发生什么事了?"主教担心地问他。

"我不知道。"列车员诚实地回答。

"那么至少给我倒一杯水吧!"主教说道。后来,在向安全返回奥地利的家人提起这件事的时候,阿德勒说,主教莫名其妙的要求在不经意的幽默间揭示了一条心理学公理——人们几乎总是需要对外部世界拥有某种掌控感。

幸运的是,旅途的后半程非常顺利。抵达罗马后,阿德勒试图说服俄国官员允许赖莎和孩子们离开,但是赖莎也在其中发挥了重要的作用。她成功地见到了沙皇,并且在许多武装警察的围绕下宣称自己是忠诚的俄国公民,只是被迫与阿德勒结婚并生下了他的孩子。沙皇随即准许她返回敌国奥地利。赖莎和4个孩子首先乘火车前往芬兰,然后乘船到瑞典,再从那里去往德国,最后于1914年12月回到了维也纳。正如库尔特日后所回忆的那样:"那些天非常兴奋,学到很多东西。看过德皇威廉二世和奥皇弗朗茨·约瑟夫一世的讽刺漫画和所有关于他们的荒谬故事后,回到维也纳的他们又看到了俄国沙皇、英王乔治五世和法国总理的讽刺漫画。这些经历告诉我们，当局的任何宣传都不可信。"

尽管安全回到维也纳，无休无止的战争和各方的巨大伤亡还是打乱了阿德勒一家的生活。从政治上说，阿尔弗雷德和赖莎一直信仰国际主义和社会主义。私下里，他们则更为同情民主制度的英法同盟，而非君主制度的德奥同盟。然而，更为复杂的情形是，赖莎的祖国俄国正在被反动的沙皇政权所统治，她和托洛茨基等革命友人都憎恨这一政权。

至于个体心理学，战争一爆发，这场刚刚兴起的运动就迅速偃旗息鼓了。阿德勒的活跃同事很多都被征召入伍，包括他的密友和编辑菲尔特米勒。每周进行的激烈讨论结束了，专题论文和期刊的编辑工作也几乎陷入停滞。阿德勒请医生夏洛特·施特拉塞尔（Charlotte Strasser）担任期刊的第三位编辑，但在1914年8月后，他们的这份季刊在两年多的时间里只出版了一期。

━━━

1915年1月，在漫长的等待后，阿德勒终于收到了维也纳大学医学院学术委员会关于他申请无薪讲师职位的决定。自从他信心满满地提交《论神经症的性格》以证明其专业造诣时起，时间已经过去了近两年半。我们不知道为何这件事花费了这么长的时间，但这也许是因为大学行政效率低下。不幸的是，对阿德勒来说，这份长达20页的报告所带来的消息十分糟糕——对方明确拒绝了他的申请。这份报告的作者是57岁的尤利乌斯·冯·瓦格纳-尧雷格（Julius von Wagner-Jauregg）——备受尊敬的维也纳大学神经学系主任（该系的教学与研究也涵盖精神病学与心理治疗）。虽然这两个人谈不上是朋友，但他们对彼此也绝非陌生。在维也纳医学界的小圈子里，瓦格纳-尧雷格曾经在20年前的1895年主持过阿德勒的第三次资格考试。此外，他还主持过同年进行的阿德勒的医学博士学位授予仪式。

瓦格纳-尧雷格在报告中指出，阿德勒的申请是"精神分析学派"成员第一次申请讲师职位，因此需要进行彻底的评估。然后，他对阿德勒的学术成就进行了相当简洁的描述："据他所说，在获得医学博士学位后的4年里，他先后在维也纳综合医院和维也纳联合诊所的精神病学、内科和眼科领域工作，但他没有明确说明他所在的部门和所担任的职位。"也许，这一略显轻率的表示说明，瓦格纳-尧雷格怀疑阿德勒所提供资料的真实性。

紧接着，瓦格纳-尧雷格表示，阿德勒的大量著述都有缺少经验证据的弱点。他解释说，无薪讲师职位的其他候选人都提供了可量化的数据来支持他们在解剖学、组织学、神经系统实验生理学和神经疾病临床调查等专业领域的研究。阿德勒的著作没有提供任何这类科学证据，只有"纯粹推测性质的解释"。就此，瓦格纳-尧雷格准确地指出："阿德勒在方法上一直忠于弗洛伊德学派，虽然在实质上并非如此。实际上，谈到实质，阿德勒甚至已经完全放弃了弗洛伊德学派的理论。"

瓦格纳-尧雷格承认，作为神经症病因之一的器官自卑概念是"有趣而合理的"。但他批评这一概念过于模糊，因为它囊括了整个生理系统，如消化系统或心血管系统，而并不仅仅是特定的受损器官。

瓦格纳-尧雷格对《论神经症的性格》一书的审视更为严厉。虽然他表示阿德勒关于虚假生活目标、男性钦羡和自卑感的基本理论在学术上是"有独创性的"，但他批评这一作品缺乏支持性的证据。对瓦格纳-尧雷格来说，阿德勒的方法根植于直觉与信念，与弗洛伊德的作品一样包含"怪诞"的幻想元素。

很明显，瓦格纳-尧雷格对精神分析持有强烈的否定态度，认为它不是真正的科学理论体系，并且对其创始人、他在维也纳大学的同事缺乏尊重。他之所以如此猛烈地抨击阿德勒的著作，大概是为了阻拦其他同样在人格研究和心理治疗中采取人文取向的潜在教职申请人。这么看来，他对《论神经症的性格》一书的批评就不仅针对阿德勒，还针对包括弗洛伊德的同道在内的更多的人。

瓦格纳-尧雷格认为《论神经症的性格》是一本让人无法接受的精神分析作品，他讽刺地表示："阿德勒是否可以在医学院任教？既然他教不了别的，那么我的回答肯定是不可以。"这次评估过后，由25人组成的学术委员会一致否绝了阿德勒的教职申请。

这次教职申请失败使阿德勒在精神上遭受了巨大的打击，时年45岁的他一定已经清醒地意识到，他的大学教授梦已经彻底破灭了。由于这份报告措辞严厉，态度坚决，而且所有人员一致同意，所以阿德勒几乎已完全无望在这家奥地利最负盛名的教育机构担任职务。更令阿德勒感到羞辱的是，他的对手弗洛伊德已经在那里任教授一职近十五年。

当时，阿德勒的一些朋友认为，他被拒绝的真正原因是他信奉社会主义。不过，这种假设似乎站不住脚，因为另一位更为活跃的社会民主党人、解剖学家尤利乌斯·坦德勒（Julius Tandler）已经在维也纳大学任教12年。思想保守的学术委员会成员虽然很可能看不上阿德勒带有政治色彩的论文，但他们的主要反对意见可能正如瓦格纳-尧雷格所言："在传统的医学研究中，《器官缺陷研究》和《论神经症的性格》纯属臆测，无凭无据，完全不可接受。"

确实，几十年后，维也纳医学院精神病医生奥托·波茨勒（Otto Pötzl）明确表示："如果弗洛伊德当初提交给我们的论文是《梦的解析》，那么我们肯定会拒绝他的教授职位申请，就像我们因为《论神经症的性格》而拒绝阿德勒一样。无论在过去还是现在的学术界，心理学本身都不被承认为科学。我们也不能把阿德勒的第二本书当作哲学著作来看待。弗洛伊德获得教授职位是凭借一篇关于失语症的论文。"

另一则史料可以佐证波茨勒的回忆。1914年，阿德勒担任特约编辑的俄国双月刊《心理治疗》同样批评他的精彩著作缺乏经验数据："人们有时会说，阿德勒的主要理论属于哲学，而非心理学。这是事实。他的学说或许可以叫作自我的哲学。"

———

如果阿德勒过分纠结于这次失利，他就不会在不远的将来取得更大的成就。在战争当中，奥匈帝国的损失越来越大（意大利于1915年5月参战，加入了包括英、法、俄三国所在的协约国一方），奥地利人已经越来越意识到，这场"消耗战"（当时的说法）是一场彻头彻尾的灾难。然而，此时距离伍德罗·威尔逊（Woodrow Wilson）总统治下的美国参战还有两年之久。大量伤兵充塞战壕，无人还有开战初期那种惩罚塞尔维亚及其猖狂支持者的冲天豪气。但是，与所有其他主要参战国一样，奥匈帝国并不想结束这场屠杀。因为，对统治者而言，寻求和谈就等于承认，数万乃至数十万勇敢士兵的鲜血将白白流去。于是，战争车轮继续无情地向前滚动。

奥地利修改了军事条例，以便动员许多先前可以免于服役的人，其中就包括阿德勒。1916年，阿德勒被征召为陆军医生，随后进入一家陆军医院的神经与精神科工作。这家医院位于维也纳西南约80公里处一个名为塞默灵（Semmering）的山村。抱着全然服从的态度，阿德勒把手头的患者托付给了个体心理学会的同事，然后关闭了他的私人诊所。这些同事中有一位26岁、名叫埃尔温·克劳斯（Erwin Krausz）的精神病医生，他因阿德勒对他的信任而感到既惊讶又欣慰。

几乎所有的医务人员后来都回忆说，奥地利陆军医院的情况非常糟糕。跟欧洲的其他类似场所一样，设立这些机构的主要目的只有一个，那就是让遭受身心损伤的士兵尽快返回战场。对于身体损伤的士兵,军医一般都能明确地把他们区分为轻伤员和不能继续作战的重伤员。但是对遭受心理损伤的士兵来说,问题则要复杂得多。如何确定谁真正是因为精神和心理原因而无法战斗?谁只是在装病?怎样做才能最有效地让士兵在精神和心理上恢复战斗力?

早在阿德勒抵达塞默灵之前,整个中欧地区的精神科军医就已经确定了最重要的事项,即让伤兵相信,继续焦虑、困惑和恐惧要比在战壕中履行他们的爱国义务更加痛苦。为了完成这一任务,军医们试验了各种休克"疗法",包括让伤员反复接受冷水淋浴,为他们实施假手术,并将他们长时间赤身锁在隔离室里。

也许最常见的"疗法"是对伤员进行突然的剧烈电击,这一做法源自德国精神病医生弗里茨·考夫曼(Fritz Kaufmann)。考夫曼在1916年强调:"要想成功,在实施治疗时就必须做到无情与坚决。"当时的精神分析学者马克斯·农内(Max Nonne)表示,选择具体治疗方式的根据与其说是医学,不如说是个人喜好。所有这类疗法的目的都是为了击垮伤员的意志,进而同意返回战场。然而,这些诉诸暴力的"治疗"方法很少成功。大多数因精神和心理问题入院的士兵都无法重新投入战斗,最多只能加入预备和守卫部队。

在施特克尔战后的自传中,他回忆起自己也曾在塞默灵的同一家陆军医院服役,当时阿德勒刚离开不久。他发现,他的老同事工作做得非常出色。他的检查非常彻底,病历记录也完美无缺。不过,施特克尔却对那里的其他医生表示了厌恶:"他们是为战争贩子驱赶奴隶的人,逼迫尚未康复的士兵回到战壕。……康复中的士兵痛苦未消,伤口未愈,结果就被送回他们所属的部队。在许多医院,他们都被电刷折磨,所以他们宁愿承受战争的恐怖,也不愿承受医院的痛苦。每个星期,医院的院长——一位以前是牙医的少校——都会来病房大喊:"我们必须腾出床位!

送走一半的伤兵！新的伤兵就要来了！"

很难想象，阿德勒是如何在这样的氛围里获得启发的，但他确实找到了在人格研究中做出新发现的机会。夜间查房时，阿德勒发现士兵的睡姿同他们清醒时的个性存在某种有趣的关联。例如，那些睡觉时蜷缩身体的士兵在白天时更胆小，而睡觉时舒展四肢的士兵似乎更想得到他人的照料。战争结束后，阿德勒将经常讨论这一过去没有报道过的昭示内心的外在表现：

> 通过比较不同医院患者的睡姿和他们在白天的表现，我得出结论，精神状态会在睡眠和清醒两种生活状态间保持一致。……如果一名成年人所习惯的睡姿突然改变，我们就可以推测，他的精神状态同样也有所改变。……所有的睡姿都具有某种目的性。辗转反侧的睡眠者表明他们存在不满，想要付出更多努力。……安静的睡眠者最能冷静看待生活中的各种问题。白天，他们把生活安排得井井有条，于是便可以在夜间安睡。

阿德勒发现，这些现象非常有趣，同时也进一步证实了自己的观点，即，细微的姿势和动作总是能反映一个人的个性。但他知道，与心理学理论相比，他在塞默灵陆军医院的真正使命还是通过治疗使遭受精神损伤的士兵重返冷酷无情、迁延日久的战争。两年后，虽然战争仍然在肆虐，阿德勒还是简要地写道："和平时期对平民的神经症治疗有其不言自明的目的，即治愈患者，或者至少解除他们的症状，让他们可以再次找回自己，并追求他们想要的人生。军事领域的神经症治疗的目的自然不是治愈患者本身，而是为了军队和'国家'的利益。"

阿德勒不认为自己在军队服役是一种爱国美德，他也很快开始觉得，对于将年轻士兵送回可能导致他们死亡的战场这件事，他自身也负有责任。尤其令他感到不安，甚至使他遭受巨大痛苦的是，他必须选择一部分患者重新投入战斗。这种痛苦的抉择与他的理想主义本性和20年来致力于守护生命的医疗实践截然相反。多年以后，阿德勒仍然记得那些漫长的、因为自己延续患者的痛苦而苦恼的不眠之夜。但是，他当时似乎并未向他人流露这一不受欢迎的情绪。而且，到1917年初，他已经被派往环境更好的医院——位于波兰克拉科夫的奥地利第15驻军医院。

对于像阿德勒这样没有军衔的普通军医来说，能够在大学城取得如此舒适的位置是相当不寻常的。这意味着，他很可能因为某种政治上的关系而得到了关照。他的患者中有一位奥地利将军的妻子，她可能帮了阿德勒的忙。不过，关于阿德勒在克拉科夫的情形，今天的我们知之甚少。我们只知道，在1916年11月，阿德勒曾经为那里的军医讲"战争神经症"。他寄给家人的许多明信片（有可能受到审查）也只是表达了他对家人在大规模粮食短缺中的生活的关心。一次，他还设法给家人寄去了一大罐蜂蜜。7月中旬，阿德勒给自己的大女儿瓦伦丁写了一封慈爱满满的信，祝贺她从维也纳大学毕业：

> 我昨晚在旅馆收到了你的电报。我多么希望我能和你在一起，和你一起欢笑，歌唱，帮你一起规划暑期和未来的美好生活。
>
> 但是，我会补上的，只是时间和方式的问题！
>
> 现在，你完全自由了，你必须依照你自己的方式过你自己的生活。
>
> 不会再有各种各样的条条框框来束缚你，而且你还有很多值得你选择的道路。
>
> 你知道，这不是你选择做什么的问题，而是如何去实现你的选择，以及如何达到你为自己设定的高

度。……现在,你必须面对实现理想的困难,你不能把它们当作逃避现实的借口。……你也要努力跟我们亲爱的阿莉(亚历山德拉)和你的弟弟加深感情,你可以做到的。

1917年8月~11月的某一时间,阿德勒再次被派驻他处。这一次是维也纳北部的葡萄酒之乡——格林津(Grinzing)地区,在那里,他将负责治疗患有斑疹伤寒的士兵。

到目前为止,阿德勒一直在思考战争的心理起因。他目睹的满目疮痍推动他思考新的理论,但他显然没有从传统宗教中找到答案。阿德勒从十几岁起就认为,人不可能知道上帝是否存在。此时,他也肯定没有发现上帝存在的证据,因为欧洲战场上仍旧在堆积年轻人的尸体。

现代主义哲学也没有为阿德勒提供任何满意的答案。虽然长期以来,他一直钦佩尼采对作为最高价值的个人意志的大胆强调,然而现在,无可争辩的事实似乎是,人类文明所需要的不是更多的个人主义,而是更多的社会兴趣,即同情、利他主义和无私。当然,人们认为这类品质属于道德层面。但阿德勒确信,它们最终扎根于心理层面。结合他早期的工作,阿德勒开始相信,很多人都缺乏这种至关重要的特质,因为他们感到自卑和不足。相反,心理健康的人则在很大程度上拥有社会兴趣,并且能够激发起他人的这一情感。如果一个人,特别是孩子(孩子的大部分生命还没有展开)能够克服自身的自卑感,那么他(她)就可以在真正的意义上开始帮助他人。要想掌握主动,在全世界培养这种关键的人格特质,我们就要把希望寄托在科学而非宗教上,特别是现代心理学。

休假时,阿德勒在维也纳绅士街那家熟悉的高挑空的中央咖啡馆拜访了朋友。期间,他第一次讲出了这一全新的概念。而在第二年，这一概念就将出现在出版物中。由于奥地利处于战争的阵痛和严重的粮食短缺中，这家著名咖啡馆的气氛已经变得相当压抑。像托洛茨基、越飞和斯科别列夫这样的俄国外籍人士现在已尽数离开并积极参与了十月革命。最初，在他的朋友们看来，阿德勒似乎仍然是那个愉快而和蔼的人——一对明亮的眼睛，一副夹鼻眼镜，一脸轻松的笑容。但是，让他们感到有一点不对劲的是，阿德勒现在开始积极宣扬社会兴趣的重要性。在德语中，这个词带有道德甚至宗教意涵，这似乎与阿德勒在他们眼里的反传统医生形象不一致。

没过几个月，个体心理学会的另外几位成员也因此而退出了协会，其中包括像E.弗勒舍尔（E.Froeschel）和保罗·施雷克（Paul Schrecker）这样的尼采主义者。他们的退出与其说是因为愤怒，不如说是出自厌恶。正如一位持有异议的同事后来所回忆的那样："突然蹦出来这么个传教般的社会兴趣概念，我们拿它怎么办呢？医学必须保证自己的科学性，与人群保持距离。作为一名科学家，阿德勒应该知道这一点。而且他也应该知道，如果他坚持通过大众传播这一宗教式的科学，我们作为专业人员就不能再支持他。"

随着阿德勒在1917年开始把社会兴趣作为个体心理学最新的基本特征，他确定无疑地感受到了国际社会对其工作的日益增长的尊重。在那一年，《器官缺陷研究》终于被史密斯·埃利·杰利夫（Smith Ely Jellife）翻译成了英文。杰利夫是美国纽约一位杰出的神经学家，也是威廉·阿兰森·怀特（William Alanson White）的朋友。二人在纽约州北部的宾厄姆顿州立医院（Binghamton State Hospital）工作时相识。杰利夫和怀特于1902年创办了《神经与精神疾病杂志》（*Journal of Nervous and Mental Diseases*），并于1913年创办了《精神分析评论》（*The Psychoanalytic Review*）英文版。正是怀特为美国版的《论神经症的性格》写了序言。该书由精神病医生伯纳德·格吕克（Bernard Glueck）和约翰·林德（John Lind）共同翻译，也同样出版于1917年。随着阿德勒的两大著作首次出现在讲英语的专业人士面前，两年前在维也纳医学院惨遭拒绝的阿德勒一定得到了久违的尊重。

在随后一年的大部分时间里，阿德勒似乎都在瑞士度过，他可能参与了运送受伤和患病战俘的工作。这类任务似乎给他留出了大量的时间用于新的理论探索，他也终于恢复了他在战前的高产状态。阿德勒在1915年没有发表任何新作，在接下来的两年里也只发表了3篇作品。他编辑的《个体心理学杂志》只在1916年末发行了一期。但是在1918年，阿德勒发表了6篇新论文，内容涉及战争神经症、强迫症、费奥多尔·陀思妥耶夫斯基（Fyodor Dostoyevski）的生活和个体心理学教育观等相当广泛的主题。

阿德勒于当年1月发表的关于战争神经症的论文批评了政府将"医疗与卫生事业"用于军事目的的做法。但他并不信奉和平主义，也不反对征兵，而是认为，战争神经症患者原本就存在心理问题。"克拉科夫神经中心所收集的大量数据给出了相同的结果……明确且容易辨别的战争神经症病例在军官中相对少见。这似乎表明，只有性格优柔寡断和不敢承担社会责任的人才会为神经症所扰。"

因此，阿德勒认为，战争神经症为他的观点提供了新的佐证，即，"所有的神经症患者原本都是弱者，他们无法适应大多数人，于是产生攻击态度，并借助患病的形式表达出来"。

这一年11月，阿德勒在一家苏黎世神经学家协会做了一次演讲，这次演讲标志了阿德勒心理学思想的新发展。在讨论治疗我们今天称为强迫症（比如反复洗手）的病症时，阿德勒强调了了解患者整体人格，而非单纯着眼于孤立症状的重要性。"应该尝试获取与患者有关的各种信息，以此来理解他的天性、他的生活目标以及他在面对家庭和社会要求时的态度。……考察……应当包含患者在爱情、婚姻和职业选择等方面的决定。"

阿德勒还特别关注出生顺序对强迫人格的重要影响，特别是家里的第二个男孩或生活在很多男孩中的唯一女孩。后来，阿德勒关于出生顺序是成人人格关键决定因素的先见之明将对心理学领域产生重大影响。对于如何有效治疗强迫症患者，阿德勒解释说，关键是要提高他们的社会成熟度，"如果我们问患者这样一个问题，'如果病好了，你会做什么？'他几乎肯定会说出特定的社会需求……他或许是因为症状的关系才逃避这些需求。"

阿德勒就其喜爱已久的作家费奥多尔·陀思妥耶夫斯基所做的演讲不仅体现了阿德勒广阔的视野，同时也更加清晰地揭示了阿德勒在战争结束后的哲学观点。这次演讲发生在以其建筑而闻名的苏黎世市政厅。演讲当中，阿德勒怀着钦佩之情谈到了这位著有《罪与罚》和《卡拉马佐夫兄弟》等畅销小说的19世纪俄国作家。他说，陀思妥耶夫斯基实现了"做英雄与爱邻人的伟大结合"。他还赞赏道，陀思妥耶夫斯基"以同胞之爱（fellow-love）的方式"实现了"人类价值的最充分实现"，并且总结了陀思妥耶夫斯基最终想要表达的意思，即，"人必须寻找自己的内心准则，他将在助人为乐和舍己为人中找到它"。不久之后，阿德勒将因其使用心理学语言而非文学语言表达这一观念而享誉欧洲乃至世界。

"陀思妥耶夫斯基作为心理学家的成就尚未得到充分发掘，"阿德勒宣称，"即使在今天，我们也必须以他为师，如同我们以尼采为师。……他认为，所有人都带着目标行动和思考。这一观点与心理学的最新结果相吻合。……他的作品、笔法和道德观大大加深了我们对人类合作行为的理解。"

阿德勒的演讲充溢着一种极度乐观的气息，这一气息很快就会成为这位人气演讲者和写作者的标志。也许，他因为看到战争即将结束而满心欢喜,因为在过去的几个月里,奥匈帝国的失败迹象已经越来越明显。1918年3月,阿德勒的旧相识、如今已是俄国列宁主义政权领导者的托洛茨基和越飞成功地与德国签订了《布列斯特—立托夫斯克和约》,使俄国退出了战争。但是,随着美国向欧洲战线投入数百万军队,俄国的撤军对德国及其盟友来说还是显得太迟了些。进入初秋,同盟国败局已定,奥匈帝国也开始分裂为一众小国,如捷克斯洛伐克和新成立的南斯拉夫。结局已经明朗。

正是在这样的政治背景下,阿德勒于11月发表了题为"个体心理学教育观"的演讲。面向苏黎世医师协会,阿德勒首先引用了19世纪德国医疗改革家鲁道夫·菲尔绍(Rudolph Virchow)的名言:"医生终将成为人类的教育者。"他还特别强调了培养青少年的重要性:"这样一来,他们就可以成为受道德原则驱动的个体,并且运用他们的美德为社会谋福利。"阿德勒宣称,这一艰巨任务也属于父母和教育工作者,但他称赞医生在人格和发展方面具有特殊专长。

阿德勒在战前写过多篇宣扬社会主义的文章,在这些文章所体现的情感的基础上,阿德勒进一步强调,导致成年后发生心理问题的原因不仅有儿童期疾病和先天缺陷,还有我们在早期的情绪-社会环境中所遭受的负面影响。因此,"对于童年在缺乏关爱的环境中长大的个体来说,就算他们已经成为老年人,我们也仍然能够从他们身上看出这一成长经历。他们总是认为,别人就是想对他们不友好,于是便离群索居"。

随后,阿德勒谈到了一个很快就将为其收获国际赞誉的主题。他说:"当然,治疗出了问题或患有神经症的人是一件极为艰辛的事,需要耗费巨大的精力。现在,我们应该更加坚定地把注意力转移到预防上面。……我们一直想通过教育父母和内科医生来实现这一目标。……但是,现在我们必须更广泛地传播这一得自个体心理学的理念，然后运用它们，以便所有人都可以用他们的力量和所有可能的方式来帮助我们。"

对刚刚被有史以来最严重的大规模破坏所冲击的人类文明而言，这是极为乐观的宣言。但是，阿德勒已经产生了在全世界推广他的心理学理论的强烈愿望。从这个意义上说，他也拥有与妻子赖莎及其信奉布尔什维克主义的朋友们一样的革命热情，只是他认为，真正的改变可能产生自心理学，而非暴力的政治革命。

11月11日，当德国向协约国投降时，"宁静响彻了世界"。致使超过一千五百万军人和平民丧生的大战画上了句号。同日，奥皇卡尔一世在维也纳退位，奥匈帝国也不复存在。翌日，奥地利第一共和国（1919~1938）宣告成立。对于厌倦战争的阿德勒来说，他终于可以放手大力推进他搁置已久的心理学运动了。

第8章
心理学的革命

> 艺术家、天才、思想家、发明家、探险家,他们是人类的真领袖,他们是世界历史的推动力。
>
> ——阿尔弗雷德·阿德勒

"当奥地利共和国于1918年11月12日宣布成立时,"小说家马内斯·施佩贝尔(Manes Sperber)回忆道,"谁都知道那天结束了什么,却不了解那天开启了什么。不久之前,哈布斯堡王朝已经崩塌,帝国军队也已瓦解。无人关心它曾为谁而战、向谁而战,以及为何而战。残兵败将流落在前帝国皇城的街头……有时候,士兵们像是迷了路的强盗,或是无家可归的乞丐。"

军事行动的失利和奥匈帝国的崩解使奥地利遭受重创。数个世纪以来,维也纳一直是帝国的中心。到第一次世界大战开始时,帝国已拥有5400万居民。在欧洲列强当中,其领土面积排名第二,人口排名第三。现在,奥地利的国土面积很快就将在协约国强加的和平条约下缩小至原来的1/8,维也纳也将成为一个贫穷国度的巨型首都。在全国剩余的620万居民当中,近1/3人口是维也纳居民。对于那些持嘲讽态度、一直不信任这个喧嚣首都的阿尔卑斯山民来说,维也纳已经成为矮人身上一颗大而无当的臃肿脑袋。更糟糕的是,长期以来,这座先前的皇城一直位于这一二元君主制国家的中心位置,而此刻,它却成为了新奥地利的东部边陲，在地理和文化上孤立于其西部的广阔山区。

几乎在一夜之间，曾经辉煌闪耀的维也纳已经沦为一个蕞尔小国的普通城市，整个奥地利也笼罩在一股忧郁的情绪中。战争结束便立即从瑞士返回奥地利的小说家斯蒂芬·茨威格回忆道："在边境，我们不得不离开整洁、干净的瑞士车厢，登上奥地利的火车。但是，直到进入火车车厢，我们才发现这个国家究竟发生了什么。"列车员形容憔悴，衣着破旧。很多人看上去面黄肌瘦。火车又脏又破。衣衫褴褛的流民、从战俘营和前线返回的疲惫士兵，连同当地的乞丐一起争抢救济品。

4年过后，和平重新降临欧洲，但奥地利没能从中获得任何经济上的利益。大饥荒笼罩全境，维也纳形势尤其严峻，居民必须从他处获取食物。"饥荒没有减轻，民众在湿冷的环境中瑟瑟发抖，"施佩贝尔回忆道，"无论什么都很短缺。所有人都说，战胜国没有兑现承诺。面包比以前更差了，闻起来一股馊味，吃起来像是木屑。人们总是打趣，'没有最坏，只有更坏。'可他们的脸上却分明印刻着厌恶与愤怒。"

在战后的欧洲，奥地利的财政状况可能最为紧张，这一点对儿童的影响尤其巨大。在拥挤不堪的医院里，患病的儿童只有纸绷带可用，而且由于没有药物，他们只能服用橡果咖啡和煮熟的胡萝卜。有一段时间，做手术都没有麻醉药。1919年夏天，大量营养不良的维也纳儿童被送往了中立国，特别是荷兰和瑞士。救援组织把他们安置在民居或临时营地里。

虽然住在维也纳市中心，阿德勒一家的生活却好过大多数人。阿德勒和赖莎从未遇到入不敷出的情形。他们的儿子库尔特诙谐地回忆道："反正我们从来没有多少钱，所以战争结束后，我们的情形也不是很糟。我们已经习惯了。"为了让阿德勒一家人吃饱饭，来自乡间的患者用食物支付诊费。布尔什维克夺取政权后，赖莎在俄国的亲戚损失了所有的积蓄。她富裕的伯祖父叶菲姆（Efim）把自己的资产上交给了新政权，之后才获准带领一大家子人移居巴黎。在维也纳，阿德勒富有的哥哥西格蒙德也不时接济他们，虽然两人的关系仍旧十分紧张。

漫长的饥荒也波及政治领域，加剧了维也纳与各州之间的紧张关系。长久以来，奥地利的乡间居民已经习惯被受教育水平更高、更见多识广的维也纳人嘲笑。现在，当城市居民几乎是在向他们讨食的时候，他们也开始狠狠地大赚其钱。而当国际援助到达维也纳时，那些身在腹地的居民又心生妒忌。用不了多久，维也纳人和奥地利乡村居民之间久已存在的疏远就将进一步加剧，酿成持续多年的政治危机。

包括弗洛伊德在内的很多奥地利人都天真地期待，美国总统伍德罗·威尔逊将确保实现"公正的和平"，然而最终的条约却出人意料地严厉。奥地利和平条约的谈判地点在巴黎附近的圣日耳曼-昂莱（Saint-Germain-en-Laye）。据说，谈到战败帝国的疆域问题时，法国总理乔治·克里孟梭（Georges Clemenceau）曾表示："剩下的就是奥地利。"战败国甚至等待了4个月之久才被允许在6月派代表前往圣日耳曼参加条约的制定。抵达后，他们很快意识到，协约国都在努力从军事胜利中获益，特别是法国。他们将奥地利的南蒂罗尔划给了意大利，那里居住着近25万德语居民。波希米亚、摩拉维亚和奥地利的西里西亚这些历史悠久的地区也被整体划给了捷克斯洛伐克。

最终的和平条约只给奥地利留下奥匈帝国奥地利部分的大约1/4人口和1/4疆域。原来的奥地利德语居民至少有1/3成为了外邦人。在西部某些地区，德语居民的人数有时比斯拉夫人多20倍，但这些地区也被并入了捷克斯洛伐克和南斯拉夫。奥地利就这样被肢解，成为"每个毛孔都滴着血的残缺躯干"和"残缺国度"。一位英国谈判代表甚至称它为"可怜的废墟"。

在经济方面，圣日耳曼条约也没有公平对待奥地利。维也纳与工矿业区域的波希米亚和巴伐利亚，农业区域的克罗地亚、匈牙利、斯洛伐克和斯洛文尼亚之间的联系，及其取道的里雅斯特（Trieste）的海上供应线均已从地理上被切断。奥地利几乎失去了所有的煤炭产区。一开始，奥地利甚至没有足够的煤炭供应来将可用的食品运送给该国的居民。至于农业，此时的奥地利只有不到5%的平原，其中也只有约1/4适宜耕种。

自1918年11月停战以来，奥地利的经济危如累卵，以至许多公民和政治领袖都把立即与德国结为联邦视作唯一的合理选择。不仅各州保守的泛日耳曼派支持合并，以维也纳为活动中心的社会民主党也倾向于这么做。在奥托·鲍尔的影响下，他们确信德国将掀起马克思主义革命，并在随后与奥地利组成强大的社会主义联邦。但是，这一希望被最终的完整条约摔了个粉碎。一名奥地利谈判代表痛苦地称之为"死刑令"。1919年9月，奥地利议会被迫批准了它。这一条约明确禁止了奥地利与德国的合并。

奥地利不仅在经济上完全处于崩溃状态，1918年，奥地利还爆发了一场恶性流感。奥地利第一共和国宣布成立几个小时前，社会民主党受人爱戴的领导者维克多·阿德勒因流感去世。他在停战日表示："我不介意死，但我很想知道（形势会如何发展）。"

凭借维克多·阿德勒在政治上的敏锐判断，在仅仅数月后的1919年2月中旬，社会民主党就在奥地利共和国的首次议会选举中获得了巨大的权力。社会民主党获得了全国范围内超过40%的选票，一飞冲天。但是，由于未能占据多数席位，他们被迫与基督教社会党和较小的泛日耳曼民族主义政党共同组建了大联合政府（Grand Coalition）。由于新近获得了前所未有的政治权力，社会民主党人接连占据了财政大臣、外交部长和战争部长等要职。较为保守的基督教社会党同意这些任命的部分原因在于，他们担心奥地利政府被更为激进的左翼势力所推翻，毕竟邻国匈牙利和巴伐利亚就是如此。

此前，社会民主党主要是一个由少数知识精英所领导的工人政党。战前，该党在奥地利全境约有9万名成员。但是到1922年，社会民主党将壮大5倍以上，同时将包含很多有影响力的中产阶层，如律师、医生、白领雇员、商人和一些小企业家。到1924年，维也纳1/5的成年人都将成为社会民主党的成员。

在维也纳基本已被同化的犹太人群体中，社会民主党成员所占据的比例可能更高。据一位奥地利历史学家所言："在维也纳，加入劳工运动的知识分子有80%是犹太人。他们是社会主义学生组织的主体，以前有3000多人。社会民主党组织中的200名律师、社会主义法学家协会的400名成员和维也纳社会民主党医生组织的1000名成员几乎都是犹太人。"

犹太人在社会民主党的机构中也占据了相当高的比例，特别在高层领导者中。据估计，最有名的社会民主党人中有近1/3是犹太人。在1918年去世前，维克多·阿德勒一直是该党的创始者和领导者。战争结束后，奥托·鲍尔随即担任奥地利外交部长，而后在维克多·阿德勒逝世后领导该党16年。其他具有犹太背景的社会民主党领导者有胡戈·布赖特纳（Hugo Breitner）和尤利乌斯·坦德勒，他们分别是维也纳市政财政部长和卫生与福利部长。战后规模与影响力均较小的奥地利共产党中也存在相当比例的犹太人。

虽然社会民主党的许多领导者生在犹太家庭，但他们在情感上并不认同犹太文化。充其量，很多人也只是像阿尔弗雷德·阿德勒一样，认为犹太教已经完全过时，其最有价值的道德理想此刻应借助社会与政治行动来表达。像维克多·阿德勒这样的社会民主党人直接皈依了基督教，而像鲍尔和坦德勒这样的社会民主党人也完全脱离了犹太教。

事实上，社会民主党的领导者们并没有超越人们对反犹太主义的刻板印象，以此来部分地抵消来自宗教保守派的恶毒批评，即社会民主党只关心犹太人的利益。例如，在一本名为《犹太人的诈骗》的小册子里，社会民主党大力抨击犹太资本家，同时谴责基督教社会党和日耳曼民族主义政党是"犹太资本家的保镖"。阿德勒曾为其写过多篇文章的社会民主党报纸《工人报》，多年来总是在漫画中把犹太人资本家描绘为长着鹰钩鼻的剥削者。正如奥地利犹太复国主义领袖利奥波德·普拉舍克斯（Leopold Plasehkes）所嘲讽的那样，民众一般都能通过海报中的犹太人形象辨识出该国的主要政党：基督教社会党人眼里的犹太人是工匠，泛日耳曼民族主义者眼里的犹太人是放贷者，社会民主党人眼里的犹太人是银行家。

尽管阿尔弗雷德·阿德勒很可能对此类粗鲁做法感到震惊，但他仍旧对维也纳的犹太人社区漠不关心。这一点与弗洛伊德形成了鲜明的对比。弗洛伊德自豪地保留了维也纳圣约之子会①的会员资格，而且越来越重视（或许只是非公开地）他的种族身份，而阿德勒却与犹太教毫无瓜葛。随着制度性的反犹太主义在1920年代的中欧逐步抬头，弗洛伊德在其著作中对此表示了谴责，而阿德勒却没有这样做。在这一方面，阿德勒的态度在奥地利的著名社会民主党人中非常典型，他们从来都不会大力驳斥反犹太主义。阿德勒所反对的不是反犹太主义，而是其他事情。

在奥地利举国上下的痛苦和迷茫中，阿德勒变得越来越激进。诚然，他从学生时代起就自认为是坚定的社会主义者，并且，他也经常在自己的文章中推崇马克思主义的观点。但是，与为患者诊病和借助写作表达自己的观点相比，阿德勒从未对政治

---

① 圣约之子会（B'ai B'rith），历史最悠久的犹太人服务组织，1843年10月13日成立于美国纽约。——译者注

活动本身感兴趣。但是现在，这一点已经发生了改变。也许是得自赖莎的鼓励，阿德勒平生第一次决定积极参与政治事务。他尤其梦想自己能当选他所居住的维也纳第1区的工人委员会副主席，以此来实施教育改革。

在1918~1919年的动荡时期，工人委员会如雨后春笋般出现在整个奥地利，特别是维也纳。在这里，一个新近成立的共产主义政党正在积极活动。这些工人委员会代表了有组织的工人和复员士兵，并且深受俄国布尔什维克及其在巴伐利亚和匈牙利的新盟友（尽管只是暂时结盟）的影响。尽管奥地利的工人委员会从未汇聚足够的力量以形成具体的政策，但就建设国家的方式而言，他们的领导者大体走的是革命的社会主义路线，而非民主的资本主义路线。

对许多在工人委员会任职的人来说，他们的驱动力来自个人机会主义，即获得政治生涯的立足点，比如在市议会或国家议会取得席位，或者获得重要的行政任命。赖莎对政治事务兴趣浓厚，她可能希望阿德勒最终能够效仿他人去从政。但阿德勒的密友、与社会民主党人过从甚密的菲尔特米勒如此回忆道："阿德勒的雄心从未投注在这一方向，他不是甘受党纪约束的人。长远看，他觉得他应该把所有时间和精力投入他人所无法取代的领域。"

然而，奥地利的时局发展很快就让阿德勒刚刚开始的政治生涯画上了句号。社会民主党的领导者们害怕自身失去影响力，于是巧妙地操纵维也纳的各个工人委员会接受无产阶级民主原则。由于社会民主党人数占优，共产党等激进团体就得接受少数服从多数原则下的决定。1919年2月所成功进行且相对和平的议会选举向各个主要参与方发出信号，目前的权力格局已经是社会民主党一家独大。而且，在这年秋天，匈牙利的反共产主义运动取得了胜利。结果，奥地利的工人委员会发现自己在政治上已经被边缘化，于是很快纷纷解散。

人生的动力

　　1919年初，奥地利共产党人及其赤卫队试图强行夺取政权。为了建立亲莫斯科的政府，俄国和匈牙利的特工也在维也纳加紧行动，但社会民主党挫败了所有这些阴谋。最后一次政变发生在6月，当时有20人在街头战斗中丧生。此次失败后，奥地利共产党再也没能在维也纳发动革命。虽然信奉托洛茨基主义的赖莎将做出长期的努力，但奥地利的共产主义运动注定无法在政治上掀起波澜。

　　不过，当布尔什维克运用权力在俄国及其邻国强力推行自己的主张时，赖莎的丈夫却立即站在了布尔什维克的对立面。阿德勒以自己是一位马克思主义知识分子而自豪，但他从未接受列宁的精英主义，同时也反对为建立无产阶级专政而进行的反民主暴力行动。出于对列宁及其同党所发动的恐怖主义行动的愤怒，阿德勒于1918年12月在一家瑞士期刊发表了一篇措辞严厉的文章。在这篇题为《布尔什维克主义与心理学》（Bolshevism and Psychology）的文章中，他这样写道：

> 　　布尔什维克主义的统治所凭借的是对权力的掌控，因此注定不会长久。虽然该党及其支持者所追求的最终目标与我们相同，但他们已经中了权力的毒。现在，暴力将激起更多的暴力，这种可怕的机制正在人们毫无准备的头脑中自动运转，而不考虑社会目标，只因彼此的权力意志受到威胁。他们用拙劣的理由来为暴力和针对暴力的暴力辩解。黑的变成白的，白的又变成黑的！布尔什维克一定会通过加强权力来做出回应。暴力不会减少，只会变本加厉。只要权力在手，结局就一定如此。如果有什么办法能够打破这一循环的话，那就只能是对社会兴趣的重新唤醒。我们必须这么做，而且我们永远也不可能通过运用权力来做到这一点。对我们来说，采

用什么方式和策略取决于我们的最高目标——培养和强化社会兴趣。

妄图用"社会兴趣"这一模糊的概念劝告列昂·托洛茨基和阿道夫·越飞这些信奉布尔什维克主义的旧友停止基于意识形态的暴力行动，阿德勒或许有些过于天真。但值得称赞的是，他从未收回或改变他对布尔什维克蔑视和平民主变革的尖锐批评。他与赖莎在这一方面的分歧很可能加剧了他们之间的紧张关系。赖莎不仅同情十月革命，而且多年来都与托洛茨基一家保持着密切的联系。事实上，在1931年，她还发表了一篇文章来赞扬苏联的教育理念。

1919年，阿德勒在奥地利的一家教育期刊发表了一篇关于育儿的新论文。他再次利用这一机会将布尔什维克主义描述为"通过暴力实施的社会主义"和"不是扼杀蛇而是扼杀自己母亲的赫拉克勒斯。激情、力量和鲜血被毫无意义地浪费"。阿德勒反对列宁主义者使用暴力推进社会主义革命，他认为："面对外部胁迫时，人类的本性通常是反抗这一胁迫。人类不愿在顺应和服从中获取好处，而只想证明自己的力量更强大。……放眼历史，这种做法几时成功过？……运用暴力没有好结果。"

虽然阿德勒在战后初期表达了反布尔什维克的激烈观点，但他在写作中的视角通常也相当激进。在1919年的同一家瑞士期刊上，阿德勒发表了一篇题为《另一面》（The Other Side）的专题文章，专门讨论集体罪行（collective guilt）问题。当时，许多政治评论家都试图通过指责第一次世界大战的参战者来煽动民族仇恨。在阿德勒看来，这种指责士兵（即便是自愿参战的士兵）的做法是极其错误的。"现在，有些人想要让民众来承担战争的罪责，"阿德勒气愤地说，"任何熟知他们的人都不会认为他们有罪。他们尚未成熟，没人告诉他们应该怎么做。他们是被推着、被驱赶着走上屠场的。"

阿德勒认为，战争真正的罪魁祸首是欧洲的政界元老和效忠于他们的记者。他表示："去服役和忏悔的人不应该是民众，而应该是那些策划者、推动者以及带着明确的设想参与其中的人。"阿德勒也怀着苦涩的心情回忆起自己的军医经历："集合，戴着防毒面具，我们就是这样接受无情的死亡命令。没有任何出路，子弹和军事法庭不会保护我们。所以人们会设法至少让自己的处境不那么难以忍受，因此在无奈中创造了美德。"于是，他们把自己包裹在爱国热情中。"他们不再是被迫暴露在枪林弹雨中的被鞭打的狗，而是英雄，是祖国和自身荣誉的捍卫者。"

―――

由于到1920年，奥地利作为一个民主共和国的未来越来越确定，阿德勒随即开始解决困扰奥地利的突出社会问题，其中就包括四处泛滥的卖淫和青少年犯罪问题。当然，自从十多年前，阿德勒还是维也纳精神分析协会的一名成员时起，他就讨论过卖淫心理学和性病传播等话题。事实上，阿德勒、弗洛伊德和其他维也纳的心理学先驱们都非常关注这些问题，因为这些问题几乎影响每一个人。正如小说家斯蒂芬·茨威格后来所回忆的那样："现在的人们几乎不知道，在第二次世界大战之前，卖淫曾在欧洲广泛存在。……人行道上到处是待价而沽的女性。与找到她们相比，躲开她们反倒更难。……此外还有数不清的'封闭式房屋'、夜总会、歌舞厅……以及拥有'诱惑'女孩的酒吧。一名男性只需要花费一刻钟、一小时或一晚的时间就能享用一名女性，就像买香烟或买报纸一样。"

由于战后奥地利的经济更加惨淡，卖身现象也日益增多。1920年，仅维也纳就有8000人因卖淫被捕。为什么一个容忍和便利这一行为的社会却总在谴责它的可耻，甚至试图加以惩罚呢？

对此，阿德勒的看法非常精辟。他诉诸历史、社会和心理因素，认为"富裕的、自满的、通过买春来调剂合法婚姻的中产阶级男性"是其主要支持者。从阿德勒的角度来看，这些男性往往是外表体面的公民。但他们蔑视女性，同时也很可能以残酷、令人不齿的方式对待他们的妻子。

带着支配女性的渴望，大多数经常买春的男性都得到两个群体的帮助。阿德勒认为，他们就是妓院老板和妓女本身。他首次强调，幼时存在不足感的个体难以发展出对他人的适当反应。阿德勒将妓院老板描述为"缺乏社会兴趣，喜欢不劳而获，把女性作为达到目的的手段，并且喜欢毫不费力地满足他们的权力意志"。谈到为何女性总是通过卖身来换取钱财时，阿德勒坚持认为，贫穷不是一个站得住脚的解释，因为大多数贫困女性从不卖身，而且在卖过身的女性中，经常卖身的女性也是少数。女性卖淫的根源在于，有些女性把自己的性别视为"羞耻和耻辱"，并且带着深刻的自卑感，借助性在男性主导的社会中寻求自尊。"这种解释可能看起来不大正确，"阿德勒表示，"但是只要问问妓女和妓院老板，答案就显而易见！"

1920年4月，阿德勒就战后奥地利的另一个重大社会问题做了一次公开讲座，讲的是遭到忽视的、徘徊在犯罪边缘的青少年。这次报告清楚地预示了在接下来的几年里，阿德勒的主要兴趣将集中于以下社会问题，如儿童与青少年人格、教育改革，以及青少年违法与犯罪行为的治疗。

"在世界大战留给我们的'遗产'中，"他讽刺地指出，"青少年道德的巨大滑坡也许是最重要的一项。所有人都注意到了这一点，并且很可能会对问题的严重程度感到惊讶。"阿德勒认为，对青少年的忽视常常发生在明显的犯罪行为出现之前，缓慢而悄无声息。他发现，某些类型的书籍和电影具有破坏性的社会影响力。不过，他批评最强烈的还是奥地利的教育体系。"我们知道我们学校的缺点。教室很拥挤，很多教师没有接受足够的培训，有时他们对教育缺乏兴趣，因为他们本身就是恶劣经济条件的产物，所以我们很难对他们提出更高的要求。但是从总体上说，学校教育最大的缺点是对孩子心理发展的普遍无知（此处的强调来自阿德勒）。"

阿德勒呼吁奥地利社会做出一系列具体的改变来更好地对待遭到忽视的、徘徊在犯罪边缘的青少年。他强调要及时改变他们的世界观，避免其成为犯罪的导火索。他坚持认为，学校行政人员的选择要依据绩效原则而非政治考量。阿德勒还为教师培训和"治疗教育学"推荐了新的大学课程。这些课程将广泛传播关于青少年适应不良的预防与治疗措施的研究成果。他也提议建立一所新型示范学校，培训教师和医生以更有效地引导陷入困境的青少年。

阿德勒用一段关于社会变革的激昂演讲结束了他的报告。他试图让听众摒弃任何对二元君主制下的战前生活的虚幻怀旧，他宣称："即使在完全和平的时期，我们的文明也无法有效控制道德败坏和犯罪，而只能惩罚和报复自身，吓唬民众，却从未解决问题。我所强调的是：在一个人与人对立的社会中（这是我们的工业社会的特点），道德败坏是无法避免的，因为它和犯罪都是我们的工业文明所必然导致的生存之争的副产品。……正确和适当的做法是立即采取行动。"

维也纳的无数民众似乎也有同感。1920年5月1日，数十万蓝领和白领劳动者（已经包含维也纳的大多数劳动者）从所有城区一同走向了环绕内城区（即第1区）的环城大街。包括男人、女人和儿童在内的示威者（最小的孩子骑在父亲的肩膀上）携带各种旗帜，向市政厅进发。他们想要一个更好的新社会，他们希望社会民主党现在就能帮他们建立这样的社会。

战后奥地利变得高度政治化，即使是在看似高尚的精神病学领域也是如此。在停战日之后几周，该国的临时议会就通过了一项法律，规定"对战争期间军事当局的疏忽职守进行认定和起诉"。不久之后，社会民主党成立了一个专门的调查委员会，具体了解军中涉及精神疾病的医疗事故案件。1919年初，在4年前断然拒绝了阿德勒职位申请的维也纳大学教授尤利乌斯·冯·瓦格纳-尧雷格受到了拷打等躯体虐待的严重指控。身为精神病学和神经学教授，以及维也纳综合医院的精神科主任，62岁的瓦格纳-尧雷格是奥地利精神病学界最重要的代表人物。

官方调查于1920年10月启动，瓦格纳-尧雷格做证说，在战争期间，他出于爱国热情自愿治疗因拒绝战斗而被视为"患有神经症的"士兵。瓦格纳-尧雷格肯定地说，当时，他认为这些士兵存在心理困扰，他们将自己的利益置于效忠帝国之上，因而需要"治疗"。虽然已有的法庭证据不能直接证明瓦格纳-尧雷格参与其中，但它证实了来自奥地利士兵的骇人描述。

确实，掌管野战医院中治疗"神经疾病"的部门的很多医生并未接受任何神经学或精神病学的训练。他们的做法包括冷水浴、紧身衣、隔离囚室、当众羞辱、裸体暴露、烟头烧烫，以及对他们的乳头和生殖器施加意在造成痛苦的电击。调查表明，这类野蛮行为在德国野战医院中尤为常见，并至少导致20人死亡。

作为委员会的专家证人，弗洛伊德提交了一份书面的《关于治疗战争神经症的电击疗法的备忘录》（Memorandum on the Electrical Treatment of War Neurotics）。他认为，这一精神病学领域的暴行并非出自对理论的善意误用。他说，医生们所采取的做法只是出于政治上的权宜考虑，目的是阻止士兵装病。特别是，弗洛伊德将战争中的强制征兵制视作了"所有战争神经症的直接起因"。

通过强调战争非人道的一面，弗洛伊德淡化了瓦格纳-尧雷格的责任。他表示："医生必须扮演一种角色，像是前线后方的机关枪，把逃跑的士兵赶回去。这当然是军方的意图。……但是这一任务与医学格格不入，医生应该与患者站在一起。"简而言之，弗洛伊德一方面在总体上批判了军事精神病学，一方面却不认为他受人尊敬的同事做过任何应当受罚的事。这两位医学教授交往不深，瓦格纳-尧雷格甚至没有对精神分析表现出足够的尊重。但是，考虑到大学里的政治争斗，弗洛伊德很可能认为，自己最好避免对他所在部门的有影响力的负责人发表任何直接的批评。

当天，弗洛伊德的一位姻亲拜访了阿德勒。他后来回忆说，听到弗洛伊德的证词，这位个体心理学创始人勃然大怒。阿德勒敏锐地察觉到，瓦格纳-尧雷格很可能会被免除责任。他宣称，如果他站在弗洛伊德的位置上，他就绝不会那么做。瓦格纳-尧雷格在战争中的不道德行为产生了负面的后果，弗洛伊德不应该免除他的这一责任，如此有雅量地为他开脱是不合适的。阿德勒表示："面对这类敌人，这种慷慨是要不得的。"

到1920年代早期，阿德勒作为一位慷慨激昂的心理学思想家已经开始对战后奥地利的新一代产生重大影响。这些年轻人不再相信欧洲的那些政治元老，因为他们未能阻止致使数千万人丧生并将一个个国家拖入困境的战争。他们急切地想要了解关于人性和心灵的新见解。这些年轻人尤其蔑视制度性的宗教，因为各个参战国的教会领袖都曾对战场的杀戮表示过支持。阿德勒有力的社会批判和他对个体心理学的自信和乐观使他充满了感召力，特别是对那些怀抱理想主义的民众来说。

1920年秋天，在维也纳人民学院的支持下，阿德勒开始了一系列心理学课程中的第一门课程的讲授。人民学院由阿德勒的老朋友菲尔特米勒等信奉社会主义的教育家创办，建成已近二十年。在如今已牢牢控制维也纳市政府的社会民主党的大力支持下，人民学院正在迅速发展。社会民主党的领导者坚信教育是工人民主的保障，于是开办了一系列讲座和课程，主题涵盖政治、历史、文化、妇女问题和"新心理学"。

反传统的人民学院在维也纳各地设有多个分支机构。其最受欢迎的校区位于犹太人聚居的利奥波德城，即阿德勒度过部分童年时光的地方。当然，人民学院在学术声望上没法与维也纳大学相提并论。但是，该学院仍然吸引了众多备受好评的作家和学者，他们很喜欢与思想开放的成年听众分享他们的观点。人民学院的许多课程虽然表面上为工人阶级而设，但它们主要吸引的还是大学生和毕业生。阿德勒的心理学讲座也是如此，它特别吸引这样一群人，他们寻求超越自身资产阶级的维多利亚式成长经历，试图借助教育、社会工作或医学建设更美好的社会。

在战后初期参加阿德勒人民学院讲座的人群中有一位早熟的少年，日后，他将成为欧洲的著名小说家，并在个体心理学的发展中扮演重要角色，他就是马内斯·施佩贝尔。施佩贝尔出生于1905年，在一个正统的犹太家庭中长大，并在第一次世界大战期间与家人一起逃到了乌克兰。1916年，一家人作为难民千辛万苦来到维也纳。在那里，年轻的施佩贝尔加入了犹太复国主义青年运动（希伯来语为"青年卫兵"）。怀抱理想主义的施佩贝尔对社会行动（social action）非常感兴趣，他认为，改善犹太人的生活不能靠传统的宗教信仰，而要靠犹太复国主义运动。

1921年夏，施佩贝尔患上了结核病，不得不在一家救济机构管理的乡村疗养院接受康复治疗。幸运的是，他的室友是一位博览群书的大学生，两个年轻人在激烈的讨论中共度了很多时光。

不久，他们的话题转向了尼采，施佩贝尔表达了他对其作品的极大钦佩。接着，他的室友兴奋地说起，他在人民学院阿德勒充满激情的讲座上也听到了关于尼采的讲述。9月里的一天晚上，出院后的施佩贝尔在室友的推荐下来到了一间坐满了年轻人的大教室，来见个体心理学的创始人。

跟很多人记忆中初次见到阿德勒时的感觉一样，16岁的施佩贝尔也没有对他留下太深刻的印象："因为他没有特别吸引人或跟别人不一样的地方。他所说的关于追逐权力的观点非常巧妙，但说得很实在。……我觉得他的即席演讲并非没有准备，而是他已经讲过多次。在前面的课程里，他很可能经常讲到类似的内容。"不过，施佩贝尔还是决定继续参加阿德勒在下周一晚间的讲座，并且很快就成了课堂讨论的积极参与者。回头看去，他发现对他影响最大的是阿德勒充满魅力的辩论风格。

在辩论中，阿德勒通常会大力肯定对方的质疑态度（如果没有完全肯定其质疑内容的话）。然后，就在他继续对提问者的敏锐见解表达赞赏、钦佩甚至奉承的时候，他会有力地重申自己的立场。通常，提问者都会被阿德勒无法抵挡的溢美之词所感动，于是辩论就这样结束了。

阿德勒喜欢鼓励听课的学生在班上公开演讲，而施佩贝尔最终也自告奋勇做了一场关于"革命心理学"的演讲。几周后，施佩贝尔一边大力赞赏以列宁为首的布尔什维克，一边也为未能取得成功的俄国早期革命者辩护，称他们为孤独的英雄。施佩贝尔慷慨激昂的演讲结束后，阿德勒提出了一个友好而温和的不同看法，并对这位情感真挚的少年说道："你讲话时就像是一个个体心理学者，虽然你还没有意识到这一点。"

施佩贝尔颤抖着声音回答道："我不是个体心理学者，不过我想我应该做一名个体心理学者。"

"那是当然，"阿德勒回答道，"我会帮你，我们所有人都会帮你。"

不久之后，施佩贝尔兴奋地收到了阿德勒请他参加个体心理学讨论会的邀请。讨论会定期在圣马克广场（St. Mark's Square）附近的"香烟味"（Whiff of Tobacco）咖啡馆举行。当时，阿德勒在国际上并不出名，讨论会的参加者大都是维也纳的当地人，他们与阿德勒相识不是在他与弗洛伊德决裂前，就至少是在战争爆发前。当施佩贝尔进入房间时，他突然意识到，自己在阿德勒的知名医生、教育家和作家圈子里显得太年轻了。讨论会的大多数参加者都比那些到人民学院听讲的年轻人更年长，更老练，他们努力让明显感到不适的施佩贝尔放松下来。然而尽管如此，直到一年多后，这位喜爱探求的少年才会再次鼓起勇气走近阿德勒。

在这一时期，另一位被个体心理学吸引的充满理想主义的年轻人是鲁道夫·德雷克斯（Rudolf Dreikurs）。在接下来的几十年里，他将在儿童精神病学领域，特别是作为阿德勒心理学在美国的重要推广者而广受赞誉。德雷克斯1897年出生于维也纳一个同化的富裕犹太家庭。当时，他正在大学接受医学训练。他对精神病和社会主义很感兴趣，并与奥托·费尼谢尔（Otto Fenichel）和威廉·赖希成了朋友（这两人后来会成为"弗洛伊德左派"中的重要人物）。他们告诉德雷克斯，他不能旁听弗洛伊德的讨论会。他必须首先接受大量精神分析治疗，然后才能参加活动。然而，参加阿德勒的讨论会则"非常简单"，德雷克斯在多年后回忆道："你直接去就可以。他们不排斥任何人，周一讨论会的大门是敞开的。"

由于脾气不好（日后也几无改观），德雷克斯很快便遭到众人冷遇。1923年的一个晚上，正当阿德勒批评精神分析的时候，德雷克斯突然站起来说道："你怎么能这么说弗洛伊德？他是拥有国际声誉的人，他肯定知道自己在做什么，你不能这么轻视他。"随即，阿德勒的一名同事把德雷克斯叫到一边，责骂他幼稚，不知天高地厚。受此影响，德雷克斯很久都没有参加阿德勒的讨论会。

人生的动力

　　虽然施佩贝尔和德雷克斯很快就被阿德勒的魅力所折服，但另一位年轻的奥地利知识分子却一直对阿德勒持批评态度，他就是威廉·赖希。与他的朋友德雷克斯一样，赖希也于1897年出生于奥地利一个同化的犹太家庭，并且在维也纳大学医学院就读。1920年3月，身为一名精神病学医学生的他曾在社会医学协会（Society for Social Medicine）听过阿德勒关于"个体心理学基础"的讲座，当时的主持人是精神分析学者海因茨·哈特曼（Heinz Hartmann）。此时，赖希已经与弗洛伊德熟识，他还在关注性学的同学中组织了一个讨论小组。

　　讲座结束后不久，赖希就给阿德勒写了一封信，在几个主要的问题上表达了不同的意见。一方面，他认为阿德勒严重低估了性欲对人类生活的强烈影响。另一方面，赖希也不赞成阿德勒的性别角色平等主义，并坚持认为："与你的观点相反，被动和顺从是女性的固有本性。"最后，赖希认为阿德勒关于男性钦羡（女性性别嫉妒）的理论是错误的。他解释道，大多数女性所嫉妒的并不是男性的经济或社会权力，而是他们在性方面的巨大自由。"青春期和青春期后的女孩总是抱怨，'我愿意付出一切变成男孩！'对于这句话的意思，更符合逻辑的理解是，'然后，我就可以拥有我想要的任何性自由！'而不是，'然后，我就可以做大事！'你暗示，性欲的背后是权力意志（will to power），"赖希总结道，"但它的背后明显是性驱力。性驱力只追求快乐，不追求其他任何东西，包括权力。"

　　目前尚不清楚阿德勒对赖希做了怎样的回应，但两人从未成为朋友。1920年代后期，赖希因政治问题与弗洛伊德发生了激烈的争执，并移居德国，参加了共产党的活动。巧合的是，阿德勒唯一的儿子库尔特曾经与赖希住在维也纳的同一幢公寓楼里。两名年轻人不仅认识，还在一起愉快地滑过一次雪。

阿德勒不仅通过公开讲座获得了更大的知名度，他于战前出版的著作也在不断吸引更多的读者。1920年末，阿德勒出版了他自1914年以来的第一本重要文集。《个体心理学实践与理论》（*The Practice and Theory of Individual Psychology*）最初只有德文版，包含28篇文章。其中有1911年的旧作，也有最近关于卖淫和青少年犯罪等当代社会问题的新作。不少内容曾出现于专业期刊，另一些内容则来自公开讲座的文字整理。这本重要的著作在奥地利和德国广受好评，大大提升了阿德勒心理学在教育与医学专业领域中的影响力。

随后，1922年秋，阿德勒的第一本重要文集《治疗与教育》再版发行。这本书在8年前首次出版时，阿德勒的朋友菲尔特米勒不仅是合著者，同时还做了大量的策划和编辑工作。然而现在，作为维也纳教育委员会的重要管理者，他的精力主要花在了推动影响深远的教育改革上。因此，《治疗与教育》新版的编辑工作就落在了埃尔温·韦克斯伯格身上。

阿德勒有许多拥有教育、文学或艺术背景的亲密同事，与他们不同的是，韦克斯伯格毕业于维也纳大学医学院，并且是一位执业医师。1922年5月，在《治疗与教育》新版序言的结尾处，韦克斯伯格自信地表示："世界大战不仅阻碍了国际间的科学交流，同时也让欧洲科学家无法安心从事研究工作。战争很可能已经窒息了《治疗与教育》第一版所本该引发的反响。……现在，在第一版面世8年后，我们已经能够实现我们在序言中所做出的承诺，已经能够以新的面貌出现在公众面前。"

在介绍这本书的新版时，韦克斯伯格简要地概述了个体心理学的发展。然而很明显的是，他这么做主要是为了明确区分阿德勒与弗洛伊德的心理学取向。"精神分析这一词语和名号虽然仍旧在第一版中扮演重要角色，但在新版当中，我们更倾向于把它看作一种历史记忆，这一点绝非巧合。我们不想低估精神分析对现代心理学的多方激发和滋养，"韦克斯伯格带着些许讥讽表示，"我们也不想无视个体心理学根源于精神分析的历史。但是，尽管如此，我们还是认为，随着二者的逐步发展，精神分析与个体心理学之间的分歧……已经十分显著。……就像我们不想把个体心理学与精神分析中那些我们认为是错误的部分等同起来一样（并且，我们不想把弗洛伊德的任何观点说成是我们自己的），我们也不想让看起来是异端邪说的新发现给精神分析学派添麻烦。"

韦克斯伯格以乐观的笔调结束了《治疗与教育》的新版序言："个体心理学的思想早就超出了阿尔弗雷德·阿德勒及其朋友和同事的小圈子。我们正在一步一个脚印地获得我们当初就预见到的来自国际的关注。"

同年，阿德勒欣然为《论神经症的性格》的第三版撰写了新的序言。这本书首次出版于1912年。当时，阿德勒曾用它来申请维也纳大学医学院的讲师职位，但未能成功。时年52岁的阿德勒带着一种淡淡的苦涩表示："由于这一决定，我至今都不能给大学生和医生讲课。了解这一点的人都知道，我传播自己的观点有多么难。但是今天，这一步已经实现了。……个体心理学的关注重点（社会兴趣）是人类社会内在需求所要求人具备的一种态度。"

在接下来的几年里，年富力强的中年阿德勒将发现自己的乐观期待成为现实。个体心理学不仅在奥地利，而且在整个欧洲和全球范围都将获得更多的追随者和更大的知名度。

第9章
红色维也纳

> 社会主义深深地扎根于社会兴趣，它是人类最初的声音。
>
> ——阿尔弗雷德·阿德勒

虽然阿德勒作为一名心理学革命者的影响力正变得越来越大，但是在战后，他的声誉主要来自他对儿童心理学这一应用领域的研究。通过包含教育学、医学、心理学和社会工作等学科的跨学科研究，阿德勒在儿童心理卫生领域大举创新，并享誉奥地利、德国，乃至整个欧洲和世界。他还率先向家长和教师等众多非专业听众传播临床知识。与主要关注成人人格问题的弗洛伊德和荣格不同，阿德勒的名字更常与家庭和学校里的儿童指导相关联。

当然，阿德勒对教育的兴趣由来已久。早在1904年，他就为一家医学报纸撰写了一系列文章，倡导"作为教育者的医生"，并在其参与维也纳精神分析协会的9年间多次强调改革学校教育制度的重要性。然而，直到战争结束，阿德勒也人到中年后，他才开始重点关注儿童指导和教育心理学这些新兴领域。在1920年代早期，这些新学科成为了阿德勒向冲突频发、道德沦丧的战后欧洲传播个体心理学思想的利器。事实上，阿德勒在其后一生中都认为，长远地看，教育改革是和平改良世界的最可靠的路径。

无疑，当阿德勒的社会民主党友人在维也纳掌握政治权力时，他在儿童心理学方面的影响巨大的工作也获得了极大推动。在1919年5月的市政选举中，社会民主党获得了54%的选票，从而产生了世界首位信奉社会主义的大都市市长。虽然在次年大联合政府解体时，社会民主党失去了对国家权力的控制，但他们在维也纳的影响力仍然大大增加，特别是在该市于1921年末获得半自治地位之后。社会民主党的领导者们乐观地认为，奥地利的未来属于社会主义，于是他们耐心等待重掌国家政权。与此同时，他们也集中精力建设一个即将以"红色维也纳"而闻名十余年的新社会。

很快，社会民主党人就实施了一项大规模的公共卫生与福利计划。由于在市议会中占据绝对多数席位，他们在部长尤利乌斯·坦德勒的领导下，通过对资产阶级和富人大幅增税而实施了一系列前所未有的社会服务计划。坦德勒比阿德勒年长一岁，成长于一个贫穷的犹太家庭。1895年，他在维也纳大学获得医学博士学位。后来，他成为该校备受尊敬的解剖学教授，并投身社会医学工作。在他看来，真正对公民负有责任的是政府而非私人宗教机构。很快，维也纳就开始提供免费的牙科和医疗保健服务，设立儿童与青少年诊所，甚至公共游泳池和体育设施。此外，坦德勒也极大地拓展了社会工作者的职责，如服务贫困家庭和调查儿童福利状况。到1920年代中期，红色维也纳还实施了政府为工人阶级建设住房的大规模项目。这些"超级街区"取名自卡尔·马克思（Karl Marx）等社会主义英雄，旨在为其居民建设一种全新的文化。

事实上，阿德勒等社会民主党人的目标不只是经济改革。在文化战争（Kulturkampf）的马克思主义大旗下，他们也试图通过青年组织、成人教育计划、借阅图书馆、书店、报纸杂志、剧院、节日和其他文化活动来培养哲学家马克斯·阿德勒（Max Adler，与阿尔弗雷德无亲属关系）所言的"新人类"（Neue

Menschen)。正如一位奥地利历史学家日后所记述的那样："在某一天里,一名工人可能会听一场工人合唱,读一份社会主义报纸,或者参加一场讨论相对论对社会主义的影响的讲座。为对抗以基督教社会党为代表的资产阶级、天主教和保守派势力而建设一种文化,这是第一共和国的奥地利社会主义最与众不同的特征之一。"

在社会民主党人对红色维也纳的构想中,改革公共教育制度居于核心地位。这方面的领导者是备受尊敬的奥托·格洛克尔(Otto Glöckel),他曾短暂出任奥地利教育部部长。1873年,格洛克尔出生在维也纳以南的波滕多夫,父亲是一位教师。起先,心怀理想主义的他也选择从事教师职业。19岁时,格洛克尔已经在维也纳一处贫民区工作,积极参与政治事务的他还与卡尔·塞茨(Karl Seitz,维也纳未来的市长)等自由派教师创建了一个名为"年轻人"(Die Jungen)的组织,旨在改善维也纳贫民的教育条件。而且不久后,他们还联合了社会民主党的工人运动。

作为一名敬业的教师,格洛克尔成为了"年轻人"组织的领导者。而后,在1897年的一个早晨,他从报纸上了解到,自己因政治激进主义而丢掉了工作。未经正式指控和听证等任何正当程序,保守派市长卡尔·卢埃格尔(Karl Lueger)就将格洛克尔和另外4名青年同事解雇,并禁止他们日后从事教育工作。随后,毫不退缩的格洛克尔在一家保险公司找到了工作,并且继续参与"年轻人"组织的活动。1898年,格洛克尔与他人共同发表了一份关于教育改革的宣言,后来又帮助建立了一个名为"自由学校协会"(The Free School Society)的社会主义教育者团体。与此同时,他还作为社会民主党的一名组织者进入政界,并最终代表该党成为奥匈帝国议会的一名议员。

在第一次世界大战期间,格洛克尔因政治激进主义而被判入狱。但他出狱后仍然不改其志,并于1917年1月初在自由学校协会发表了一场题为"未来之门"的激情演讲。后来，这一演讲成为他在战后奥地利大联合政府期间担任教育部长的施政纲领。

几乎没人感到意外，格洛克尔会任命卡尔·菲尔特米勒为教育部新设立的改革部门的重要领导者。二十多年来，菲尔特米勒也一直在推动社会主义性质的教育变革。他服务于格洛克尔的改革部门，为制定该部门的"指导原则"贡献了很大的力量，而这些原则确定了奥地利教育改革的目标。当格洛克尔于1922年成为维也纳的学校理事会主席时，他任命菲尔特米勒担任了维也纳多所实验学校的检查官员。

由于维也纳是一个半自治州，而格洛克尔负责其教育系统，所以社会民主党不失时机地颁布了一系列新的教育法规。女教师最终享有了与其男同事相等的权利。只有单身女性才能就业的限制遭到废除。女学生获准学习法律、工程和农学专业。维也纳教师的工资大幅增加，达到全国最高水平。工作35年后，所有教师都将获得相当于其退休时九成薪水的退休金。此外，社会民主党还制定了一系列法规，明确了督学评估教师的适当程序。

维也纳市议会还制定了另外一些教育改革措施。其中包括为所有学生免费提供教科书和相关资料，为学生建立学校图书馆，为教师建立教育图书馆，在所有地方学区建立家长协会，以及拒绝体罚。为保障儿童健康，维也纳市议会还划拨专款雇用了大约50名医生和210名社会工作者，此外还设立了11家牙科诊所。

上述改革无疑非常重要，并且早该实施。但是，格洛克尔和他的助手们还在酝酿一项更大规模的教育计划。他们打算彻底改革维也纳的义务教育制度，以便使工人阶级的孩子能够以平等的机会接受高等教育。格洛克尔下令修建新的中学，以便所有年龄在10~14岁之间的孩子都有学上，并主要由菲尔特米勒负责实施。学校将为所有学生提供强化的公共核心科目（数学和德语），同时又奉行灵活原则，允许学生学习传统中学（Gymnasium）和实科中学（Realschule）所要求的专业科目，为接受高等教育做准备。这项措施的重大创新之处在于，学生们将能推迟到14岁完成义务教育时才做出下一步的选择。

格洛克尔知道，这一彻底改变需要新的课程与教学方法。正如他日后所言，他们祖父母一代的初级"训练型学校"（drill school）是用来灌输教会和王室权威的，同时也学习一部分读写算技能。其后的"学习型学校"（learning school）用作培养胜任手工业工作的劳动者，以及少数胜任熟练技术工作和专业工作的劳动者。但他所设想的"发现型学校"（work school）将把课程与学生的生活经验结合起来，用独立学习和自我发现取代死记硬背，用实际操作补充书本知识，把包括教室在内的整座城市都变成真正的课堂。更宽泛地说，格洛克尔眼中的发现型学校还是工人民主的孵化器，它体现了学生、教师和父母之间的亲密协作。

━━

在这一理想主义的改革氛围中，阿德勒也于1919年和1920年在维也纳设立了几家非正式的儿童指导"诊所"。在菲尔特米勒的请求和格洛克尔的同意下，阿德勒开始定期向教师提供关于如何在课堂上应对各类学生的无偿咨询。这类心理学训练在奥地利乃至全世界都前所未有。此时，人格研究与心理治疗还是新生事物，了解的人少之又少。几十年前，阿德勒所接受的学校教育曾令他备感压抑。而此刻，由于能够帮助维也纳教师在日常课堂上应用心理学知识，他一定感到由衷的高兴。从本质上讲，他的目标是结束他曾亲身体验过的教育威权主义，并且把所有儿童都视为具有特定智识需求与心理需求的独特个体来对待。

当时，"维也纳的学校系统没有与受过训练的临床心理学家建立任何联系，"教育家雷吉娜·赛德勒（Regine Seidler）回忆道,"没有辅导员,没有指导者。只有毕业生才能从专业人员那里获得职业方面的指导和建议。奥地利因战败而消沉、因饥寒交迫而崩毁、因通货膨胀而凋敝,这样一个国家的经济与心理状况急需咨询与指导。"

对想方设法帮助学生的教师来说,阿德勒的指导极为有益。正如赛德勒所回忆的那样:"这些指导既能有效地教育和培训教师,又能让参与其中的父母和儿童直接获益。"通常,一名教师首先会当着许多同事的面介绍一个"问题"孩子,比如一个胆小害羞的6岁男孩,或是一个不守规则、逃学的十几岁的女孩。然后,阿德勒会提出一些重要的问题,让老师进一步介绍孩子的情况,比如他跟别的孩子关系好不好,自尊处于什么水平。随后,阿德勒会说出他对这个孩子的大致看法。接下来,孩子连同其父母走进教室,阿德勒会当着所有教师的面跟他们交谈。等父母和孩子离开后,阿德勒再对这一病例展开最后一轮讨论。赛德勒回忆道:"这些发现最终会被归纳为一般性的规律,阿德勒的很多重要讲座都能联系到他在儿童指导诊所面对教师所做的病例讨论。"

但是很快,阿德勒的免费公开指导就吸引了众多家长的关注,他只好找了新的会场,为这些家长提供育儿建议。在阿德勒的指导下,到1922年,维也纳已经出现了很多"治疗小组",为首的都是精通个体心理学的精神病医生或心理学家。这些小群体不受维也纳教育委员会资助,其具体形式在不同行政区差别很大,不过他们对民众的帮助通常都是免费的。

通常,治疗小组每周会安排1~2个晚上在学区的空教室碰面。征得父母许可后,他们首先会与引见病例的教师以及社会工作者等专业人员讨论。然后,他们会让病例所涉及的父母和孩子进入教室。父母和孩子进入教室的顺序不尽相同。有的小组喜欢先见父母,获得他们的配合。有的小组喜欢先见孩子,以便不受父母看法的干扰,获得不含偏见的第一印象。阿德勒的偏好是先见父母,再见孩子。

然后，治疗小组会再次展开讨论并向父母提出建议。治疗小组里的医生成员认为医学评估非常重要，因为这么做能排除可能导致儿童学习困难的生理因素，如听力或视力障碍。初次咨询后，一些家庭还会接受进一步的咨询。有时候，接受咨询的儿童还能得到免费的特殊辅导。这些儿童的年龄大多在6~13岁之间，也有个别学龄前儿童。

　　在这一时期，阿德勒和他的同事们还为维也纳许多新成立的家长协会提供儿童指导讲座。在格洛克尔的鼓励下，所有学校都为感兴趣的家长开办了每月一次的研讨会。一些学区在组织活动方面比其他学区更为积极。利奥波德城是阿德勒经常做讲座的人民学院主校区所在地，那里的民众特别喜欢听阿德勒的同事们讲解个体心理学。这样的讲座有双重目的。正如精神病医生奥尔加·克诺普夫（Olga Knopf）当时所言："众所周知，许多父母不愿意带孩子去指导诊所，怕孩子和自己受到指责，或者他们认为没人能理解他们的孩子……于是指导便毫无用处。为了应对这一情形，重要的是赢得父母的信任……比如在家长协会每月一次的研讨会上。"

　　这些年来，阿德勒儿童指导工作的另一项重要成果来自他在中学的课堂实践。他一向反对奥地利公立学校的陈旧做法，如很少给学生表达自己看法和主张的机会。自从四十多年前，阿德勒成为一名备受压抑的学生以来，学校的教育方式就几乎没有任何改变。现在，随着菲尔特米勒等信奉社会主义的友人大力推动维也纳教育改革，年轻一代的教师都非常渴望创新。在直接受到阿德勒影响的人当中，最有影响力的是奥斯卡·施皮尔（Oskar Spiel）。

　　阿德勒认为，幼年时期的自卑情绪构成了几乎所有反社会行为的基础。在此基础上，施皮尔进一步生发道："无礼、淘气、烦人和懒惰的孩子……灰心丧气，把精力都花在了无用的事情上……必须通过课外的个体心理治疗和个别谈话帮助他们。"

为了增进学生的创造力和自主性，施皮尔在阿德勒的鼓励下创设了一套名为班级理事会的机制。首先，全体学生选出主席和两位助理作为班级领导者。然后，班级领导者带领全班同学就班级事务展开讨论。所有人都有机会表达自己的观点，帮助形成共识，最后再将其与教师沟通。这3位班级领导者还负责帮助同学解决学习方面的困难。

大约在这一时期，阿德勒的孩子也开始频繁参加个体心理学研讨会，特别是亚历山德拉和库尔特。作为充满好奇心的年轻人，两人都对热烈的讨论表现出了极大的兴趣。他们也非常喜欢跟父亲在一起，因为到1920年代早期，阿德勒已经很少回家。阿德勒的时间安排非常紧凑，不是在讲课，就是在为患者诊病，要么就是写作，指导年轻人，或者与朋友和同事在夜色中的咖啡馆里畅聊。赖莎早已不再跟阿尔弗雷德一起参加研讨会等专业活动。在这段时间里，他们的婚姻似乎开始亮起红灯。由于能够熟练运用法语、德语和俄语，赖莎花费很多时间翻译文章和书籍。外向和擅长社交的她也通过政治活动中的友谊来获取满足，例如她长期支持托洛茨基的政治运动。虽然赖莎尊重丈夫的心理学工作，但她认为，革命活动终究更为重要。

在1920年代早期，阿德勒还在相邻的德国积极传播个体心理学。他的主要同道是精神病医生莱昂哈德·赛夫（Leonhard Seif），后者于1922年在慕尼黑建立了类似的组织。这一年，他还在该市协助组织了首届国际个体心理学大会，并于3年后在柏林举办了第二届国际个体心理学大会。多年来，他不仅在德国各地传播个体心理学，还在国外推广它。特别是1920年代后期，在阿德勒将自己的大部分活动转移到美国之后，赛夫还将为有志于成为个体心理学者的欧洲专业人士提供治疗培训。赛夫的主要同事有心理学家约翰内斯·诺伊曼（Johannes Neumann）和保罗·罗姆（Paul Rom）。

不久后，阿德勒也开始频繁去德国咨询和演讲。一天晚上，他要在柏林做一场关于儿童心理学的讲座。一位医生后来回忆道，为了听这场演讲，他特意乘坐火车去往柏林。车厢里，他身边坐着一个年轻的妈妈和她躁动不安的5岁儿子。小男孩开始发脾气，搅得母亲心烦意乱。她管教他，男孩却变本加厉，于是这位母亲威胁要打他。就在这时，一个公务员模样、身材壮实的中年男子微笑着走到了男孩身边。他把手掌打开，里面露出了一匹玩具马。在与这名男子的友好交谈中，5岁男孩迅速安静了下来。那天晚上，当阿德勒走入演讲厅时，这位医生惊讶地发现，他正是那天早些时候他在火车上看到的那位矮胖的善良男士。

到1920年代早期，阿德勒在儿童指导方面的突破性工作引起了越来越多的关注。来自整个欧洲和世界各地的专业人士都来到维也纳，近距离研究那里的医生和教师如何帮助存在心理问题的儿童。毫无疑问，当《个体心理学杂志》于1923年末恢复发行时，阿德勒为个体心理学的发展又增添了新的动力。编辑名单里有很多蜚声世界的学者，其中就包括美国著名心理学家斯坦利·霍尔。不过，阿德勒不仅凭借写作获得越来越高的国际声望。同年，他首次访问英国，并在剑桥大学的一场学术会议上用德语做了一场报告。同样在1923年，他也开启了他在荷兰的巡回演讲。

尽管国际上对个体心理学颇多赞誉，但阿德勒发现，在维也纳当地，他的做法并非没有批评。一方面，他的学校指导诊所因公开访谈而常受诟病。一些专业人士坚持认为，尽管他的出发点是善意的，但是当着20个陌生人的面做访谈会伤害儿童及其父母。阿德勒和他的同事回应道，孩子们似乎很喜欢被人如此关注，这让他们觉得自己很重要，从而在心理上获益。阿德勒的同事还指出，如果父母有要求，或者孩子感到不安，他们也会单独访谈。一些赞同阿德勒的医生只在他们的私人诊室进行学校指导访谈，并且只允许不超过3名陌生人在场，以此来规避各种批评。这也许是更为明智的做法。

对阿德勒的儿童指导工作的另一项合理批评是，他没有留下严谨的统计数据。从几十年前上小学时起，阿德勒就不怎么喜欢数学。成为一名青年医生后，喜欢发表自己感想的阿德勒也同样回避了实验与统计工作。维也纳大学医学院在1915年拒绝了他在那里任教的申请，部分也是由于这一原因。学术委员会赞扬了他在《论神经症的性格》中表现出的理论天赋，但却严厉批评了他在实证研究方面的缺乏。不幸的是，阿德勒在整个职业生涯中都没有对这类批评做出过有效的回应。

1935年，一位阿德勒的支持者也将如此报道维也纳的儿童指导工作："他们的记录过于简单（因为父母和孩子参加的次数很少），而且非常不完整（我们通常分不清哪些人是因为问题解决了而不再参加，哪些人是因为问题没解决而不再参加）。父母似乎不觉得他们应该把停止参加的理由告知心理学家。"

在一项相关的批评中，一些专业人士认为，阿德勒及其同事从未对他们的干预措施进行过系统的跟踪研究。如果他们从未在学校进行过有组织的跟踪研究，那么如何才能确定个体心理学是不是真的帮助了那些存在学习或行为问题的孩子呢？与其教育学院（Pedagogical Institute）（由维也纳市政府开办）的同事夏洛特·布勒（Charlotte Bühler）和卡尔·布勒（Karl Bühler）夫妇不同，阿德勒对于艰辛的系统性研究并不感兴趣。当然，他也不反对这类研究。在他的著作中，阿德勒特别引用了阿莉塞·弗里德曼（Alice Friedmann）等个体心理学者的研究成果。尽管如此，阿德勒对实验研究的漠不关心最终还是将损害他的声誉。

最后，阿德勒对儿童心理干预的有效性的过度乐观也引发了批评。当然，他的学说能够破解1920年代欧美优生运动中通常所不加掩饰的种族主义与种族优越感。然而，研究儿童学习和儿童行为中的遗传因素的研究者并非都是种族主义者，他们理所当然会反对阿德勒对环境因素的过度强调。结果，他最终不得不解释，他的座右铭"只要学，就能会"并不能从字面意义去理解。他只是想让教育者和医生能够更为乐观地看待问题孩子。

讽刺的是，70年后的今天，在医学和心理学领域，同样的争论仍然在继续。多动、学习障碍或注意力缺陷障碍到底是真正的生理损害，还是像阿德勒可能声称的那样，主要是贴在存在心理问题的儿童身上的错误标签？在美国主要报纸和专业期刊的专栏中，关于这一点的争论仍然大行其道。

虽然阿德勒现在越来越关注儿童指导，但他也在思考更为宏大的问题。在他1920年代中期的公开讲座和热门文章中，阿德勒表达了强烈的社会主义政治观。在1922年秋天，他在人民学院的课程中重点介绍了重要历史人物的生活，比如法国大革命的发起人丹东（Danton）、马拉（Marat）和罗伯斯庇尔（Robespierre）。在一篇修改自讲义并于1923年末发表于社会民主党的《工人报》的文章中，阿德勒显然试图将马克思主义与个体心理学相结合。在他看来，这3位重要革命者在政治方面的作为都可追溯至他们的童年经历以及由此而产生的生活态度：

> 法国经济快速发展，城市化加深，对工业无产阶级和农民的剥削进一步加重，使国家陷入混乱。最有能力的人被排除在许多公职之外，使形势进一步雪上加霜。伏尔泰和罗素表达了民众的情感，促成了"革命路线"的形成。当急需的改革措施被政府所阻止时，关键的时刻到来了。革命大潮涌起，为其伟大的领导者们铺平了

> 道路……马拉……让自己成为了殉道者，特别是他的健康遭受了极大的损害。……丹东是一个志向极其远大的人，他在上学时就为了观看国王的加冕礼而逃学，早早地表现出了他的生活风格。……罗伯斯庇尔曾经是一名"标准的好学生"，从来都是班上的第一名。他非常自负。……他的策略是尽可能地躲在暗处，以此来慢慢地、有条不紊地摧毁他的敌人。

自战争结束以来，阿德勒的朋友菲尔特米勒就一直想要在维也纳中学开展教育改革，以此来实现自己的社会主义理想。虽然他的想法看似可行，但他最终还是发现，在训练教师的时候，他必须使用阿德勒及其志同道合的创新者们所青睐的非强制性的新方式。然而，维也纳大学的管理者却不赞同这样做。他们不屑地表示，"广大"奥地利青少年不需要受过大学训练的教师来给他们上课。

在坦德勒和格洛克尔的带领下，维也纳市政府成立了自己的教育学院。1923年，教育家维克托·法德鲁斯（Viktor Fadrus）成了教育学院的院长。1919年3月，曾经从事聋哑人教育的法德鲁斯被格洛克尔任命为奥地利小学改革主任，并在格洛克尔赴任维也纳学校理事会主席后继续担任这一职务。作为教育学院院长，法德鲁斯从德国聘任了夏洛特·布勒和卡尔·布勒夫妇。此前，他们在德累斯顿理工学院教授心理学，在业内深受好评。

布勒夫妇与教育学院、维也纳大学密切合作，成立了维也纳心理学研究所。研究所突出发展心理学与教育心理学两大新学科，并很快获得了巨大的成功。布勒夫妇的心理学研究所吸引了许多后来在社会科学领域崭露头角的青年学者，其中包括罗伊娜·安斯巴赫（Rowena Ripin Ansbacher）、布鲁诺·贝特尔海姆（Bruno Bettelheim）、埃贡·布伦斯维克（Egon Brunswik）、埃尔泽·弗伦克尔-布伦斯维克（Else Frenkel-Brunswik）、玛丽安娜·弗罗斯蒂希（Marianne Frostig）、玛丽·雅霍达（Marie Jahoda）、保罗·拉察斯费尔德（Paul Lazarsfeld）、弗里茨·雷德尔（Fritz Redl）和勒内·施皮茨（Rene Spitz）。不久后，安娜·弗洛伊德①也成了教育学院的一名教师。

1924年，阿德勒受聘为教育学院矫正教育系教授。正如他日后所回忆的那样，支持他的教师在他不知情的情况下要求维也纳教育委员会聘任他为教师。阿德勒的第一门课程名为"问题孩子"。在另一门名为"学校中的问题儿童"的非必修课中，他通过教师听众向他提供的病例来阐述个体心理学。

阿德勒在人民学院讲了好几年课，已经形成了一种亲切、朴实的风格。如同外国访问者日后所言，他完全不像墨守成规、毫无趣味的日耳曼教授。阿德勒尽可能不使用专业术语，并强调维也纳教师所面对的问题孩子的实际情形。他将通过这一方式说明个体心理学对儿童发展与治疗的诸多方面的解读。阿德勒强调孩子的心理、生理和家庭因素对学业成绩的具体影响，这是前所未有的创见。

特别是，阿德勒一直强调儿童所表现出的问题几乎都能得到有效的治疗。正如菲尔特米勒后来所回忆的那样："在阿德勒的努力下，教师们至少能较为正确地猜测孩子们的想法，并从孩子稍后的反应中得到验证。"阿德勒乐观地认为，教师永远都不应该消极对待孩子，或者把问题归咎于遗传。"只要学，就能会"就是在这一时期成为了阿德勒著名的教育格言。

在开始的3年里，阿德勒的课程吸引了600多名维也纳教师。据说，阿德勒没有缺过一次课。这一经历将在日后成为其德语著作《课堂上的个体心理学》（*Individualpsychologie in der Schule*）的基础。这本书旨在揭示他与同事"多年来在教育咨询中心所一

---

① 安娜·弗洛伊德（Anna Freud, 1895-1982），西格蒙德·弗洛伊德的女儿。——译者注

人生的动力

直努力的目标——改变孩子、教师和父母的命运"。

教育学院发展迅速。到1925年，它已经进一步涉及小学、中学教师和特殊教师的培训与认证。学院还继续为教师提供我们今天称之为特殊教育（针对存在认知、情感或生理缺陷的儿童的教育）的研究生课程。此外，教育学院的课程还与两本新近创建的教育期刊密切相关，一本是主要进行理论探讨的《学校改革》（*Die Schulereform*），一本是主要讨论实际的方法论问题的《资料》（*Die Quelle*）。心理学研究所也出版了自己的教育心理学期刊，由布勒夫妇担任编辑。从1927年开始，维也纳只聘用毕业于教育学院的教师。

━━━

虽然由于师资优良，教育学院理所当然地获得了国际上的尊重。但是，我们很难确定教育学院对维也纳日常教育活动的促进作用。一方面，大多数中小学教师都是多年前培训的。当时，传统的威权主义教学法仍然相当普遍。回头看去，真正获得职位的"进步"教师似乎也没有多少，因为在1915~1923年期间，维也纳的学生人数急剧下降，导致教师出现过剩，这一影响一直持续到1929年。格洛克尔宽容地留任了所有的教师，而不是解雇原有教师，转而聘用青年"进步"教师。不幸的是，正如阿德勒及其同事可能已经意识到的那样，这一出于人道的决定也使维也纳的教学人员在很大程度上抵消了民主化等改革新政的效果。于是，到1930年，与社会民主党相关的教师团体有5000名成员，而与更传统的泛日耳曼民族主义政党和基督教社会党相关的教师团体的成员数量则各为前者的两倍。

因此，并非所有人都接受阿德勒将心理学引入教育领域的做法。保守的基督教社会党人尤其反对社会民主党在公立学校坚决推行去宗教化的努力。事实上，自格洛克尔于1919年4月首次掌权以来，奥地利强大的天主教会一直在极力阻挠社会民主党的教育改革。当时，作为奥地利教育部副部长的格洛克尔宣布恢复1869年改革法案的规定，取消所有公立学校的宗教活动，大大推动了世俗教育的发展。不过，格洛克尔的法令只是减少而并未消除教会对公立教育的巨大影响。

由于奥地利的公立学校仍然在宗教信仰方面存在强制性的要求，所以神职人员仍旧是阻碍社会民主党改革的强大力量。也就是说，如果宗教考核不及格，学生就无法升至下一个年级。只有父母在子女7岁前正式放弃宗教信仰的学生不受这一规定的约束。教会势力确保学校大力推行宗教教育。每周，他们都会安排一个下午，由天主教神父到教室教学。只有少数学生（通常是新教徒和犹太教徒）可以不接受这样的教育。

控制维也纳公立学校的政治斗争将持续十余年。最终，随着1934年奥地利法西斯政权上台，基督教社会党取消了1919年以后的所有教育改革措施。令阿德勒及其热心同事感到沮丧的是，其中包括阿德勒在儿童指导、父母教育和教师培训方面的一系列享誉国际的课程。

然而，对于社会民主党所进行的激进的社会与教育改革，天主教会并非唯一的反对者。从经济角度看，许多当地人认为，对于一个刚刚从第一次世界大战中恢复过来的城市来说，马克思主义文化战争的代价过于高昂。他们表示，社会民主党所征收的重税不仅影响企业和富人。包括歌剧门票、餐馆用餐、发电报和打电话都要上税，甚至窗户和楼梯也要上税。由于奥匈帝国解体，匈牙利已经成为一个独立的国家，大多数维也纳企业和富人再也无法拿搬迁到布达佩斯相威胁。除去缴税，他们无计可施。

维也纳的房地产主所遭受的打击尤其严重，因为社会民主党进一步增加了战前就已经很重的财产税。与此同时，由财政专员布莱特纳（Breitner）领导的社会民主党政府对住宅物业实行了严格的

人生的动力

租金管制。奥地利恶性通货膨胀期间,高档餐馆一顿饭的花费大致相当于一套豪华公寓一整年的租金。然后,随着房地产价格暴跌,当局又能以极其低廉的代价为自己的住房项目购置房产。

或许,这些反对所引发的反弹是无法避免的。1927年,一个声称代表"维也纳知识分子"的团体将在一份宣言中宣布,不断高涨的反对市政府税收政策的政治运动不应让人们忽视该政策"伟大的社会与文化成就"。这份支持红色维也纳的宣言得到很多名人签名支持,比如心理学家阿尔弗雷德·阿德勒和西格蒙德·弗洛伊德、作家罗伯特·穆齐尔和弗朗茨·韦费尔,以及作曲家安东·冯·韦伯恩(Anton von Webern)。针对维也纳税收政策的辩论一定非常激烈,因为阿德勒和弗洛伊德只在极少数的事情上公开表达过一致的意见。

然而,在首都之外,很多富裕的奥地利人也和维也纳民众一样不满社会民主党的经济政策。几十年来,思想保守的地方民众一直对维也纳惴惴不安。对他们来说,这个讲多种语言的国际化首都十分陌生。经常去教堂的乡间民众把嘈杂的维也纳视作一处没有宗教信仰、腐朽甚至罪恶的所在。现在,战争结束后他们震惊地发现,自己仍然在间接地为社会民主党在维也纳的庞大项目支付代价,因为这座城市的高税收推高了奥地利境内几乎所有商品和服务的成本。

然而,对于这类批评,社会民主党的领导者们视而不见,相反却大谈他们所取得的社会成就。他们认为,与建设前所未见的公共服务体系相比,税收增加只是很小的代价。当然,在儿童指导与福利等领域,这些创新收获了全世界的赞誉。因此,早在1923年,管理学校的官员格洛克尔就因维也纳在教育上所取得的新成就而称赞其为现代麦加。5年后,格洛克尔将如同阿德勒那样兴奋地宣称:"今天,奥地利在文明国家中处于教育创新的前沿,维也纳可以称得上是'学校改革之城'。"

第10章
驰誉世界

> 今天用来解决紧迫（社会）问题的大多数方法……都过于陈旧，不堪使用。……个体心理学可能会发展成为国家和群体消除其集体自卑情结威胁的最强大的工具。
>
> ——阿尔弗雷德·阿德勒

到20世纪20年代中期，阿德勒已经日益成为中欧地区儿童心理学与家庭关系（family relations）领域的领军人物。例如，1925年，他应邀为一本论述婚姻的新文集撰写了其中的一个章节。这本《论婚姻》（*The Book of Marriage*）由著述颇丰的赫尔曼·冯·凯泽林（Hermann von Keyserling）伯爵编辑，最初以德文出版，转年被译为英文。其阵容豪华的作者名单中包括许多著名精神病医生和学者，比如哈夫洛克·埃利斯（Havelock Ellis）、卡尔·荣格、托马斯·曼（Thomas Mann）和拉宾德拉纳特·泰戈尔（Rabindranath Tagore）。有关性与婚姻的道德观正在快速改变，很多欧洲人和美国人都在质疑从一而终、一夫一妻的传统婚姻观念，这是前所未有的情形。

不过在这一方面，阿德勒却谈不上是革命者。尽管他承认，现今的婚姻生活往往不够幸福，但他感兴趣的却是提供建议来改善婚姻，而不是反对婚姻本身。在阿德勒看来，问题主要出在社会对待女性的态度上。太多丈夫贬损妻子，使后者对其劣等地位

人生的动力

日益不满。许是想到父母相伴41载，只因母亲离世才令这段婚姻完结，阿德勒才坚持认为，婚姻是"两个人的任务"，并且两人之间的协作和尊重越多，结果就越快乐，越幸福。阿德勒认为，一夫一妻制婚姻是社会兴趣最高、因而恐怕也最难达到的形式。

即使几年后前往美国，阿德勒也将继续主张这一观点。不同于当时许多有名的思想家，例如行为主义者约翰·华生和哲学家伯特兰·罗素，阿德勒从未暗示一夫一妻制已经过时，应当被一种更为幸福的新式成人关系所取代。对他来说，真正过时和错误的是男性的传统观念——在婚外性行为方面臭名昭著的双重标准，以及丈夫把妻子视为仆人或财产。现代婚姻强调两性的真正平等，它不需要其他替代形式。

从各方面来看，阿德勒做到了言行一致。尽管由于气质和世界观方面的差异，他与妻子最终分开了几年，但没有证据表明，他曾对赖莎不忠，他甚至没有对其他女性表示过爱慕之情。作为一名成功人士，阿德勒显然过于不解风情，以至他在欧洲的朋友们日后不得不站出来证明他不是同性恋。

阿德勒夫妇摄于这一时期的一张罕见的正式照片中显示，站立着的阿德勒一脸自豪，带着一丝得意，甚至沾沾自喜的微笑，似在回味一段快乐的过往。而赖莎则拘谨地坐在他身旁，紧张地注视着镜头。

令人不解的是，阿德勒婚姻中的不快并没有减损他对这一婚姻形式的钟爱。虽然在他60岁前后几年的大部分时间里，他都独自过着显然是禁欲者的生活，但他仍旧推崇一夫一妻制婚姻。中年赖莎写给成年孩子的信中显示，她是一位对孩子关怀备至的母亲。尽管她一直是一名坚定的托洛茨基派革命者，但是，像"你身体好吗？""一定要穿暖和点""你有没有好好吃饭？"之类的表达一直出现在她与亚历山德拉、瓦伦丁、库尔特和科尔内莉娅的通信中，甚至一直持续到他们三十多岁。当科尔内莉娅的婚姻出现危机时（最后将以离婚告终），赖莎还劝告女儿不要怨恨对方。由于阿德勒与家人的通信在语气方面也同样饱含牵挂，所以两人对子女的爱或许有助于维护他们之间的感情。

在奥地利，大多数社会民主党人都接受阿德勒关于一夫一妻制的主张。与阿德勒类似，社会民主党的领导者一般都成长于维多利亚时代维也纳的中产阶级家庭。同样与阿德勒类似的是，许多领导者来自传统上崇尚忠于婚姻的犹太家庭。尽管这类社会民主党人可能会在言辞上呼吁推翻资本主义，但他们在性道德上却十分保守，并且对弗洛伊德的性欲理论充满警惕。私下里，像维也纳卫生与福利部长坦德勒这样的政党人物很可能喜欢情妇的陪伴，但在公开场合，他们绝不会抨击传统道德，或是如日后的赖希那样鼓吹性解放社会。

如同一位奥地利历史学家所言："社会主义改革者们几乎没有把性视作快乐的源泉，视作日常生活的正常且重要的组成部分。'纯粹'的性是尴尬的，只能隐晦地谈及。在其党派出版物中，性主要诉诸道德控制，而女性和年轻人是关注重点。"

社会主义小说家约翰·弗雷希（Johann Frech）在奥地利拥有众多读者。他在几本论述婚姻的小册子里颂扬了女性的贞洁，同时抨击了婚前性行为。虽然没有证据显示阿德勒与弗雷希交好，但他们确实都强调忠于婚姻，并推崇一夫一妻制。不过，谈到另一个重要的社会问题——堕胎，阿德勒的立场就要比其他社会民主党人激进多了。

当时，奥地利有一项严格的反堕胎法，即国家刑法第144条。即便企图堕胎也可被判六个月至一年的监禁。如果堕胎成功，堕胎者可被判处1~5年的刑期，相关的助产士和医生也会受到同样的处罚。然而，由于学校性教育和廉价、可得的避孕工具的缺失（此两者都是天主教会大力反对的结果），堕胎仍然是奥地利工人阶级常见的避孕方式。当时有研究者估计，妊娠终止约占两到四成。于是，法律也会宽大处理，缩短或取消相应的刑期。

在这一法律背景下，社会民主党对堕胎问题持有一系列模棱两可的立场。1920年，社会民主党全国妇女成员大会要求修订刑法第144条，以便允许孕妇在孕期前3个月里堕胎。然而，凭借对议会的操纵，基督教社会党阻止了针对这一问题的正式辩论。在随后几年中，社会民主党虽然支持在孕期前3个月里堕胎的做法，但其领导者并未大力推动这一问题的解决。

在接下来的1924年5月，社会民主党的医生成员召开了关于堕胎与人口政治的会议。与会者赞同了尤利乌斯·坦德勒的保守立场。他表示，生殖最终要由社会，而非某一名女性来控制，所以任何情况下都不应在外部要求下实施堕胎。坦德勒提出了一种折中的复杂安排，由专家小组根据具体情况决定是否堕胎，小组成员包括一名法官、一名医生、生产孕妇、一名代表胎儿的律师和一名社会代表。

坦德勒的建议从未被纳入社会民主党的纲领，但它在改革派中引发了大量讨论。1925年，阿德勒感到有必要公开讨论这一问题，于是就在他的《国际个体心理学杂志》（International Journal for Individual Psychology）上发表了一篇文章。"在审视反堕胎法时，"他开门见山地表示，"我们发现，只有从个体心理学的视角出发，问题的所有方面及其相对重要性才能清晰显现"。

起初，阿德勒表示，赞成堕胎者的许多争辩其实并不成立。例如，他从自己27年的从医经历中发现，只要孩子一出生，很多因计划外怀孕而犹豫不决的年轻女性就会安下心来，喜迎宝贝的降生。阿德勒也表示，许多计划外怀孕的孩子发育得很好，并且能够对早期的不利因素做出很好的补偿。

不过，阿德勒认为问题的本质并不在这里。他夸张地问道："你应该违背女性的意志，强迫……根本不想要孩子的她把孩子生下来吗？对立法者来说，只要孩子一出生，问题就解决了。然而我们要知道，孩子出生后，问题只是刚刚开始，因为孩子的母亲会怎样对待她的孩子呢？"阿德勒强调，他反对将不想要的婴儿带到这个世界上。他总结道："如果只为这些孩子考虑，我就要坦白告诉所有女性：'如果你不想要，那就没必要生。'……与这一点相比，其他的所有考虑都是次要的。因为，只有想要孩子的女性才能成为好母亲。"

阿德勒对堕胎的立场过于激进，以至社会民主党的领导者也不敢表示支持。事实上，该文发表一年后，社会民主党在林茨（Linz）召开了党内会议，代表们甚至没有支持坦德勒更为保守的立场，只建议在极少数情况下在公立医院实施堕胎：一是母亲的健康受到威胁，二是新生儿畸形，三是经济困难。在奥地利第一共和国随后的十余年里，社会民主党从未超越林茨会议的立场。

讽刺的是，在1920年代，一些马克思主义兼女权主义活动者联手种族主义者和反犹太主义者（如纳粹分子），以优生学为依据支持堕胎。他们认为："生物学意义上的不健康"对社会构成了负担和威胁，应该通过……堕胎而"淘汰"。这些女权主义者中有阿德勒长年的医生同事玛格丽特·希尔弗丁，她是加入弗氏精神分析协会的第一名女性。她的丈夫鲁道夫·希尔弗丁是社会民主党人中一位著名的马克思主义理论家。在1926年出版的《生育控制》（*Birth Control*）一书中，希尔弗丁转载了阿德勒关于堕胎问题的文章。然而，无论在奥地利还是在后来的美国，阿德勒都再未公开触碰这一话题。或许，他担心这么做会激起保守势力对个体心理学的反对。因为，虽然他与医生艾拉·怀尔（Ira Wile）等美国最重要的生育控制倡导者相处融洽，但阿德勒并未公开支持有关这一争议性话题的任何立场。

1925年，阿德勒不断发展的个体心理学运动经历了自战前许久以来最严重的一次分裂。阿德勒的很多密友早就知道迟早要发生这样的事。但是，由于阿德勒和蔼而包容的态度，冲突并没有发生，直到为时已晚。从本质上讲，这次冲突源自两个派别间长期的紧张关系，一派是倾向于马克思主义的青年崇拜者，一派是个体心理学会中存在保守倾向的年长的医生同仁。

正如几名知情者在近十五年后所回忆的那样，此次分裂的导火索是奥斯瓦尔德·施瓦茨（Oswald Schwarz）当时出版的一本有关精神病理学的作品。奥斯瓦尔德·施瓦茨是一位受人尊敬的医生，同时也是阿德勒个体心理学会的成员。学会中的一些年轻人装作礼貌地请求施瓦茨在下一次讨论会上介绍他的新作，而当他欣然照做时，却发现自己突然被一群颇有政治头脑的年轻人指责为反动派。施瓦茨为自己辩护，并且严厉批评了由马内斯·施佩贝尔和维克多·弗兰克尔（Viktor Frankl）为首的年轻派。随后，精神病医生鲁道夫·阿勒斯（Rudolf Allers）拿着事先写就的发言稿读了起来，也加入了对年轻派的批判。这时，20岁的施佩贝尔突然愤怒起身，把阿勒斯的发言稿撕了个粉碎。

面对施佩贝尔的粗暴行径，阿勒斯表现得非常镇定，他只是转向阿德勒，想找他讨个公道。然而，令整个学会都感到震惊和不解的是，阿德勒站起来说："但这个男孩或许是对的！"接着又突然坐了下去，再未说一句话。经过一段紧张而漫长的寂静，阿勒斯、施瓦茨和几个同情他们的同事走了出去，再也没有返回。尽管奥本海姆和韦克斯伯格等几位备受尊敬的学者仍然继续在阿德勒的期刊上发表文章，但他们再也体会不到他们与阿德勒的亲密无间了。近十五年后，奥本海姆痛苦地，或许还有点自以为是地表示："他为一只小青蛙，一个什么都不是的人抛弃了我们！阿德勒忘了我们的力量有多大，我们既可以推动，也可以阻碍个体心理学的传播。"

是什么让阿德勒以这样一种方式疏远了一部分最有影响力的

同事？莫非，他在无意识中与面对保守而顽固的大多数奋力表达自己观点的、充满理想主义的年轻异议者施佩贝尔产生了共鸣？毕竟，15年前，阿德勒也曾痛苦地发现自己受困于由弗洛伊德的支持者们所把持的维也纳精神分析协会。此情此景，何其相似。同样显而易见的是，阿德勒长期以来确实对施佩贝尔这只"小青蛙"产生了特殊的感情，后者在有意或无意间扮演了"慈父"阿德勒的听话孩子。巧的是，施佩贝尔刚好与阿德勒唯一的儿子库尔特一般大。当时，库尔特的职业路径似乎正在偏离心理学。几十年后，库尔特用一句话回忆道："那些年我向来不怎么信任施佩贝尔。"学会内部分裂后不久，阿德勒决定进一步推广个体心理学，以便让它受到更多人的欢迎，而不仅仅指向狭窄的医学心理学研究。于是，他开始在人民学院开展为期一个月的家庭访谈演示，并开始对《个体心理学杂志》的编辑人员做出重大调整。

虽然阿德勒可能暂时加强了其维也纳支持者中倾向马克思主义的一派，但他这么做的动机更多源自个性冲突，而非国际政治的影响。因为从1925年往回看，阿德勒似乎一直在远离马克思主义，甚至也一直在远离本已联系不多的社会民主党。他写给社会民主党党报《工人报》的最后一篇文章也将在那一年发表。更重要的是，听过有名的社会主义哲学家马克斯·阿德勒（与阿尔弗雷德·阿德勒或维克多·阿德勒均无亲缘关系）在个体心理学会的演讲后，阿尔弗雷德·阿德勒发现他有必要在《国际个体心理学杂志》上撰写一篇批判性质的回应文章。

马克斯·阿德勒深受奥地利马克思主义者的喜爱。1873年，他出生在维也纳的一个犹太家庭。23年后，他在大学获得法律博士学位，随后开始从事法律工作。在1904~1922年间，身为学者而非政治家的马克斯·阿德勒编辑了一本马克思主义期刊，同时为奥托·鲍尔（Otto Bauer）的《战斗》（*Der Kampf*）杂志撰写了许多文章。1907年，马克斯·阿德勒与几位重要的社会民主党人共同创建了维也纳社会学会,其中包括鲁道夫·艾斯勒（Rudolf Eisler）和卡尔·伦纳。由于社会民主党在战后风生水起,马克斯·阿德勒在议会中做了几年议员。但是,与从政相比,他发现自己更喜欢做研究。从1920年起,他一直是维也纳大学最有名的社会学教授。

1904年,马克斯·阿德勒出版了他的第一部重要著作,呼吁建立关注人类态度和价值观的社会学。在后来的著作中,他驳斥了列宁等布尔什维克成员的历史唯物主义,指责他们搞宿命论,只把个体看作各种经济力量摆弄下的玩偶。在马克斯·阿德勒看来,列宁篡改了马克思的理论,把他的哲学等同为唯物主义。然而,到1920年代中期,马克斯·阿德勒也开始提倡无产阶级专政。不过,他这么做不是为斯大林辩护,而是在宣扬一种更倾向于个人主义的社会主义新公民。

尽管我们不知道马克斯·阿德勒在阿德勒的支持者面前讲了什么,但他似乎对他们的心理学运动持批评态度。在他看来,个体心理学似乎患有政治幼稚病,而且太过实际,缺乏社会主义理论的坚实基础。因此,阿尔弗雷德·阿德勒写文章为自己辩护,不承认个体心理学仅仅是实用性的民间智慧（这一指责将在欧洲和美国持续存在很多年）。"我们坚持'诚实为上'的简单道德准则,"他宣称,"我们认为'给予胜于索取!'而且,尽管这听起来可能不是什么乐事……但我们认为这些看法是正确的。在我们看来,个体心理学能够强化、确立,并且可以（而且往往一定能够）帮助解释人类道德中那些恒久不变的东西。"

阿尔弗雷德·阿德勒继续强烈否认,他的心理学运动不是追求实用性的权宜之计。他表示:"精神标准的提高（以及有名言说:做一个有用的人）可见于所有伟大的成就。个体心理学试图激发这一往往出自直觉且善于创造的力量（弗洛伊德会称之为无意识）,让它发挥更大的作用。面对这一任务,我们不是要知识阶层制造新式武器,而是要他们服务大众。如果这一知识阶层希望消除这世上的神经症，提升个体与社会的意识，他们就必须投入全部知识与力量。这需要医生、教育者、父母和校方共同努力。"

最后，阿德勒对社会主义理论表示了赞扬。"我发现马克思的研究非常有价值。他的工作旨在关注连续性与背景，其他人很少这样做。我同意，马克思的思想源自极其强烈的社会兴趣，也能激发同样强烈的社会兴趣。我必须进一步强调，回头看去，马克思的科学成就（以及在其他领域的成就）对个体心理学有十分精彩的启示。"然而随后，阿德勒也以必将令多数社会民主党人（当然还有布尔什维克主义者）不快的论调补充道，"当然，我们也不应忘记，其他领域也做出了同样的贡献，特别是诗歌与宗教。"

与阿德勒一贯的调和做法相一致，他以乐观的笔调结束了他的这篇短文："马克斯·阿德勒很久以前就认识并描述了社会倾向在人类行为中的重要性，这是对个体心理学的有益发展与补充。我们努力了解并公平认可所有先驱的贡献。与所有志同道合者联合是我们最重要的工作。但愿时间会对制造麻烦和反对我们的人作出审判。"

1925年，阿德勒的第二部选集《个体心理学实践与理论》首次面向英语读者发行。该书最初在英国出版，第二年又出了美国版。此时，阿德勒在心理学方面的开创性工作不仅引起了专业人士的广泛关注，同时也开始吸引大众的目光。因此，阿德勒于1925年9月首次接受了《纽约时报》（*New York Times*）的专访，该文题为《自卑感是我们的大敌》（Inferiority Sense Held to be Our Chief Enemy）。这篇文章还有一个副标题——《"个体心理学"创始人阿德勒博士称，战争与爱情问题可通过制服此敌来解决——来自与弗洛伊德不同的看法》。

人生的动力

在这篇文章中，《纽约时报》描述了"新心理学"对美国和欧洲文化产生的巨大影响。然后，文章借用新教与天主教的关系这样解释道："这一新心灵科学的重要学派之一是个体心理学，它由维也纳学者、神经学家阿尔弗雷德·阿德勒博士创立。外行人有时会犯这样的错误，把个人心理学仅仅看作弗洛伊德精神分析学的一个分支，就像把新教视作天主教的分支一样。"

《纽约时报》主要关注的是，阿德勒的个体心理学是否可以用来解决社会与政治问题。当然，阿德勒肯定地回答说，所有人际关系都受两个因素影响，一是自卑情结，二是社会兴趣。阿德勒回顾了他发表于1919年的题为《另一面》（The Other Side）的文章，表示他已经"说明几个金融大国的帝国主义倾向"如何加强了欧洲民众的自卑感。"谋杀了奥地利皇储的年轻人……随后强烈要求用战争来解决问题的民众，以及接受把战争用作解决方案的更多民众，都是……对自身不满的个体。"

随后，阿德勒以一种几乎不打算从政治左翼赢得支持者的方式补充道："在我们这个时代的经济动荡中，仇恨的动机展现得最为明显。参与阶级斗争的民众由这样一些个体组成，他们对内在与外在生活平衡的追求遭遇挫折。……这些群体运动使个体产生了更多的不安，并且总是朝向运动的破坏性目标迈出坚定而决绝的脚步。"

阿德勒描述了个体心理学如何把对权力的渴望视作内心深处自卑感的反映。然后，他肯定了其理论在儿童发展和政治心理学等诸多领域中的价值，他几乎是带着救世主的口吻讲述道："今天用来解决个人或群体生活中紧迫问题的方法大多已过时或效果不佳。这些方法主要依赖刺激民族与宗教情绪，结果导致压制、迫害和战争。"

"个体心理学可以凝聚群体所固有的潜在的善的力量，就像个体心理学已经凝聚了个体的这一潜在力量一样。战争、民族仇恨和阶级斗争这些人类最大的敌人，都源于人们意图逃避或补偿他们的强烈自卑。个体心理学能帮个体治愈这一自卑的负面影响，它可能发展成为……消除国家与群体的集体自卑情结之威胁的利器。"

━━━

考虑到阿德勒如此迫不及待地将自卑情结的标签贴于个人、社会群体乃至整个国家，我们或许就可以理解，当别人把他与弗洛伊德联系在一起时，他为何会变得怒不可遏。几十年后，他的年轻追随者马内斯·施佩贝尔回忆道，在1920年代中期，"我认为，弗洛伊德及其追随者在二人决裂前几个月给他造成的伤害仍然影响着他们之间的关系，好像这些伤害刚刚发生一样。……在我们的谈话中，他一再回忆起那些阴谋、攻击、故意的误解和阴险的指责。我听得津津有味。这时通常都很晚了，我们离开西勒咖啡馆（Café Siller）已经一个钟头了。"

另外，施佩贝尔也表示："在我眼里，他是一个好老师。而且在那些年里，我对自己说过，我接下来的一辈子都要感谢他。然而，我不久后就怀疑，我是否总能这么做。因为，他有时会当着我的面贬损甚至恶毒攻击他突然不再信任的朋友或追随者。在这种时候，他根本听不进我为对方说哪怕一句话（只因对方偏离了个体心理学）。然后，他会像突然变了一个人一样，狠狠地瞪着我，让我觉得既恐惧又陌生。"此外，阿德勒的其他年轻同事也有类似的回忆——当感到自己的权威在某个重要的问题上受到挑战时，平时和蔼而关心他人的阿德勒会突然勃然大怒。

阿德勒和施佩贝尔经常一边喝着黑啤酒，一边在维也纳历史最悠久的餐厅——希腊小酒馆（Griechenbeisl）或夜间营业的咖啡馆聊到深夜。最终，施佩贝尔搜集到了足够的材料，写了一本有关阿德勒的简短传记，并于1926年7月出版。这本传记用德语写成，名为《阿德勒——其人与其工作》（Alfred Adler: The Man and His Work），今天已鲜有人知。这本小书从未被重印或翻译成英文，但它是关于阿德勒最早的传记作品之一。

由于书中颇多溢美之词，并且包含阿德勒的许多回忆，施佩贝尔期待这本书能够在个体心理学会成员当中引发热烈的反响。然而，并非所有人都乐见该书的出版。"我太笨了，很久后才发现，"施佩贝尔回忆道，"我的小书给我在阿德勒的支持者中树立了很多小心隐藏、因而也愈发凶险的敌手，特别是阿德勒的一些早期合作者。我完全不知道，他们会把我没有在书中提及他们视作一种侮辱。"

尽管施佩贝尔从未明确指出这本书冒犯了谁，但这并不难猜，书中完全没有提及卡尔·菲尔特米勒、亚历山大·诺伊尔和埃尔温·韦克斯伯格等阿德勒多年的密友。几十年后，施佩贝尔将在《孤独假面》（Masks of Loneliness）等回忆录中隐晦地指责，这些人蛊惑阿德勒反对他以及他后来从事的共产主义活动。然而，我们将在第19章中见到，历史证据并不支持施佩贝尔的判断。

事实上，1926年冬，阿德勒已经开始栽培另一名充满理想与活力的青年追随者——沃尔特·贝兰·沃尔夫（Walter Beran Wolfe），他注定将成为阿德勒一位极其得力的助手。沃尔夫26岁，是一名奥地利血统的美国精神病医生。此前，他特意来到维也纳向阿德勒求教。作为一名聪慧的常春藤大学毕业生，沃尔夫肯定立即得到了阿德勒的赏识，因为他很快就成了维也纳个体心理学会的第一位美国会员。更重要的是，他还受托担任了阿德勒国际期刊的副主编。此外，阿德勒还选择沃尔夫为英语读者编辑与翻译他即将出版的大众图书——《理解人性》（Understanding Human Nature）。

受到国际社会对其工作日益关注的鼓舞，当年初秋，阿德勒开始准备赴英美两国巡回演讲。由于英语不流利,他先自学了几周,提高熟练度,然后才在11月初登上了前往伦敦的客轮。

━━━

访英期间(这是他第二次访问英国),阿德勒兴奋地发现,面向儿童的心理服务终于开始有所进展。前一年,即1925年,一位伦敦地方法官访问了美国的几家儿童指导诊所,那里兼有医生与教育工作者的多学科协作给她留下了深刻的印象。于是,她在伦敦组建了一个专业小组,以期推动类似项目在整个英国的建立,其积极推动者之一便是心理学家西里尔·伯特(Cyril Burt),他在新作《少年犯》(*The Young Deinquent*)中就主张建立这样的诊所。

除向医生宣传个体心理学之外,阿德勒还想在伦敦建立其学会的非专业分会。抵英后不久,阿德勒认识了一位名叫迪米特里耶·米特里诺维奇(Dimitrije Mitrinovic)的塞尔维亚哲学家。对方年近四十,十分健谈,并且在伦敦布卢姆斯伯里(Bloomsbury)地区的艺术家和知识分子圈子里拥有众多的追随者。两人谈了好几个小时,米特里诺维奇的多彩生活让阿德勒着了迷。

1887年,米特里诺维奇出生于黑塞哥维那,是10个孩子中最大的一个。十几岁时,怀抱强烈民族主义情感的他秘密建立了一家图书馆,以此来反抗奥匈帝国的压迫。在奥匈帝国占领波斯尼亚和黑塞哥维那期间,米特里诺维奇与另外3人共同成立了一个他们称为"工作"(Rad)的秘密社团,进行反抗活动。该组织的宗旨是在文化上塑造南斯拉夫人的民族主义世界观。借此,米特里诺维奇迅速成了"青年波斯尼亚人"(Young Bosnian)运动的领导者。18岁时,米特里诺维奇又因发表一系列诗歌和评论文章而更加名声大噪。刊登这些诗歌和文章的不仅有塞尔维亚的多家名刊，也有奥地利控制下的波斯尼亚、克罗地亚和斯洛文尼亚等地的刊物。

1914年，米特里诺维奇进入慕尼黑大学学习艺术史。在那里，他结识了表现主义艺术家瓦西里·康定斯基（Wassily Kandinsky）和他的青骑士①（Blaue Reiter）艺术家成员。在欧洲民间传说、神话和民族主义思想的影响下，此时的米特里诺维奇已经成为了激进文化变革的狂热倡导者。那年早些时候，他在慕尼黑大学的大厅（Great Hall）做了一场公开演讲，题目是"康定斯基与新艺术——横扫未来"。

与此同时，巴尔干地区的政治局势日趋紧张。塞尔维亚民族主义者大致分为两个政治派别，一派主张通过暴力革命摆脱奥匈帝国统治，另一派主张和平变革。米特里诺维奇被认为是后者的领袖之一，因为从政治观来看，他是倾向于自由主义的泛欧主义者。

后来，奥地利的斐迪南大公夫妇在萨拉热窝遭到刺杀。由于忌惮奥地利警察和自己曾经反对过的塞尔维亚恐怖分子，米特里诺维奇逃往英国，并且受到了那里的塞尔维亚使馆的礼遇。到1915年初，他已经在用英语发表作品和演讲，并很快结交了伦敦的前卫艺术家和知识分子，比如阿尔弗雷德·理查德·欧雷吉（A. R. Orage）和后来的菲利普·梅雷（Philip Mairet），他们都是《新时代》（*New Age*）和《新英语周刊》（*The New English Weekly*）等反传统文化政治刊物的著名编辑。在战争结束时，米特里诺维奇的愿望已经从建立南斯拉夫国转向了更为广阔的领域——欧洲和整个世界。在1920年代，他涉足的领域有形而上学、哲学、心理学和泛欧激进主义。

虽然米特里诺维奇的著作往往晦涩难懂，但他辩论起来却十分吸引人。阿德勒对他印象深刻不仅是因为他致力于以"新心理学"为基础推动社会变革，而且很可能还因为他确实聪慧过人。

---

① 又译"蓝骑士"。——译者注

总之，米特里诺维奇很快就被任命为了新组建的国际个体心理学会伦敦分会的负责人。编辑菲利普·梅雷和几位青年文人学士也积极投入了其中。此外，喜爱阿德勒心理学的医生们也单独成立了自己的群体，其中为首的便是备受尊敬的精神病医生弗朗西斯·格雷厄姆·克鲁克香克（Francis Graham Crookshank）。

11月9日，看起来心情不错的阿德勒用英语写信给赖莎："我昨天做了两场讲座，即兴发言，没有准备，听众掌声特别热烈。我必须留在格罗夫纳酒店（Grosvenor Hotel）。当然，这里很贵。牛津和剑桥也邀请了我。这封信里都是好消息。我希望你们都身体健康，并想念我。"

然而，阿德勒却对随后的美国之行感到担忧。在伦敦的最后一晚，他做了一个噩梦。他按计划乘船航行，船却突然倾覆并下沉。他所有的财产都在船上，被汹涌的海浪尽数毁坏。他也落入海中，被迫游泳逃生。他独自一人在波涛汹涌的海浪里挣扎。最后，凭借坚定的意志和决心，他终于安全上岸。

第二天，阿德勒在南安普敦码头上登上了轮船，开始了他的第一次越洋航行。对他来说，这个梦并不难理解。带着些许的惶恐，56岁的阿德勒已经做好了开启他生命中下一个重大阶段的准备。

第 2 篇

美国像一片海洋。在这一国度，人的发展拥有无限的可能性，但也有更大的困难要克服。成就的诱惑非常强烈，但竞争也十分激烈。在欧洲，人们仍旧在浴缸里游泳。生活是受限的，机会是缺乏的，对心理学知识的需求也有限。

——阿尔弗雷德·阿德勒

第11章
社会巨变中的新世界

> 人类从未像近几代人这样，在社会与宗教约束之外苦苦挣扎。……追求轰动的报纸从新的生活方式里寻觅头版头条的素材。……人们会行动，随后新的准则也会产生。但是在这中间，他们急需指引与阐释。
>
> ——弗蕾达·柯奇韦，《我们变迁中的道德》

如果阿德勒在首次赴美前夕少见地出现了自我怀疑和焦虑的话，那么这也完全可以理解。虽然他一向自认是演说高手，但要换用口音浓重的蹩脚英语，他还是很难充满信心的。而且，虽然至少会有一些赞同他的同行和支持者去参加他的演讲，但总体来说，他将独自面对为期4个月的访问。不过，使阿德勒更为焦虑的或许是，美国在很多方面都与他的家乡奥地利迥然有别。

当然，美国太大了，那种感受完全不同于他维也纳的生活和中欧的旅行。与美国相比，他的祖国在国土和人口方面简直不值一提。整个奥地利的国土面积只有美国伊利诺伊州的一半，大致相当于新英格兰地区缅因州的大小。美国是一个多民族国家，其所拥有的1.15亿人口是奥地利人口的二十多倍。

在经济上，阿德勒的祖国只是最近才勉强开始从战争中的惨败和随后的恶性通货膨胀中缓过劲来，许多民众一生的积蓄都已毁于一旦。全国的就业率仍旧远未恢复，而且似乎很难有大的改观。正如阿德勒所熟知的那样，此时的美国正处于前所未有的经济繁荣周期。兜里揣满美元的美国人喜欢到维也纳就医和接受教育，而阿德勒与其宿敌弗洛伊德也一直受惠于他们的到来。

不过，美国的经济发展也引发了意义重大的社会变革，进而形成了宽松的舆论氛围，于是民众比较容易接受阿德勒所确信的关于如何调适自身以实现理想生活的建议。由于每周工作时长稳步下降，千百万民众的休闲时间也逐步增多。即便在不久前的1890年代，就算是企业的高级管理者也没有带薪假期。除去圣诞和国庆等少数法定假日，所有人都是一周工作6天。然而，到了1920年代，长达一周或两周的带薪假期已经在白领中日益常见。在1900~1930年间，工作时长将下降15%。每天工作12小时，每周工作6天的情形已经成为历史。取而代之的是，民众大多每天工作10小时，每周工作五天半。大多数美国人都在周六下午做家务，从而把周日完全用于休闲。据估计，从全美范围来看，新增休闲时间的总量已达每周20亿小时，这势必会对社会产生巨大影响。由于体量庞大的度假产业横空出世，全美经济都大受其益。

从文化上讲，大多数美国人都将新近获得的闲暇时间用于娱乐与兴趣爱好，而非宗教与自我提升。1924年，美国出现了麻将热，第二年又出现填字游戏热，让西蒙和舒斯特两伙伴一夜暴富。同年，现代桥牌出现，并很快风靡全美。

虽然大多数美国人都不是书虫，但1920年代的繁荣却催生出很多出版企业，每年出版新书的数量也稳步增长。阿德勒在美国的主要出版商即成立于这一时期。而且，就在他首次赴美巡回演讲那年，每月一书俱乐部（Book-of-the-Month Club）和文学公会（Literary Guild）也相继成立。在图书市场，弗朗西斯·斯科特·菲茨杰拉德（F. Scott Fitzgerald）、欧内斯特·海明威（Ernest Hemingway）和辛克莱·刘易斯（Sinclair Lewis）等著名小说家表现不俗。不过在两年半里，最畅销的图书是《饮食与健康》（Diet and Health）。布鲁斯·巴顿（Bruce Barton）的《无人知晓的耶稣》（The Man Nobody Knows）将耶稣基督描绘成一个精明的商人和自我推销者，这本书在销量上几乎匹敌刘易斯风靡欧美的名作《大街》（Main Street）。

然而，制度性宗教显然成了牺牲品。一般来说，神职人员所享有的尊重已不比战前。参与宗教活动的人数大幅下降，新加入教会和主日学校的人数也跟不上美国人口增长的步伐。在大多数地区，经常去教堂或犹太会堂的美国人不到60%。在西部，这一数字甚至接近25%。虽然南方的原教旨主义有所复兴，但宗教对大多数美国年轻人并没有什么吸引力。

与制度性宗教的衰落相并行的是，从20年代初至20年代中期，民众在婚姻、爱情和性方面的社会价值观发生了巨大转变。对于造成这一剧变的确切原因，美国文化史学家一直争论不休。第一次世界大战至少是原因之一。美国将200万名男性和担任护士与文职人员的为数不少的女性派往欧洲。在那里，他们亲眼看到了截然不同的社会习俗。在法国，妓院是合法的，民众认为这是理所当然的事。他们对婚前和婚外性行为的态度也相当随意，这令在巴黎等欧洲城市休假的众多美国士兵大为吃惊。

除让许多美国青年亲身感受欧洲道德观之外，第一次世界大战及其导致的巨大痛苦也激起了他们对传统价值观的幻灭感。早在1930年，历史学家弗雷德里克·刘易斯·艾伦（Frederick Lewis Allen）就写道，特别对驻扎在法国的美国人来说，"传统的限制和禁忌已经自然而然地大面积崩溃。当炼狱结束，这代人返回美国时，他们已经不可能再像原来一样。……他们发现，人们希望他们安于平淡的美国式生活，好像什么都没发生过一样，希望他们接受像是生活在玫瑰色世界的老一辈的道德标准。而对他们来说，这一玫瑰色的世界已经被战争碾了个粉碎。他们做不到，而且他们也毫不客气地如此表示"。

在美国，性道德变迁的另一个原因是，未婚的青少年和年轻人使用私人汽车越来越多。林德夫妇（Lynds）在他们著名的"中镇研究"中发现，拥有汽车不仅能为渴望给同龄人留下深刻印象的高中生带来声望，还能让他们在成年人的监督下获得前所未有的自由。在汽车问世前，年轻人更常与很多人一起参加社区舞会、野餐或溜冰派对。现在，在许多小城镇，他们第一次能够方便地出双入对。

整个1920年代，汽车变成了"便携起居室，可用于就餐、饮酒、吸烟、聊天和性爱"。在中镇被控"性犯罪"的30名年轻女性中，19人被指在车内犯罪。有少年法庭法官说，汽车已经成了"轮子上的妓院"。

当然，美国性观念自由化的另一个原因是好莱坞。在电影业建立之初，经营者就发现，女性和男性一样喜欢观看精致场景中的魅力明星。虽然电影通常包含西部片、史诗片和喜剧片，但最诱人的广告往往强调"才华横溢的男性、美丽动人的爵士宝贝、香槟浴、午夜狂欢和紫色黎明的爱抚派对（最后都以令人血脉偾张的高潮收场）"。另一部电影则宣扬其"车震、靓妞、爱抚、亲吻、春心荡漾的女儿、渴望激情的母亲……事实是——手法粗糙、毫无忌讳、夸张露骨"。

不奇怪的是，很多社会观察家都指责好莱坞在年轻人当中宣扬不敬行为与享乐主义。这一批评由来已久。直到1913年，教堂方圆60米内仍旧不得设立电影院。但一战过后，在涉及喜剧演员"胖子"罗斯科·阿巴克尔（Roscoe Arbuckle）性丑闻的大量报道影响下，民众对好莱坞电影内容的批评变得愈发强烈。这位周薪五千美元的喜剧演员被指在酒店房间杀害女演员兼模特弗吉尼亚·拉佩（Viginia Rappe）。经过3次审理，他最终被判无罪。同年，家喻户晓的男演员华莱士·里德（Wallace Reid）被曝吸毒和酗酒，于是引爆了好莱坞的另一桩大丑闻。这一同时涉及性、自杀和麻醉剂的丑闻涉及了诸如梅布尔·诺曼（Mabel Norman）和玛丽·皮克福德（Mary Pickford）等著名女演员，惹得一众报纸头版报道。为了避免可能出现的公众抵制和政府干预，好莱坞的巨头们新设了"道德办公室"，并聘请威尔·海斯（Will Hays）担任主管。作为沃伦·哈定（Warren Harding）总统的内阁成员和长老会元老，海斯拥有巨大的政治影响力。他明白，他的主要职责是公关而不是决策。在这一方面，他确实发挥了巨大作用。

"在教育和道德塑造方面，电影所可能发挥的作用是没有止境的，"海斯如此宣扬道，"因此，我们必须保护电影的道德纯洁性，就像我们保护儿童和教会的道德纯洁性一样；必须提高电影的品质，就像我们提高学校的品质一样。……对于那个神圣之物，孩子的心灵，对于那个未被玷污的纯洁之物，电影工业必须具备最优秀的牧师和教师所应当具备的责任心，像他们那样关心自身对孩子心灵的影响。"

尽管有如此高调的保证，但几乎所有敏锐的观察家很快就意识到，美国人在婚姻和性方面的价值观正在发生改变。早在1925年，编辑弗蕾达·柯奇韦（Freda Kirchwey）就在其名为《我们变迁中的道德》（Our Changing Morality）的文集中恰当地指出："人们都在无视旧规则，他们依据混乱、矛盾的准则彼此交往。幼时的训诫与关系的残存影响、习俗的约制、友人的行为、自身的品味与欲望、规则外的奇思异想——所有这些都在争先恐后地填补当'对与错'最终像流亡的专制君主一样成为一种名存实亡的空洞存在之后所遗留的空缺。……关于性的文章已经有很多，但远未形成定论。从很大程度上说，新的结论将在新的生活中产生。人们会行动，继而形成新的道德准则。"

柯奇韦保守地认为，作家或知识分子对社会价值的影响非常有限，不过持这一看法的人恐怕并不多。在接下来的几年里，美国社会将充斥大谈民众该如何更好地看待变迁中的婚姻与性道德的杂志文章、访谈和书籍。今天，有些人错误地认为，民众对这类话题的关注始于在越战中成年的那代人。可实际上，仅仅浏览1920年代中后期的文章和书籍标题，他们就会觉得受不了。

即便是美国最主流的刊物——如《好管家》（*Good Housekeeping*）、《论坛》（*Forum*）、《哈珀月刊》（*Harper's*）、《文学文摘》（*Literary Digest*）、《展望与独立周刊》（*Outlook and Independent*）——也对婚姻与性这两个话题给予了极大的关注。有些文章重在分析或哲学探讨，如《婚姻的破裂》（The Breakdown of Marriage）、《现代婚姻乱象》（The Chaos of Modern Marriage）、《社会嘲笑婚姻吗？》（Does Society Mock at Marriage?）、《今天和未来的婚姻》（Marriage Today and Tomorrow）和《我们变迁中的一夫一妻制》（Our Changing Monogamy）等。另一些杂志文章试图为读者提供特别的建议，比如《婚姻的基督教理想》（The Christian Ideal of Marriage）、《婚姻的职责》（The Job of Being Married）、《模范婚姻》（Model Marriages）、《假如你的结婚戒指是一枚魔戒》（If Your Wedding Ring Were a Wishing Ring）、《你能结婚并自由吗？》（Can You Be Married and Free?）、《幸福婚姻的秘密》（The Secret of Being Happily Married）和《如何得到你爱的他？》（How Can You Hold the Man You Love?）。还有一些杂志文章属于自白式叙述。尽管以今天的标准来衡量，这种自白非常有限。这样的文章有《如何改造我的妻子》（How I Would Make My Wife Over）、《我宁愿结婚也不单身》（I Would Rather Be Married than Single）、《我有这世上最好的丈夫》（I Have the World's Best Husband）、《这就是婚姻》（So This is Marriage）和《我嫁错了人》（I Married the Wrong Man）。正如以上标题所暗示的那样，这些自白式文章大多面向女性读者，通常发表在女性畅销杂志上。在同一时期，关于这两个热门话题的畅销图书有《婚姻的破产》（*The Bankruptcy* of Marriage）、《婚姻简史》（*A Short History of Marriage*）、《婚姻与道德》（*Marriage and Morals*）、《被缚的母亲》（*Motherhood in Bondage*）、《他娶的那个她》（*The Woman a Man Marries*）、《苏俄女性》（*Women in Soviet Russia*）、《健康婚姻》（*Wholesome Marriage*）和《婚床》（*The Marriage Bed*）。

虽然有如此之多的书籍和杂志文章，但没有哪一种观点占据主导地位。从反对让离婚更容易实现的宗教保守主义者，到大力主张彻底改变性观念与行为的激进分子，各种观点遍布整个社会。但是在1920年代，大多数中产阶级美国人都反对这两种极端的做法。他们享受着以物质丰富和大众娱乐为基础的生活方式，所以对身边的变化普遍感到满意。

特别是在快速发展的城市，很少有人愿意回归记者们所戏称的、关于男女关系与更宽泛的社会道德的"旧规则"。战后，最受人信任与尊重的不是制度性的宗教，而是科学。当然，并非所有美国人都这样认为。不过，那些倡导在日常生活中谨守传统宗教道德的人或许是第一次在争论中落了下风，而那些拥有科学权威的人也或许是第一次拥有了前所未有的强大号召力。

所以，阿德勒第一次及随后访问美国的时机是非常恰当的。在国际上，他是一位极具独创性的思想家，而且他的理论依据是医学。因此，他在性、婚姻与子女养育方面的观点非常有说服力。此外，由于幅员辽阔的美国在思想与艺术领域仍然唯欧洲是瞻，所以来自维也纳的阿德勒也被罩上了一圈学富五车和惹人遐想的光环。这些因素使民众对他的学说产生了最初的兴趣。不过，促使阿德勒作为心理专家迅速红遍美国的真正原因还是他温和、乐观和热情的个性，以及他渴望成功的动机。

当然，阿德勒所讲的内容在当时也是有说服力的——他在大体上接受了变迁中的社会习俗，只提出一些温和而谨慎的建议。正如冯·凯泽林的文集《论婚姻》英文版的读者们所看到的那样，阿德勒喜欢提供实用的实际指导。因此，在题为"婚姻是一项任务"的一章中，阿德勒并没有批评婚姻制度，而是建设性地讨论了如何改善婚姻状况的问题。在他看来，我们与他人建立亲密关系的能力在很大程度上取决于早期的个性发展。如果幼时因缺乏父母的支持和养育而未能获得强烈的自尊感，我们就很难与他人建立亲密的关系。如果成年时怀有自卑感（今天的心理学家可能称之为羞耻感或负罪感），我们可能就难以建立持久的友谊，自然也难以建立婚姻所需的亲密感。

阿德勒还认为，普遍存在的婚姻不睦与人们对性别角色的错误刻板印象有关。女性常常被占据主导地位的文化所贬抑，因此在内心中倾向于贬低自身的能力——同时对男性主导的现实心怀怨恨。"男性凭借一种早已过时的共同传统而拥有一种……优势，男性试图保持这一优势，却因自私而损害了自身的利益。对于那些与我们持同样观点的人来说，一家之主已经成为过往的存在。在他们眼里，婚姻是双方协力完成共同任务的二人组。……婚姻不是一个人所走向的某座已经建成的大厦……而是……在飞逝时光中的创造性表现。……一个人在婚姻里种下什么，将来就会在其中得到什么。"

虽然在《论婚姻》中的这章内容里，阿德勒对许多婚姻关系作了批评，但另一本《友伴式婚姻》（*Companionate Marriage*）中的观点更为激进。这本书的作者是丹佛市少年与家庭法院的本杰明·林赛（Benjamin Lindsey）法官。该书出版于1926年12月，恰逢阿德勒首次赴美巡回演讲。林赛法官表示，他在离婚案件方面的经验告诉他，传统婚姻已不再可行且陈旧过时。他提议在法律上区分两种婚姻，一种是无子女的友伴式婚姻，一种是有子女的家庭式婚姻。林赛认为，法律应当允许友伴式婚姻以更方便和更人道的方式终止。因此，他提出了一项三管齐下的新立法：第一，允许无子女夫妇在双方同意的基础上离婚；第二，对于以上情况取消抚养费,存在经济困难的除外;第三,允许医学与科学委员会使夫妻保持无子女状态,前提是双方自愿。

尽管林赛法官呼吁将节育合法化,但他的观点算不上有多么革命。事实上,他明确拒绝接受试婚这一流行观点,并坚持认为,大多数伴侣都愿意体验向生儿育女过渡的友伴式婚姻。林赛的主要观点是,友伴式婚姻在美国已经成为一种社会现实,所以应当使其在传统上更受尊重,在法律上更具效力。

有趣的是,从我们自己的历史角度看,1920年代的美国主流媒体对林赛的这本广受欢迎的作品褒贬不一。或许是为了反击宗教原教旨主义者的猛烈攻击,几乎所有的主要报纸和杂志都宣称《友伴式婚姻》的作者是一个非常理性的人。"在这本书中,你找不到煽动性的演说,也没有反社会的言论,"《展望周刊》(*Outlook*)向其读者保证,"你会发现,他是一个具有丰富经验、同情心和智慧的人,他的讨论理性、充满智慧、有凭有据。"同样,《星期六文学评论》(*Saturday Review of Literature*)也因为"其工作的非凡价值、其现实主义、其勇气与慈爱"而赞扬了林赛。

然而,大多数主流评论家都不愿支持林赛的重要观点,即在法律上区分无子女婚姻,也不愿让此类婚姻更容易终止。一位评论家在《调查》(*Survey*)中表示,即便如此,"有些关于人类与社会关系的问题也不是传播科学节育知识或在双方同意下离婚就能解决的"。《纽约时报》中的一篇长篇评论也不屑地指出,林赛主要提倡"临时婚姻,这种婚姻完全无助于我们理解爱这种以恒久为理想本质的现象。……不要孩子的婚姻对了解婚姻与育儿毫无教益"。

谈到婚姻不睦与离婚率上升,这位《纽约时报》的评论者表示,1920年代的年轻人无法像前人那样,认为妥协与困境是婚姻等日常关系中难免的事。真正需要改变的是他们对主观感受的过分强调和他们对婚姻的过高期待,而非婚姻制度本身。

在1920年代后期，作为美国的一名著名演讲者的阿德勒将大力宣扬这一观点。对于希望了解"新心理学"，却不喜欢激进社会观念的公众来说，阿德勒对传统婚姻可行性的论述是乐观且令人安心的。阿德勒强调通过心理学视角改善婚姻关系，这一点非常吸引人。在未来的数年里，他将积聚大量的人气。

———

1920年代美国社会道德观的巨大转变是战后很多因素综合作用的结果。但在非常重要的思想领域，弗洛伊德的影响力十分巨大，并且极大地推动了阿德勒在美国的成功。所以，我们必须了解弗洛伊德的学说是怎样在美国逐步从知识阶层开始获得追随者的。对于那些努力推翻保守的维多利亚式价值观的人来说，弗洛伊德是一位重要人物。带着思想勇气与正直的光环，他赢得了一大批忠实追随者。弗洛伊德唯一一次访问美国是在1909年，从那时起，他就以越来越猛的势头不断在专业与大众领域收获大批追随者。

特别是，两位擅长写作的精神病医生大力推动了弗洛伊德思想在新大陆的传播。在这一时期的所有美国精神分析学者中，亚伯拉罕·布里尔（Abraham A. Brill）无疑是弗洛伊德最紧密的合作者。他出生于1874年，十几岁时离开奥匈帝国，在遍布犹太移民的纽约市下东区长大。从哥伦比亚大学医学院毕业后，布里尔与欧根·布洛伊勒（Eugen Bleuler）一起学习精神病学，后者将弗洛伊德的思想引入了布里尔在苏黎世的诊所。1908年，布里尔在维也纳见到了弗洛伊德，并计划将他的作品翻译为英文。就这样，两人开启了一段持久的友谊，布里尔自豪地称之为"我一生中最传奇的经历"。

同年，回到美国的布里尔开始大力支持弗洛伊德在学术与文化领域的工作。他后来回忆道："我对精神分析的前景充满了热情……我立即开始向他人传播这一思想。"1911年，他在自己的住处成立了纽约精神分析协会（New York Psychoanalytic Society），并当选首任主席。（同年，英国人欧内斯特·琼斯另外成立了美国精神分析协会，旨在囊括北美地区所有对弗洛伊德学说感兴趣的人。）在一战结束前，布里尔一直担任弗洛伊德唯一的翻译，并且尽职尽责地将所有版税退还给他的导师。怀有坚定决心与强烈兴趣的布里尔经常接受纽约报纸的采访，并大量撰写文章，帮他的导师抵挡所有的攻击。由于阿德勒在美国的学术活动日益增多，布里尔对他的强烈敌意仍将持续存在。

威廉·阿兰森·怀特所发挥的作用更像是美国媒体的联络与整合者。怀特年轻时转向精神病学，并于1903~1937年间担任美国联邦政府最大的精神病院——华盛顿圣伊丽莎白医院（St. Elizabeth's Hospital）的院长。凭借高超的政治素养，他认真地经营着自己在富人、政治和媒体圈子内的人际关系，并把自己塑造成了一副超脱党派纷争的仁慈科学家兼治疗者的形象。

1911年，怀特写了一本关于精神分析的书，该书可能是第一本由美国人所写的此类书籍。1913年，他与精神病学同仁史密斯·埃利·杰利夫（Smith Ely Jellife）共同创办了第一本介绍弗洛伊德学说的英文期刊《精神分析评论》（*The Psychoanalytic Review*）。1924年，身为弗洛伊德学说理性倡导者的怀特当选了美国精神病学会主席。在随后几年里，怀特将为阿德勒个体心理学在美国的发展提供部分支持，只是这些支持并不长久。怀特比刻薄的布里尔更善于与人打交道，他向各路媒体提供了大量有关精神分析的信息。

在布里尔和怀特等关键人物的大力推动下，美国的精神分析运动很快就超越了弗洛伊德所在的医学界。知识分子、作家和艺术家在精神分析学说中发现了一种看待人类生活的崭新方式。在

人生的动力

1910年代初的格林威治村①,弗洛伊德的思想成了文学与艺术讨论的热门开场白。这种对人性黑暗面的关注开启了出现于1920年代的文化剧变。

在进步时代②,大多数关心社会的美国人都很关注他们所生活的环境。一般来说,他们并不觉得自己远离国家或政治事务。确实,一些人带着近乎宗教般的热情投身公共事务。但对于那些涌向格林威治村的反主流文化者来说,弗洛伊德似乎正在通过现代科学证实他们的怀疑,即有创造力的个体应该滋养其"自我"(self),而非尝试改变社会。结果,在这些迷恋者眼中,弗洛伊德就开始成为把性看作解放与自由并加以勇敢倡导的人。他们对弗洛伊德的理解是,如果爱与艺术不能自由表达,结果就会导致无可挽回的心理创伤。

或许,今天留下最多记录的这类活动发生在马布尔·道奇·卢汉(Mable Dodge Luhan)的家中,她是一位富有的、渴望获得知识分子地位的社交名流。距离华盛顿广场拱门不远处,她的优雅住宅吸引了"社会主义者、贸易联盟主义者、无政府主义者、主张扩大参政权者、诗人、精神分析学者、世界产业工人组织成员、主张生育控制者、新闻记者、艺术家和现代艺术家"。

小说家弗洛伊德·戴尔(Floyd Dell)、政治哲学家马克斯·伊斯特曼(Max Eastman)、青年杂志编辑沃尔特·李普曼(Walter Lippmann)和耙粪记者③林肯·斯蒂芬斯(Lincoln Steffens)等访客经常光顾她的沙龙。在那里,弗洛伊德的名字被众人吹捧。正如戴尔后来所回忆的那样,似乎格林威治村的每个人都开始谈论精神分析术语,玩词汇联想的室内游戏,并试图通过据称的弗洛伊

---

①纽约市曼哈顿区下西城的一处居民区。——译者注
②进步时代(Progressive Era),指1890年代到1920年代,美国的社会运动和政治改良不断涌现的时代。——译者注
③指的是20世纪初期专门详细报道大企业弄权、政经界徇私舞弊事件的美国记者。——译者注

德分析法来分析梦。更宽泛地说，像李普曼这样的知识分子在精神分析中看到了一座光明的灯塔，它能照亮美国的许多重大社会问题。1914年，李普曼成为了著名的《新共和》（*New Republic*）杂志的编辑，他大力推动了弗洛伊德学说在劳工骚乱和女权主义运动等问题中的运用。

布里尔为道奇做了精神分析，他清楚地看到，精神分析的影响力有必要扩大到波西米亚主义的格林威治村之外。他敏锐地鼓励道奇为赫斯特报业集团的几家报纸定期撰写专栏，以便将弗洛伊德的思想传播给普通民众。不久，当时全国报纸中发行量最大的《纽约日报》（*New York Journal*）开始发表她写的题如《马布尔·道奇说母爱》（Mabel Dodge Writes about Mother Love）这样的署名文章。1915年，马克斯·伊斯特曼（布里尔也为他做了精神分析）也在《好管家》和《人人杂志》（*Everybody's Magazine*）等大众杂志中帮助传播了弗洛伊德的学说。伊斯特曼将精神分析描绘为一种神奇的治疗法。他宣称："所有非生理因素引发的神经失调症都源于某种形式的性生活失调。……这一危险的失调始于幼儿5岁前的经历。"

在接下来的几年里，这些知识分子和文人将继续无视阿德勒心理学（如果不是公开反对的话）。他们认为，弗洛伊德明确传达了社会通过性压抑来抑制富有创造力之个体的意味，这使他们大为解脱。相比之下，阿德勒却似乎在宣扬对性的传统态度，并笼统地呼吁利他主义。虽然他将在美国获得极大的声望，但阿德勒永远都无法赢得前卫知识分子的支持。

尽管到1910年代中期，像伊斯特曼这样的艺术家和知识分子已经在追捧弗洛伊德，但大多数学院派心理学家并没有这样做。他们几乎一致谴责他的心理学取向缺乏科学的客观性，并且充斥了无法核实的夸大主张。1916年，哥伦比亚大学著名的罗伯特·伍德沃思（R. S. Woodworth）在《国家》（*The Nation*）杂志中用讽刺的笔调这样写道:"弗洛伊德和荣格的追随者们正在将某些关于人性的概念树立为一种神秘的信仰,现在还没有必要否定。……但毫无疑问,弗洛伊德及其追随者在很大程度上过分发挥了这些概念,并且由于没有考虑到精神生活中无数的其他动机与机制,所以形成了一种非常片面的心理学。他们把弗洛伊德主义作为信仰。他们不允许他人对其信条有任何质疑,并且在解释包括神话、农业等各个领域的人类活动时,他们不允许他人对其适用范围与有效性存有任何质疑。"

在其后超过一代人的时间里,大多数实验心理学家都表达了同样的观点。由于他们试图让自己刚刚起步的研究领域在科学上享有像物理学或化学那样的声望,所以他们无法忍受精神分析的主观性。尤其令他们感到厌恶的是,弗洛伊德的追随者声称,为了理解复杂系统的真正意义,精神分析不可缺少。正如一位历史学家所指出的那样:"把实验心理学家团结在一起的首要原因是他们对个体经验的不信任。他们认为,感觉是特别危险的东西,必须小心加以控制,以免它们泛滥成灾,破坏心理学研究的根基。他们愿意做出一些牺牲来保护心理学免受这一威胁,包括大大缩小研究范围,只研究能够加以'客观'研究的现象。"

由于同样的原因,1910年代和1920年代的大多数美国学者也对阿德勒的研究缺乏兴趣。他们通常把阿德勒心理学与精神分析联系在一起,并很少在大学中讲授他的学说。当然也有例外,比如克拉克大学的斯坦利·霍尔。但总的来说,直到30年代,随着社会工作、儿童指导、教育心理学等应用领域的兴起,阿德勒才在美国学术界真正获得了尊重与影响力。

虽然遭到学术界反对,弗洛伊德在美国大众媒体中的影响却越来越大。早在1916年,《纽约论坛报》(New York Tribune)就通过评论一部新上演的名为《压抑的欲望》(Suppressed Desires)的格林威治村讽刺剧强调了弗洛伊德的观点。文章作者引述该剧信奉弗洛伊德学说的剧组人员的话解释道："精神分析消除了你思想中的障碍，使被压抑的欲望进入了意识。……精神分析就是预防与治疗精神错乱的最新的科学方法。"两年后，该报采访了亚伯拉罕·布里尔，向他询问了以下几个问题：什么是精神分析？它是超自然现象吗？它对正常人有价值吗？弗洛伊德是一个什么样的人？布里尔清晰而详尽地回答了这些问题，帮助该报记者撰写了一篇受到读者强烈认同的报道。同年，《新共和》杂志这样写道，狂热的美国公众利用弗洛伊德主义来"满足受挫的好奇心和引导个体的行为"。

到1920年，弗朗西斯·斯科特·菲茨杰拉德等作家的通俗小说都提到了弗洛伊德的名字，而《纽约论坛报》则把精神分析称为"最新的学术风尚"。1921年，《布鲁克林鹰报》（*Brooklyn Eagle*）派记者赴维也纳直接采访了弗洛伊德。这位记者把弗洛伊德描述为了性驱力与饥饿驱力的著名倡导者。他告知读者，那些想要拜访弗洛伊德的美国人主要是想让他帮他们解梦。

当然，媒体对精神分析也并非完全不加批判。同年，《纽约先驱报》（*New York Herald*）用了将近一整版的篇幅来批判弗洛伊德对梦的解释。在《梦境及其意义完全是自然的》（Dreams and their Meanings Wholly Natural）的通栏标题下方，纽约一位神经学家嗤之以鼻地写道："新心理学赋予梦的非凡象征意义显然只是精神分析学者的臆想。"几周后，《纽约先驱报》把类似大小的版面留给了费城的一位著名神经学家，他同样抨击，解释梦的精神分析方法是主观且毫无意义的。

在1920年代，弗洛伊德逐渐成为了当时大众媒体中的知名人物。在《好管家》、《女士家庭杂志》（*Ladies' Home Journal*）、《麦克卢尔杂志》（*McClure's*）等大众刊物的数百万读者眼中，弗洛伊德是一位勇敢的医生，他创立了一种围绕性开放与性自由的新的科学心理治疗法。在这些通俗刊物中，读者大都能见到一些基本术语，如"俄狄浦斯情结"或"压抑"，以及一些过于简化、乃至失真的解释。这类文章往往语焉不详，常常混淆阿德勒、弗洛伊德和荣格的思想。一般来说，文章作者会把所有与情结有关的思想都归于弗洛伊德（包括阿德勒的自卑情结）。弗洛伊德被这种肤浅的介绍激怒了，所以他很少接受美国记者的采访。他极度厌恶这一群体。

在舍伍德·安德森（Sherwood Anderson）发表于1925年的小说《暗笑》（*Dark Laughter*）中，有角色这样说道："如果你在生活中有什么不懂的东西，那么请参考弗洛伊德博士的作品。"实际上，在1925年，叮砰巷（Tin Pan Alley）音乐中也有一首歌叫《别告诉我你昨晚梦见了什么，因为我正在读弗洛伊德》（Don't Tell Me What You Dreamed Last Night, for I've Been Reading Freud）。

当阿德勒第一次开始在美国各地讲学时，这一观念上的混乱以非常实际的方式帮助了他，同时也给他造成了阻碍。当然，他得益于维也纳的神秘感，以及人们业已形成的一种印象，即认为他也像弗洛伊德一样掌握着关于人类心灵的奥秘。大多数记者只知道阿德勒过去与弗洛伊德的关系，所以仍然把他当作精神分析创始人的忠实拥护者——如果不是值得信赖的朋友的话。在阿德勒美国之行的头两三年里，很多报纸和杂志继续把他描绘成弗洛伊德的"得力助手"和使者，寻求传播性自由的福音。这类错误的描述将激怒阿德勒，并使他在努力推广个体心理学的过程中感到灰心失望。然而，随着时间的推移，几乎所有的记者都将准确地看到，个体心理学与弗洛伊德的学说完全不同。

尽管在1920年代，精神分析在美国越来越受欢迎，弗洛伊德

却不甚满意，并且明确拒绝再次访问美国，哪怕只停留几日。在这一方面，他对美国的敌意与阿德勒的乐观态度形成了鲜明的对比。1924年，慷慨的《芝加哥论坛报》（Chicago Tribune）邀请他对杀害青少年的利奥波德（Leopold）和勒布（Loeb）进行心理分析，并提供2.5万美元报酬，弗洛伊德表示了拒绝。电影大亨塞缪尔·戈德温（Samuel Goldwyn）请他去好莱坞创作一部"真正伟大的爱情故事"电影，并提供10万美元天价报酬，弗洛伊德再次表示了拒绝。此外，各大报刊都邀请他写文章谈论性话题，并提供诱人出价，弗洛伊德也多次表示了拒绝。

如果说这么做有什么影响的话，那就是，这种金钱上的谄媚只会令弗洛伊德多年来对新大陆的厌恶变本加厉。事实上，在弗洛伊德短暂访美后的17年里，他对美国文化的愤怒和嘲讽一直持续到了1926年，即阿德勒首次访问美国之时。正如历史学家彼得·盖伊（Peter Gay）所准确描述的那样，反美情绪贯穿弗洛伊德的大量书信，"就像一个令人不快的单调主题"。另一位精神分析史学家也同样发现，"弗洛伊德对美国存在一种厌恶，在许多方面都带有偏见与非理性的情绪。"

显然，弗洛伊德并非总是如此。他的妹妹安娜[①]回忆说，在弗洛伊德的童年，"他知道很多关于美国和美国文化的事情"。他喜欢阅读马克·吐温的作品。十几岁时，他还怀着激动的心情参观了1873年维也纳世博会的美国馆。据安娜说，那时候，她哥哥已经能看懂并讲英语了。展馆里的各种历史文献使他大受鼓舞，其中有林肯总统信件的复制品，有《葛底斯堡演说》，还有《美国宪法》。

13年后，身为一名青年医生的弗洛伊德甚至考虑移居美国。1919年，弗洛伊德与同事费伦齐谈及往事时写道："33年前，我还是一个初出茅庐的医生，前面是未知的未来。我决心去美国，

[①] 弗洛伊德5个妹妹中最大的一个。弗洛伊德最小的女儿安娜的名即来自她。——译者注

人生的动力

如果前3个月不顺利的话。"假如弗洛伊德早在1880年代就去了美国,那么精神分析史会出现怎样的改变就将是一个十分有趣的话题。事实上,他在同一封信中也谈道,"如果当时命运没有如此垂青于我",那么事情又会出现怎样的变化呢?

弗洛伊德早先对可卡因的兴趣[①]可能是他对美国态度的转折点。1884年,他开始调查可卡因的所谓益处,发现美国有大量医学报告极度推崇这一药物,而自己也深受影响。相比之下,欧洲研究人员在解释发现时则更为谨慎。弗洛伊德起初夸赞这一令人成瘾的药物,后来又在羞愧中改变了自己的观点。他可能感到,他对美国的景仰被现实打了个粉碎。总而言之,他最终开始了对这一泱泱大国的冷嘲热讽。

早在1902年,弗洛伊德就愤愤地把自己"威权统治"的旧世界与"美元统治"的新世界相比较。在他眼中,美国人粗俗而贪财。这一刻板印象将成为他其后一生的信念。于是,当他于1909年1月与美国克拉克大学就即将进行的访问商谈旅费时,弗洛伊德发现斯坦利·霍尔的安排"非常美国式",即过分关注物质利益。他对费伦齐说:"美国只想挣钱,不想花钱。"

不过,弗洛伊德后来近一个月的美国之旅总体说是愉快的。当时,他和荣格还是朋友。他们在克拉克大学讲学时,两人对精神分析的看法似乎完全一致。弗洛伊德的访问显然提升了他在北美大陆的声誉和影响力,他引发的反响总体看相当热烈。威廉·詹姆斯等许多美国心理学界的重量级人物都专程去往伍斯特(Worcester)见他。

然而,弗洛伊德很快就对这段经历产生了相当负面的看法。原因是多方面的。首先,他抱怨美国油腻食物加冰水的饮食伤了他的肠胃,导致他长期消化不良。尽管弗洛伊德在访美前几年就

[①] 弗洛伊德早年长期使用可卡因(又名古柯碱),并发表一系列相关研究文章。——译者注

一直有这个毛病,但在1909年之后,他却总是称之为"美国消化不良症"。他还抱怨找不到会修胡子的理发师,以及没有公共厕所。他甚至把自己写字不如从前美观归咎于美国之行。

在克拉克大学,弗洛伊德用德语讲课,因为他担心自己听不懂美国人的英语,他们也听不懂他的英语。事实上,他声称"这些人甚至不能互相理解"。与许多欧洲人一样,弗洛伊德也对"新世界的自由随意"感到不满。他尤其不喜欢美国妇女享有比欧洲妇女更高的社会地位。与此相反,此时的阿德勒已经是女权主义的坚定支持者,他谴责男性在欧洲社会习俗中占据主导地位。数年后,弗洛伊德甚至对欧内斯特·琼斯表示:"美国是一个错误,一个巨大的错误。这是事实,但无论如何是一个错误。"

于是,在弗洛伊德那里,"美国"已经成了肤浅与华而不实的代名词。特别是在战后,弗洛伊德的反美情绪似乎与其财务状况恶化密切相关。与因败给协约国而忧心忡忡的很多奥地利人一样,弗洛伊德也希望美国总统伍德罗·威尔逊能够兑现他对欧洲许下的诺言——实现公正的和平。然而,对弗洛伊德来说,战后的残酷现实却是,奥地利的恶性通货膨胀让他损失了一生的大部分积蓄。此后,他在经济上非常拮据,并明确指责威尔逊没有遵守他的承诺。为了偿还债务,心怀怨恨的弗洛伊德不得不治疗很多美国患者,因为后者能付给他值钱的美元。事实上,在其后多年,弗洛伊德的多数患者都将来自英美两国。

弗洛伊德不仅不满自身的经济状况,他也懊恼自己无法像前同事荣格那样,在吸引富有的美国支持者方面大获成功。1922年,弗洛伊德可怜巴巴地向费伦齐抱怨:"精神分析在美国风靡了半天,却没有招来哪怕一名美国富人的青睐。"讽刺的是,凭借毫无私心地强调社会改良,身在美国的阿德勒却将获得这类慈善支持。

在1920年代,弗洛伊德或许有理由怨恨这样一个事实,即,

人生的动力

许多美国人自称推崇精神分析学，却不愿尝试研究，或是去了解它真正的内涵。在弗洛伊德看来，美国人大多没有足够的耐心与勤奋去思考，因而只是在四处贩卖他得来不易的成果。弗洛伊德甚至对美国精神卫生领域的专业人士也持有同样的看法，并在几年后如此表示："精神病医生和神经学家常把精神分析用作一种治疗手段，但是从整体上看，他们几乎完全不关心精神分析的科学启示与文化意义。特别是，我们常常发现，美国的医生与学者对精神分析只是一知半解，只知道一些术语和关键的提法。然而，这一点却不妨碍他们对自己的判断深信不疑。"

弗洛伊德随后的话显然是在暗指阿德勒在美国大受欢迎，他说："这些人把精神分析与其他学说混为一谈，后者可能源自精神分析，但今天已经与之格格不入了。或者，他们把精神分析与其他学说混为一谈，还说这是旁收博采，这只能证明他们好坏不分。"

弗洛伊德总结道："我提到的这些弊端很多都源自美国的一种普遍倾向——缩短研究和准备时间，并尽快投入使用。而且，在研究精神分析等学科时，美国人更喜欢从质量往往较差的二手资料而非原始资料入手，这样的研究肯定不扎实。"

在这一方面，弗洛伊德的看法无疑是正确的，因为他的美国读者并不多。他最受欢迎的作品是《梦的解析》。在1910至1919年间，该书在英美两国仅售出5250册。在1920至1932年间，这一数字也仅有11000册。相比之下，阿德勒偏重实用性的作品，如为父母提供建议的《理解人性》，却将大卖数十万册。

弗洛伊德痛恨美国对精神分析的粗俗普及，在他眼里，新世界除了有钱之外一无是处。1924年，当亲密同事奥托·兰克准备赴美行医时，弗洛伊德觉得自己必须热心嘱咐他几句。他说，忍受"在这些野蛮人中客居"的唯一方法是"把自己的生命尽可能卖得贵一点"。兰克的美国患者大多是他或弗洛伊德已经做过精神分析、并且需要进一步治疗的精神病医生，于是弗洛伊德在

1924年5月写给兰克的信中讽刺道："很好，你现在几乎拥有了我以前所有的精神分析客户，我一点也不喜欢给他们做分析。我常常觉得，给美国人做分析就像是给乌鸦穿白衬衫。"

同年，弗洛伊德再次表达了类似的观点："如果不是美国人能给钱，那他们还有什么用？"还有，"美国除了能给钱什么用都没有。"在随后数年中，弗洛伊德也不愿见到其版税收入大部分来自美国的事实。"我们在物质上依赖这些不如我们的野蛮人，"他大呼道，"这难道不可悲吗？"

◀ 15岁时一脸忧郁的阿德勒

(© The Oster Visual Documentation Center.
Museum of the Jewish People at Beit Hatfutsot)

大约40岁、即将与弗洛伊德决裂的阿德勒 ▶

(© The Oster Visual Documentation Center.
Museum of the Jewish People at Beit Hatfutsot)

▲ 在一战后的维也纳,阿德勒作为一名社会评论家在发表激昂的演讲

(© The Oster Visual Documentation Center. Museum of the Jewish People at Beit Hatfutsot)

▲ 阿德勒博士被授予"维也纳公民"荣誉称号

(© Hulton Archive Imagno/Getty Images/视觉中国)

◀
1932年1月，
阿德勒博士乘船抵达纽约

(© Bettmann-Corbis/视觉中国)

▲1934年，阿德勒在瑞典的一所暑期学校讲课

(© The Oster Visual Documentation Center.Museum of the Jewish People at Beit Hatfutsot)

► 在瑞典演讲期间，
阿德勒为一个小女孩包扎伤口

（© The Oster Visual Documentation Center.
Museum of the Jewish People at Beit Hatfutsot）

◄ 1936年夏，
阿德勒与儿子库尔特、女儿亚历山德拉
在加利福尼亚州巡回演讲途中

（© The Oster Visual Documentation Center.
Museum of the Jewish People at Beit Hatfutsot）

► 个体心理学之父阿尔弗雷德

（© The Oster Visual Documentation Center.
Museum of the Jewish People at Beit Hatfutsot）

第12章
享誉美国

> 总之，在美国，赤裸裸的雄心（不仅在体育领域）统领一切。……人们视竞争（一种对效用的追求）为美德，所有人的目标都是成为第一。
>
> ——阿尔弗雷德·阿德勒

即使是对见多识广的欧洲人来说，1920年代中期那个狂野、蓬勃的美国也是一个令人敬畏的陌生所在。但是，桀骜不驯的弗洛伊德却对他曾于1909年访问过的这片新大陆颇多非议。不过与他不同的是，对于即将来临的在美国几座大城市的讲学之旅，阿德勒却充满期待。从某种程度上说，自从1914年初，克拉克大学的斯坦利·霍尔请他担任客座讲师以来，他已经为这一激动人心的旅程静静等待了12年，因为随后爆发的世界大战打乱了所有人的安排。

现在，令人尊敬的老霍尔已经去世，阿德勒甚至没有计划在这次旅行中访问克拉克大学。不过，这无关紧要。在其讲师申请被维也纳大学断然拒绝后，阿德勒一定对哈佛大学、布朗大学和芝加哥大学等一众美国名校邀他讲学而备感欣慰。而且，更重要的是，他还看到了一个在思想开放的广大美国听众面前推广个体心理学的前所未有的机会。

尽管在1926年11月下旬离开英国南安普敦港的那天前夜，阿德勒做了一个噩梦，但他在豪华邮轮"庄严"号（Majestic）上的旅程却平淡无奇。这艘英国邮轮是当时全世界最大的远洋班轮，配备有头等舱休息室和餐厅等许多便利设施。旅途中的阿德勒花了不少闲暇时间苦练英语，因为不久之后，他就要使用这门对他来说还相当困难的语言向美国人发表演讲了。

阿德勒抵达纽约港后，媒体没有做任何报道。在最初的几周里，阿德勒在曼哈顿区的多家机构做了演讲，比如贝斯以色列医院（Beth Israel Hospital）、一位论派社区教堂（Unitarian-oriented Community Church）、库伯联盟学院（Cooper Union Institute）和西奈山医院（Mt. Sinai Hospital）。当时的听众在多年后回忆，在阿德勒初到美国的这些演讲中，亲切和善的他口音浓重，偶有词语误用，但总体上并不影响理解。

阿德勒开朗、友善、深谙交友之道，其事业也大受其益。在这几周里，他结识了很多新朋友，其中名气最大的是儿科医生、教育家艾拉·所罗门·怀尔。怀尔比阿德勒小7岁，曾担任纽约市教育局局长，后来又在1919年创立了美国首家附属于综合医院儿科的儿童指导诊所[①]。一开始，这家机构只有一名医生和一名社会工作者。在阿德勒到达美国前后，这家附属于西奈山医院的机构已经拥有了十几名专业人员。当时，他们已经治疗了大约5200名儿童，还有大约800名儿童正在治疗当中。与阿德勒在维也纳开展的儿童指导工作类似，怀尔也强调采用跨学科的治疗手段，而非仅使用医学手段。

怀尔著述颇丰，除在几家著名期刊担任编辑外，他还写有《外科诊断中的血液检查》（*Blood Examinations in Surgical Diagnosis*）、《性教育》（*Sex Education*）和《童年的挑战》（*The Challenge of Childhood*）等书。在出版于1925年的《童年

[①] 根据伦顿 G.（Renton G.）的说法，美国第一家独立的儿童指导诊所创立于1922年。——译者注

的挑战》一书中，怀尔明确反对将精神分析用于儿童发展领域，称其过于局限。"弗洛伊德派心理学家将所有人类活动归结为性本能，"怀尔表示，"弗洛伊德对动力心理学的贡献是确定无疑……且具有根本意义的，但这并不是说他的每一个结论都正确。生命不仅仅是恋母或恋父情结。"

与阿德勒相同，怀尔在涉及女权的社会议题上也是一个自由主义者。作为美国控制生育联盟（American Birth Control League）的创始成员，他长期以来一直积极参与由他的朋友玛格丽特·桑格（Margaret Sanger）所领导的这项运动，后来也代表她在国会做证。1927年冬，怀尔与阿德勒在纽约市碰面。此后不久，怀尔开始与他人合著一本名为《现代式婚姻》（*Marriage in the Modern Manner*）的畅销书。到1920年代末，在将精神病学专业知识应用于社会进步方面，他已经能够比肩阿德勒。在随后数年里，两人保持了密切的来往。怀尔在纽约市的公共卫生和教育系统中人脉甚广，他可能帮阿德勒建立了在美国发展所需的重要人际关系，至少是在他初到美国的时候。

在首次面见怀尔等纽约著名专业人士的这几周里，阿德勒也为自己找到了一处舒适的居所。虽然在内心深处，阿德勒仍然是一名理想主义者，但他却不是一个清心寡欲的人，他的住所是崭新而时尚的格拉梅西公园酒店（Gramercy Park Hotel）。这里属于曼哈顿中城南部区域，后者的土地来自1846年对纽约市的一项私人赠予。这里有一大片优雅的联排别墅和住宅，中间是历史悠久的封闭式格拉梅西公园。公园里一根高高的旗杆上，一面美国国旗迎风飘扬。由于环境精致优雅，酷似伦敦，该地就被人们称为了美国的布卢姆斯伯里。这里绿树成荫、静谧安详，很得阿德勒的欢喜。

格拉梅西公园酒店两年前刚刚落成，但已经吸引了不少名人大咖。几个月前，著名影星汉弗莱·博加特（Humphrey Bogart）

人生的动力

刚在这里举办了盛大的婚礼，出席者有来自好莱坞和艺术界的数百名宾客。酒店酒吧藏酒丰富，著名棒球手贝比·鲁斯（Babe Ruth）及其随行人员是这里的常客。在随后十余年的旅美生活里，阿德勒大都住在这家酒店的一处豪华套房里。

虽然初到美国的阿德勒并未引起媒体关注，但这一情形很快就发生了根本性的转变。入住时髦的格拉梅西公园酒店后不久，阿德勒接受了《纽约世界报》（New York World）的长篇专访。该报尤其想了解他对贝尼托·墨索里尼（Benito Mussolini）的看法。一年前，阿德勒也曾接受《纽约时报》采访，因为他对共产主义等欧洲外交事务有非常独到的见解。

这篇详尽的报道于圣诞节翌日见报，同时配发了一幅描绘阿德勒专注思考的素描图。其通栏标题是《墨索里尼对权力的追求来自一名孩童对自卑感的超越，阿尔弗雷德·阿德勒博士如是说》（Mussolini Spurred to his Fight for Power by Pique Over Inferiority as a Child, Says Dr. Alfred Adler）。这一时年43岁的"领袖"是意大利一名数年来饱受争议的总理。墨索里尼原先从事记者工作，是一名极端爱国的社会主义者。1917年，他建立了首个名为法西斯的政党。在心怀不满的退伍军人和民族主义者的支持下，1922年，羽翼已丰的墨索里尼迫使意大利国王维托里奥·埃马努埃莱三世（Victor Emmanuel III）任命他为总理。从那时起，"领袖"就把意大利变成了一个独裁国家。他解散了除法西斯党之外的所有政党，控制了国家的重大产业、报纸、警察和学校。

尽管墨索里尼声称要减少贫困，同时推进意大利的现代化，但其政权却以威胁和暴力镇压反对者而闻名。当时，意大利或许是战后欧洲威权主义与再军事化不断抬头的最令人担忧的国家，意大利的独裁局势在美国引发了广泛的关注。

在阿德勒或许过于简化的认识中，"领袖"及其所统治的国家都有强烈的自卑感。"我非常同意赫伯特·乔治·威尔斯（H.

G. Wells）的看法，即，社会主义是被剥夺者自卑情结的一种表现，"阿德勒对《纽约世界报》说，"自卑感越强烈，优越感就越显著。这就是它们之间的关系。墨索里尼的生活体现了这一点，现代意大利的历史也是如此，这也是世界和平受到威胁的原因。"

提到墨索里尼最近在欧洲大陆和地中海地区针对科孚岛、英国和法国炫耀武力时，阿德勒表示："无论人还是国家都无法忍受自卑。权力斗争最终会爆发。……除黑衫军外，墨索里尼还得到了封建领主之子民的支持，以及意大利上流社会数千人的支持，更有战后无所事事的数千名军官的支持。……墨索里尼在一场宏大的运动中给他们找到了位置，而他的对手犯了一个错误，没有让那些无所事事的人有事可做。"

阿德勒如此谴责曾是其故旧的苏联统治者道："在俄国，一般的改革者满足不了那些受压迫的民众。俄国的社会混乱被那些自认为是超人的极端分子利用了。……所有的革命运动都有一个规律，就是为找不到位置的人找到位置，并且给他们一些事情做。今天的苏维埃俄国是由工人和农民统治吗？是工人还是农民在那里进行了革命？可恨的资产阶级进行了革命，如今甚至控制了这个布尔什维克国家的大多数部门。甚至（前）沙皇军官还在指挥军队。"

最后，在日后将成为阿德勒学说要点的一段陈述中，阿德勒宣称："我们可以从人与三件事的关系来研究人的行为模式，这三件事分别是社会、工作和性。自卑感会影响一个人与这三件事的关系……"接着，他又表示："墨索里尼在社会和工作这两件事上的行为模式很明显。至于他在性方面的'优越情结'是什么情况，我现在还不知道。"随后，他很预见性地警告道："我们应该密切注意大利在取得经济成功方面所显露的任何失败迹象，因为幻灭或许会在那一刻到来，并且伴之以自卑与暴力的绝望情绪的再现。"

人生的动力

在整个讲学旅程中，阿德勒都在向学者与普通听众强调自卑感的概念，他认为这是理解人性的核心。这方面的代表性演讲是他于1月11日在著名的纽约医学会（New York Academy of Medicine）所发表的关于"自卑感及其补偿"的演讲。与其不久前在报纸上发表的评论相呼应，阿德勒简要地表示："在生活中，你可以找到三个基本问题：社会问题、职业问题，以及爱情和婚姻问题。所有人都以自己的实际行动来回答这些问题，而这一回答也是他们行动路线或生活风格的体现。"

在同一场演讲中，阿德勒将神经症描述为一种情绪障碍，表现为"在某个困难的问题面前丧失勇气，于是个体开始犹豫或止步不前"。阿德勒认为，这些遭受困扰的人在成就动机（今天被恰当地称为对成功的恐惧和对失败的恐惧）上大抵是矛盾的。他表示，神经症患者"更害怕失败，于是用无所作为来逃避。……他并不是真正的胜利者，但他满足于这样一种假设……即，如果他没有遭遇特定的阻碍，他就可以成为胜利者。他向自己和他人掩饰其真实存在的自卑感"。

3天后，阿德勒前往新英格兰地区，开始了他在纽约之外的首场演讲。在随后几周里，阿德勒将受到热烈的欢迎。1月14日，他在罗德岛州普罗维登斯市种植园俱乐部（Plantations Club）的听众面前开讲。这次演讲事先得到了充分的宣传。几周前，该市的报纸就自豪地宣布，阿德勒的即将来访是出自苏菲·卢斯蒂格（Sophie Lustig）的安排。卢斯蒂格出生于俄国，丈夫是一名富有的匈牙利移民纺织制造商。长期以来，她一直是该市文化和慈善事业的大力推动者。卢斯蒂格毕业于沙皇时代的圣彼得堡大学，多才多艺。她写的侦探小说和回忆录后来成了当地的畅销书。

1926年在欧洲旅行时，卢斯蒂格决定与维也纳的三位著名精神分析学者简短会面，他们是弗洛伊德、阿德勒和施特克尔。在这三人当中，阿德勒出乎意料地令人着迷，以至于她突然取消了回程计划，并在接下来的3个月里跟随他学习。正如卢斯蒂格对《普罗维登斯报》(*Providence Journal*)的读者所大加推崇的那样："在那里，穷人和富人、患者和学生、有名的医生和国际知名的精神病医生组成了一个国际性的平等群体，他们都坐在一起，（在阿德勒的课堂上）听他讲课。……每天晚上，在咖啡馆里，拥挤的人群都聚拢在他左右，一如古希腊时期的雅典民众追随苏格拉底。"

阿德勒在首次美国讲学之旅中得到许多称谓，如《普罗维登斯报》中记载，他是"维也纳的著名心理学家和神经学家"，"被人们称为'自卑情结之父'"。该报也摘录了他在种植园俱乐部的演讲片段，特别是，"从出生时起，所有人都在与自卑感作斗争，以便实现（某个看不见的）目标。""所有人都必须回答生活中的三大问题，它们分别关乎职业、社会和爱情。它们相互交织，形成了一种无休无止的循环。"阿德勒强调，母亲和教师是"帮助孩子形成一种有益自身、社会和子孙后代的生活风格"的关键人物。

随后几日，阿德勒的演讲日程非常繁忙。他的听众包括布朗大学的教员和学生、巴特勒医院（Butler Hospital）的医务人员和普罗维登斯医学会（Providence Medical Association）。他还为聚集在卢斯蒂格夫妇家中的当地民众举办了几场私人讲座。在接下来的几年里，阿德勒将在美国获得无与伦比的声誉，因为无论面对大众、学者还是宗教群体，他都能与对方就心理学展开有效的沟通。阿德勒不仅容忍，而且积极鼓励哪怕最粗野的听众与他讨论。对于冷漠而高傲的弗洛伊德来说，这是无法想象的事情。阿德勒乐观地认为，这都是借助心理学知识建设美好世界的契机。

这年1月在普罗维登斯讲学时，阿德勒结识了当地一位重要的教育家玛丽·海伦娜·戴伊（Mary Helena Dey）。在阿德勒日后的学术生涯中，他们将继续友好交往。戴伊是私立女校玛丽惠勒学校（Mary C. Wheeler School）的校长，她曾在芝加哥大学师从约翰·杜威（John Dewey），并致力于推行他的进步教育理念。在担任惠勒学校校长前，身为芝加哥大学附属高中一名管理者的戴伊就对"全人儿童"（whole-child）的教育方式深信不疑。难怪阿德勒强调培养孩子自尊与情感幸福的做法深深地吸引了她。在阿德勒看来，杜威等民主思想家是美国理想主义的典型代表。而且，两人终将在教育理念上取得一致。在阿德勒新英格兰地区的其余演讲中，惠勒学校将大力支持阿德勒关于如何有效教养子女的理念。

离开普罗维登斯后，阿德勒又花费数日在波士顿地区讲学。他在哈佛大学及其精神卫生分支机构贝克法官指导中心（Judge Baker Guidance Center）发表演讲，主持人是德高望重的精神病医生莫顿·普林斯（Morton Prince）。而且，阿德勒的赞助人是同样大名鼎鼎的威廉·希利（William Healey）。自1920年以来，希利的创新性指导法已经帮助贝克法官指导中心收获了全国范围的赞许，并使其成为蓬勃发展的儿童治疗领域的典范。希利对揭示青少年犯罪的心理原因极为关注，并且已经研究了弗洛伊德的观点。毫无疑问，阿德勒为贝克法官指导中心的工作人员提供了一种关于青少年犯罪的完全不同的思维方式，因为他一向把犯罪归咎于根深蒂固的自卑感，特别是人际关系方面的自卑感。

在这趟波士顿之旅中，阿德勒还受美国革命女儿会（the Daughters of the American Revolution）之邀对另一些议题发表了演讲。目前还不清楚他们希望从他的演讲中学到什么，但他们确实为阿德勒安排了很好的住处。演讲开始前，协会的几位主要成员在酒店大厅见到了阿德勒，并对他做了自我介绍。然后，他们的女性主席自豪地宣布："阿德勒博士，我们的祖先是乘'五月花'号来的！"但阿德勒根本没有理解她的意思。在维也纳接受教育的他从未听说过那艘朝圣者的船，而且还把英语中的"祖先"一词误解为了"亲属"的同义词。但阿德勒总是希望能够保持一种亲切的态度，于是，他对这句看似寒暄的表示快速做出了适当的回应。"是的，是吗？"他愉快地说，"我是坐'庄严'号来的！"

在更加正式的场合演讲，阿德勒的口音有时会造成尴尬。几周后，阿德勒向纽约一群热情的听众（大多数是教育工作者和医生）解释儿童指导中的一些概念，虽然他那浓重的维也纳口音很难听懂，但一些人在听到他在描述一个具体病例时谴责一个品行端正、勤奋好学的男孩是"名副其实的恶魔孩子"，他们还是大吃一惊。演讲结束后，一位友善的讲德语的精神病医生安东尼·布鲁克（Anthony Bruck）决定问他为什么要用"恶魔"这个词，结果发现，阿德勒原本是想用另一个发音近似的词来夸奖这个孩子。

尽管偶尔会遇到语言方面的困难，阿德勒的巡回演讲还是取得了巨大的成功。2月10日，他在纽约市著名的儿童研究协会（Child Study Association）做了一场演讲。第二天，《纽约时报》刊登了一篇文章。文章作者认为，阿德勒把儿童睡眠姿势用作人格指标的做法十分有趣：

"如果你的孩子睡觉时把头埋在被子里，你就不要给他困难的任务，因为他害怕。"维也纳教育学院的教师阿尔弗雷德·阿德勒博士在演讲中对儿童研究协会说。

……阿德勒博士因此敦促父母注意孩子在睡眠中所表达的态度。他说，身体缺陷导致自卑感，但孩子们常常会克服这些缺陷，使债务变成资产。但他也承认，在努力摆脱自卑感时，一些孩子的情结驱使他们以无用或有害的方式做出应对。……阿德勒博士主张观察熟睡中的孩子，以此来分辨他的情结，并且影响他走向正确的目标。

当时，阿德勒住在曼哈顿西68街的剑桥酒店（Cambridge Hotel）。第二天，他用轻松的笔调给赖莎写了一封信。他形容他的演讲"非常令人兴奋"，并吹嘘说："我在这里被宠坏了，人们都尊敬我。"但赖莎似乎对他的新成就漠不关心，这让他感到非常难过："我不记得上次收到你的信是什么时候了。你出什么事了吗？我的思绪总是飞回维也纳。"

赖莎没有给她的丈夫写信可能反映了二人婚姻的日益紧张。赖莎是奥地利共产党的一名活跃分子，丈夫不在身边，赖莎或许更加敏锐地感受到了他们在观念和生活风格方面日益明显的差异。我们不知道阿德勒首次访问美国时，她是否有机会陪他一起去，但与他们的成年子女亚历山德拉和库尔特不同的是，在阿尔弗雷德随后的访美行程中，她一直拒绝这样做。

虽然与维也纳远隔重洋，但在纽约的第一个冬天里，阿德勒并没有完全摆脱精神分析权力斗争的影响。一天，当他匆匆穿过熙熙攘攘的宾州车站时，他惊讶地看到了桑多尔·费伦齐的熟悉面孔。阿德勒友好地向弗洛伊德的这位匈牙利同事打招呼，但费伦齐故意冷落了他，继续朝前走去。在同一次美国之行中，阿德勒从维也纳精神分析学者克拉伦斯·奥本多夫（Clarence Oberndorf）处得知，弗洛伊德最近刚与当前在纽约社会工作学院（New York School Of Social Work）任教的奥托·兰克断绝了关系。

当初，奥托·兰克认识弗洛伊德是经由阿德勒的介绍。当阿德勒意外得知这个消息后，他的回答据说是："这是上帝的旨意！那个小家伙（兰克）总是撺掇老先生（弗洛伊德）反对我！"

―――

2月13日，阿德勒离开曼哈顿，前往美国中西部地区进行为期6周的巡回演讲。毫无疑问，最盛情的接待来自芝加哥，该市的教育委员会邀请他为教师和行政人员做6场讲座。虽然阿德勒的名字在当时还算不上家喻户晓，但似乎已经为学校的专业人士所熟知。因为，由于场地有限，主办方不得不拒绝为2500余名申请者发放入场券。2月22日，《芝加哥论坛报》报道，事实证明，艺术学院装不下阿德勒的演讲。于是，阿德勒其后的演讲搬到了该市的菲尔德博物馆（Field Museum）举行。

《芝加哥论坛报》以赞叹的口吻详细报道了阿德勒的演讲，"芝加哥的众多教师和校长把艺术学院的富勒顿大厅（Fullerton Hall）挤了个水泄不通。"这篇报道的副标题是《传递勇气铸就成功》。令《芝加哥论坛报》感到兴奋的是，阿德勒的演讲似乎传达了这样的信息：成就与成功只不过是一种适当的心态。这一看法完美契合了1920年代蓬勃发展的中西部城市的社会思潮：

孩子们需要乐观。

让孩子知道，他跟别人相处得很好，而且他还能做得更好，那么十之八九，结果就会如此。如果你告诉孩子，你认为他所做的一切都是错的，别的孩子都比他强，他的小错误是大失败，那么你就是在种下他成为那个样子的种子——失败的种子。

阿尔弗雷德·阿德勒博士认为，跟成年人一样，孩子也必须充满自信与勇气才能成功。他认为，在鼓励孩子变得自信与勇敢方面，你怎么做都不会过分。

"只有勇气才能发掘孩子所有的潜能，缺乏勇气将导致发育迟缓。"

阿德勒不仅向数千名学校教职人员讲解了儿童心理学，他还在教育当局的支持下与其维也纳同事发起了一个交换项目。此外，阿德勒还在芝加哥大学讲课，并花费一周在该市的青少年研究所（Institute for Juvenile Research）演示如何进行儿童指导工作。无论在其有生之年还是逝世之后，芝加哥都将是阿德勒心理学的坚固堡垒。3月初，阿德勒在辛辛那提写信给女儿瓦伦丁："明天，我将在这里做最后一场演讲，晚上就去芝加哥。"他对女儿前几周没有给他写信而感到失望，但又补充道："我在这里的演讲也很受欢迎，非常成功。如你所知，来自大学的邀请非常恳切……我很可能会去芝加哥。"

当月晚些时候，阿德勒东行4个小时，在底特律地区开启了新一轮的演讲。与芝加哥类似，阿德勒在这里的个体心理学讲座也由一些专业团体、医院和儿童指导中心主办，其中包括著名的梅里尔-帕尔默学校（Merrill-Palmer School），以及底特律犹太妇女联合会（Detroit Federation of Jewish Women）等宗派组织。第二天，即3月21日，《底特律新闻》（Detroit News）报道，阿德勒面对聚集在麦克劳林医院（McLaughlin Hospital）的大约300名医学专业人员讲道：

> 出生时，所有孩子天然都是依赖而无助的，这一不安的处境可能引发无助与自卑的感受。在成长中，大多数孩子都能摆脱这一感受，但有些孩子却会把它作为自卑情结带到日后的生活中。
>
> 成功与幸福在很大程度上取决于人的目标。如果孩子想成为一个对社会有用的人，他就会满足和快乐。如果他的目标对社会不利，他就很可能遭遇不幸。教师和父母必须确保孩子的目标是适当的。

当天晚些时候，阿德勒在附近风景如画的安娜堡（Ann Arbor）大学城，面对密歇根大学的学生做了讲座。看到他们如此关注个体心理学，阿德勒感到非常欣慰。与个体心理学日后在芝加哥的发展类似，底特律地区的教育工作者也将在未来数年里为阿德勒培养大量个体心理学的拥趸。美国中西部地区早就以偏重实用心理学而非理论心理学而闻名。毫无疑问，阿德勒乐观而实用的心理学说对这里的教授和教师更有吸引力，远胜于弗洛伊德以幼儿性欲为中心的晦暗而充满虚构色彩的学说。

在芝加哥附近讲学多日后，阿德勒终于在4月初回到了新英格兰地区，继续进行后续的讲学。此外，他也开始着手组建一些机构，希望它们能够成为在美国推广个体心理学的大本营。为此，他邀请了哥伦比亚大学的塞缪尔·豪斯（Samuel Daniel House）教授掌管一家专事教育心理学研究的新机构；同时，他也选择了青年精神病医生沃尔特·贝兰·沃尔夫来掌管与之相对应的医学机构。沃尔夫近日刚刚结束跟随阿德勒的紧张学习并返回美国。尽管当时的豪斯和沃尔夫寂寂无闻，但在随后的一些年里，两人都将成为阿德勒的左膀右臂。

在取得以上积极进展的同时，4月10日，《波士顿环球报》（*Boston Globe*）发表了一篇关于阿德勒的长篇报道。这篇文章的笔调延续了阿德勒在4个月的巡回演讲中所受到的一路称赞，其标题醒目地写道："你的独特自卑情结是什么？"

> 什么是自卑情结？它是如何产生的？有什么表现？怎么治？
>
> 多年来，人们一直在问这些问题，得到的回答也多种多样。有的有道理，有的没道理。
>
> 终于，我们可以得到一位行家的解答。他在20年前发现了自卑情结，并在这些年里一直研究它。
>
> 来自维也纳的阿尔弗雷德·阿德勒博士是教育学院的教师，也是22家儿童指导诊所的创办者。他还创建了自己的个体心理学派，同时也是众所周知的自卑情结之父。他已经来到美国，为我们讲解自卑情结。

看到这样一篇介绍个体心理学基本概念的详尽而又不吝溢美之词的文章,阿德勒一定感到非常高兴。该文在《波士顿环球报》发表后不久,他乘船从纽约港启程返回欧洲。近四个月前,刚刚抵达美国的阿德勒尚且毫不起眼,但是,在他4月11日愉快地登上"利维坦"号(Leviathan)时,他已经收获了公众的大量关注,甚至连他未来几月的模糊计划也都被《纽约时报》的一名记者一一记录。他对这位记者真诚地表示:"美国人对心理学的兴趣很不一般。"这一兴趣"十分浓厚,且令人惊讶"。

阿德勒在维也纳的家人和同事不知道,阿德勒已经迫不及待地想要告诉他们,似乎全世界都开始密切关注个体心理学,他也急切地想要进一步将其推而广之。他将兴高采烈地告知奥地利的朋友和同事,他已经把个体心理学的大旗成功地插在了美国的土地上。

第13章
回到欧洲

> 给所有为个体心理学开辟道路的人以自由施展的空间,并以极大的热情为他们提供支持。
>
> ——阿尔弗雷德·阿德勒

在豪华的"利维坦"号上度过了轻松的一周后,阿德勒于1927年4月17日回到了维也纳家中。虽然再次见到离别数月的家人和朋友,阿德勒感到非常高兴,但他很快就再次投入了密集的社会活动中。仅8天后,阿德勒就在维也纳大学组织学院(Histological Institute)礼堂向众多热情听众发表了演讲,其情其景好似阿德勒的返校庆典。向听众介绍阿德勒的是达维德·奥本海姆教授,后者是阿德勒的老朋友和老同事。当年,二人都是弗洛伊德的维也纳精神分析协会里的异见分子。

阿德勒的演讲由国际个体心理学会赞助,主要讲的是美国蓬勃发展的精神卫生运动。阿德勒赞扬了所有致力于帮助儿童及其家庭的医生、心理学者和教育工作者。"得益于物质极大丰富,"阿德勒讲道,"美国的社会福利在整体上远胜于大多数欧洲城市。"阿德勒也赞扬美国大学思想开放,并且能惠及更多普通民众。

不过,阿德勒也批评了美国精神卫生运动的某些方面。他表示,其"管理和最重要的机构……掌握在私人手中",不像在维也纳，主导儿童指导工作的是接受过个体心理学训练的公共教育工作者。阿德勒自豪地介绍了他在美国讲学的密集日程，还特别提及了即将进行的芝加哥与维也纳学校系统间的教师交换计划。他对兴奋的听众说，在他的努力下，"未来几个月会有很多美国人来到维也纳，他们想了解个体心理学在教育领域的应用，考察我们的治疗实践，同时了解维也纳的学校教育和福利事业"。

在阿德勒返回奥地利的那个春天，他经常和朋友们兴致勃勃地谈起他在美国的生活。在接受奥地利与德国几家大众刊物的采访中，他也谈到了这个话题。这些刊物有《汇报》（*Allgemeine Zeitung*）、《新维也纳晚报》（*Neue Wiener Abendblatt*）、《晨报》（*Morgen*）和《晚报》（*Abend*）。阿德勒对美国与奥地利在风俗上的巨大差异感到震惊。特别是，他认为，在1920年代中期，美国人的性格是崇尚竞争的个人主义与寻求合群的社会取向的奇异组合。"很少看到美国人独自坐在桌边，他们通常喜欢在群体中活动。……在仆人的问题上也有很大差异。与欧洲不同，在美国，仆人是富人独有的奢侈品。"在这一方面，"得益于移民限制措施"，美国的"劳工阶层为自身争取了一项特殊权利，并竭力捍卫之"。

阿德勒生性好强，难怪他会着迷于美国人看似矛盾的竞争意识。"当竞争动机得偿所愿时，个体的社会取向也体现得尤为明显，"阿德勒说，"即便美国人达到了他想要的目标，挣到了他想挣的钱，他也不会停歇，除非他能建立起某种形式的社会机构。这时，服务公众利益就变得非常重要，于是他会建立或资助公共服务项目、医院或大学。"

美国妇女所享有的不同于中欧妇女的权利也给阿德勒留下了深刻的印象。美国妇女接受高等教育的机会比奥地利妇女更多，因此美国妇女"在文化和社会生活中的作用要大得多"。阿德勒以弗洛伊德和荣格所无法想象的赞赏态度评论道："她们参与所有科学问题的研究,她们拥有的受教育机会远多于欧洲妇女,她们比我们的妇女更坚强、更自信。"不过,阿德勒也十分清楚美国妇女的社会经济地位,"尽管她们几乎活跃于所有行业,但她们的报酬仍然很低;因此整体地看,她们只是在表面上得到了承认。男性的特权……依旧稳固。"

在阿德勒看来,与欧洲的父母相比,美国的父母似乎更关心孩子的养育。他赞许美国政府投入大量资金和资源用于教育,但他也嘲讽道:"在大多数情况下,他们都采用了错误的教育方法,教育机构的管理者往往也不懂教育。"最后,阿德勒也在这些采访中表示,美国儿童往往"比欧洲儿童更骄纵,他们在父母的生活中也扮演着更重要的角色。他们不时大发雷霆,让父母束手无策"。美国人似乎每天都在"不停地赛跑",于是在阿德勒看来,他们常常显得太过忙碌而不能充分照顾他们的孩子。他希望,通过推广个体心理学,美国儿童在家中和学校的教育都能得到改善。

1927年夏,阿德勒在瑞士小城洛迦诺(Locarno)举办了一场规模盛大的教育论坛。途中,他在风景如画的南奥地利村庄基茨比厄尔(Kitzbühel)停留了几天。原因是,一位身材高大、举止文雅的苏格兰人埃尔南·福布斯-丹尼斯(Ernan Forbes-Dennis)邀请他重修旧好。福布斯-丹尼斯很想与他的英国妻子菲莉丝共同创办一所私立外语学校。这对夫妇已经步入中年,但还没有孩子。福布斯-丹尼斯曾在第一次世界大战期间参加战斗,在西部前线受了重伤。康复后不久,他娶了心上人菲莉丝·博顿。通过政治上的关系,他在维也纳获得了一份令人垂涎的外交工作。

博顿40多岁,身材苗条,一脸斯文,是一位乡村牧师的女儿。她出身于一个富有的美国银行家族，在英国萨塞克斯和美国纽约长大。博顿十几岁时喜欢上了戏剧，梦想将来成为一名戏剧演员。然而，在照顾患结核病的姐姐时，她也染上了这种可怕的疾病，并且病得很重，在一家疗养院里一住就是好几年。在那里，为了锻炼思维，她开始写小说，并以17岁的小小年纪出版了她的处女作。她是一位高产的写作者，她的小说以生动的人物刻画和对欧洲大陆的再现独树一帜。最终，她将以菲莉丝·博顿（Phyllis Bottome）这一婚前的名字而成为两次世界大战间英国最受欢迎的小说家之一。她的朋友也将包括富兰克林·罗斯福（Franklin Roosevelt）夫妇、辛克莱·刘易斯和埃兹拉·庞德（Ezra Pound）。后来，博顿也为阿德勒写了传记。

在1920年代初的维也纳，两人与文学艺术界的朋友过从甚密。1923年，他们准备生养孩子，不料菲莉丝的结核病再度复发，不得不去一家瑞士疗养院休养数月。夫妇二人决定在有益健康的山村基茨比厄尔定居，同时打算为有志学习外语的高中生建立一所学校。然而，两人都没有学过教育学，于是打算向阿尔弗雷德·阿德勒求教。阿德勒深谙儿童教育之道，这在维也纳的社交圈里尽人皆知。

在过去一年里，福布斯-丹尼斯曾与阿德勒在维也纳见过几次面，他也专心研究了阿德勒推荐给他的教材。同时，博顿也热切期盼有朝一日能与这位著名的个体心理学奠基人见面。但是，在基茨比厄尔第一次见到阿德勒时，博顿跟很多人一样也"大失所望"。"我本以为他是一个苏格拉底式的天才，会带领我们遨游心理学的世界。然而，我却发现他是一个和蔼可亲、体贴周到的人，也没有讲什么特别的东西，谁都能懂。阿德勒看上去矮矮胖胖，明显比我们年龄大很多，脸色蜡黄，相貌也平淡无奇。他和蔼宽厚，但眼神却难以捉摸，时而完全游离，时而又出人意料地锐利。"

然而几天之后，在一家乡村咖啡馆里，博顿却发现自己对阿德勒的看法发生了根本性的转变。阿德勒跟几个人谈话，有人偶然问起了他在第一次世界大战中做军医的经历。博顿后来回忆道："他深恶痛绝一切战争的暴殄天物和徒劳无功，同时也尖刻地嘲讽了发动了1914年战争的奥地利政客。"在场的一名维也纳女性随即指责阿德勒在英国人（英国是奥地利在战争中的敌国）面前批评自己的祖国，阿德勒温和地回答："我们都是同胞。无论在哪个国家，这些都是常识，人们都这样看。战争是对我们同胞的有组织的谋杀和酷刑，怎么可能不被人唾弃？"接着，他描述了自己在战地医院亲历的恐怖和痛苦，以及奥地利当局为了怂恿民众继续支持战争而一再撒谎。"在那几个小时里，"这位未来的阿德勒传记作者表示，"我不再认为阿德勒普通平常，我知道，我面前是一个伟大的人。"

―――

到了1927年，跟阿德勒一样，很多奥地利人都兴奋地看到，他们的国家正在走向繁荣，迎来一个进步的新时代。大多数社会民主党人都认为，不久之后，包括维也纳在内的整个国家都将施行和平的社会主义理念。然而不幸的是，年初一连串不可预见的政治事件突然给这个国家的未来蒙上了一层阴影。

几乎所有的奥地利历史学家都认为，变故始于1月30日发生的事件。当时，社会民主党正要在政治上颇为进步的沙滕多夫（Schattendorf）举行公开集会。（沙滕多夫位于风景如画的布尔根兰州，也是阿德勒父亲的家乡。）然而没等集会开始，附近一家酒馆里的右翼阵线战士（Front Fighters）成员却突然无缘无故地向人群开起枪来。包括一名8岁男童在内的两人被打死，另有5人受伤，其中也包括一名男童。3名开枪者起初逃离了现场，但最终被警方抓获并移交审判。

随即，奥地利社会民主党发起了虽然强硬却相当理性的回击。当周，他们成功地关闭了几家大型工厂以示抗议，并在全国范围举行了为期15分钟的象征性总罢工。在议会，社会民主党要求严惩凶手并解散布尔根兰的退伍军人组织。然而，关于1月30日事件的议会辩论并没有取得具体的结果。

在数月后启动的为期8天的审判中，右翼律师瓦尔特·里尔（Walter Riehl）为这几名阵线战士成员做了有力的辩护。7月14日，陪审团花了不到4个小时就做出了裁决，不仅3名男子均以自卫为由被宣告无罪，而且检察官的保底指控——阵线战士在自卫中过度使用武力——也被驳回。第二天，奥地利就开启了逐步滑向7年后的内战，并最终走上法西斯道路的历程。15日当天上午，颇有势力的维也纳全国工会未经批准发动了抗议罢工，并指挥数千名愤怒的示威者向市政大厦进发。与此同时，青年工人占领了司法部大楼，并于不久后将其点燃。占领者带着自以为是的兴奋把政府文件扔出窗外，而楼下的人群则迫不及待地将它们付之一炬。

关心政治的医生威廉·赖希目击了这一幕，他后来回忆道："一支武装警察部队正朝司法部大楼行进……到处都是不同年龄和职业的人。……不过成千上万的人只是旁观者。我走到了市政厅公园（Rathaus Park）。突然，附近响起了枪声。人群四散开来，向城市内环方向躲避。与此同时，公园里的枪声仍然在继续。骑警骑马进入人群。挂着红旗的救护车赶到，随即载着死伤者驶离。由于有两个敌对派别，所以这一情形本质上不是暴乱，只是现场有成千上万的民众，而成群结队的警察在向手无寸铁的人群开枪。"

在第二天秩序最终恢复之前，司法部大楼已经烧成灰烬。这一事件导致近90人死亡，数百人受伤。北部郊区的零星枪声持续到了7月16日，造成了更多的伤亡。第三天一早，维也纳的有轨电车又开了起来，报纸也恢复了出版。赖希回忆道："这座庞大的城市重新恢复了往日的样貌，仿佛什么都没发生过，可接下来就发生了一系列事件。"

事实上，无论在阿德勒的家乡维也纳，还是在整个奥地利，政治形势都已逆转。特别是，这场灾难暴露了摇摆不定的奥托·鲍尔领导下的社会民主党的天然弱点。在长达两天的大规模骚乱和警察对民众的血腥枪击中，他没有采取任何像样的行动，这令该党的众多成员备感失望。特别是，他没有授权该党训练有素的民兵组织去帮助手无寸铁的抗议者。由于看不惯社会民主党的做法，赖希等部分社会民主党支持者于是决定倒向更加激进的奥地利共产主义。政治左翼中有许多人一向怀疑鲍尔关于和平民主改造资本主义的乐观判断，此时，他们也开始倒向共产主义，其中包括阿德勒在奥地利和德国的几位重要左翼支持者。此外，另一些对社会民主党深感失望的维也纳进步人士也彻底告别了政治，不再支持社会民主党。

与此同时，右翼政党则试图抓住7月15日的事件为己所用。他们精明地发现，这是一个将严重骚乱归咎于宿敌的天赐良机。在议会辩论中，身为天主教高级教士和基督教社会党人的奥地利总理伊格纳茨·赛佩尔（Ignaz Seipel）首先发难，宣布支持沙滕多夫枪击案的无罪判决，并指责社会民主党试图在判决前后将审判政治化。鲍尔用嘲讽的口吻回应道："现在流行开枪，赛佩尔这种人似乎巴不得有人枪击民众。"在那年夏天举行的社会民主党代表大会上，信奉社会主义的维也纳市长卡尔·塞茨（Karl Seitz）也信口开河："我们深信，随着民主的发展，我们的一系列目标都会实现，根本无须使用暴力。"

然而，这种讽刺挖苦和空口大言并没有任何实际效果。在随后数月中，社会民主党在地方和国家层面遭受了一系列重大的政治挫败。早在8月，基督教社会党控制的议会就在未经公开辩论的情况下成功地通过了几项新的学校立法，以此来扭转阿德勒的教育家朋友卡尔·菲尔特米勒的改革举措。过去，在提供丰富课程的普通义务教育中学，学生必须达到14岁才能选择随后的受教育路径。现在则实行折中的做法，允许一部分有天赋的普通初级中学（Hauptschule）学生参加大学预科入学考试。这项联邦法律在很大程度上结束了由阿德勒及其同事们所大力推行的维也纳学校改革。此后，社会民主党再未努力深化或扩大教育改革。

随后，还是在8月，在维也纳警察代表的选举中，控制权从独立工会（Independent Trade Unionists）落入了基督教社会党手中，于是后者就拥有了向抗议人群开枪的正当理由。9月，议会否决了鲍尔对遭受指控的7月15日骚乱者实行大赦的提议。在10月份的一次金属制品工人工会集会上，他公开承认，奥地利的社会民主正在衰落。但是，社会民主党主席仍然号召工会成员继续为"和平民主改良"而英勇斗争。

阿德勒也这样认为。近十年来，他一直反对布尔什维克的观点，即暴力革命是实现人道目标的正当手段。在列宁以俄国无产阶级的名义上台以来，阿德勒曾多次在文章和公开采访中谴责"阶级斗争"的概念。他认为，这是懦弱和苦难的人们所宣扬的"仇恨"意识形态。7月15日后不久，赖希与弗洛伊德讨论了这一重大事件。赖希回忆道："在我看来，弗洛伊德完全不了解这一事件，他认为这场灾难跟海啸没什么分别。"阿德勒能够在政治上更为深入地理解那血腥的一天里汇集在维也纳的各方力量，但他仍然认为，长期来看，和平民主改良仍然可行。

不幸的是，他在中欧的追随者们并非都像他一样乐观。他们看到，奥地利东侧的邻国匈牙利已经建立了法西斯政权。在墨索里尼的统治下，意大利也走上了同样的道路。在德国，极端激进的纳粹党等多个极右翼组织正在稳步壮大，并且向支持他们的奥地利势力提供武器和资金支持。事实上，对沙滕多夫枪击案的判决极大地鼓舞了奥地利本土的法西斯组织保安团（Heimwehr）。保安团是一家准军事组织，自1920年以来，其影响力一直在稳步上升。由于事态越来越严重，阿德勒的左翼支持者们开始认为，他此刻应该明确而果断地宣布倒向革命的马克思主义。

━━━

毫无疑问，这些支持者中最有影响力的是阿莉塞·吕勒-格斯特尔（Alice Rühle-Gerstel）。阿莉塞于1894年出生于布拉格，是一位富有的德国犹太裔家具制造商的女儿。阿莉塞个性执拗，与母亲的关系很不好，所以不喜欢待在家里。十几岁时，她活跃于布拉格文坛，并在那里遇到了维利·哈斯（Willy Haas）、埃贡·基施和弗朗茨·韦费尔等著名作家。

18岁时，阿莉塞获得认证，正式成为一名音乐教师。但在战争爆发后，她并未遵从父母的意愿继续从事这一职业。在1914到1915年间，她主动到一家战地医院参加了护理工作。后来，她进入布拉格大学学习德语和哲学，并逐渐对政治产生兴趣。与较为传统的、接管家族企业并成为一名大工厂主的哥哥不同，阿莉塞成了一名忠实的社会主义者。

第一次世界大战结束后，阿莉塞继续在慕尼黑接受教育。在那里，她被个体心理学所吸引，并且接受了阿德勒在德国的主要助手、精神病医生莱昂哈德·赛夫的精神分析。1921年，阿莉塞完成了大学学业，并且嫁给了著名的社会主义理论家奥托·吕勒（Otto Rühle）。

吕勒几乎比阿莉塞大20岁。长期以来，他一直是德国政坛的重要人物。战前，他曾为德国社会党工作，并且出版了一本重要的社会学著作《无产阶级儿童》（*The Proletarian Child*）。1912年，他当选为德国国会议员。两年后，当德国议会几乎一致同意参战时，他勇敢地表示了反对。吕勒对德国社会民主党的好战态度感到沮丧，于是决定进一步向政治左翼靠拢，并协助建立了德国共产党。然而事实证明，德国共产党也令吕勒深感失望。没过多久，他就批判了列宁所施行的政策，并彻底与布尔什维克划清了界限。由于对政党政治完全失去希望，吕勒把全部精力投入了关于社会与经济问题的写作中。

尽管双方年龄悬殊，阿莉塞和吕勒的婚姻却非常幸福。吕勒向阿莉塞详细介绍了马克思主义经济学理论，阿莉塞也教吕勒认识了阿德勒心理学。对吕勒来说，阿莉塞的引介正当其时，因为自1920年代初以来，他一直想弄明白，在德国魏玛政府下饱受压迫的工人阶级为何没能在革命大潮中奋起反抗。他发现几乎没有解释能说得通，直到开始阅读阿德勒的著作后，他才从中找到了一个满意的答案——大多数德国工人自幼体验自卑与无助，因而缺乏挑战政府权威所需的自信。

1920年代中后期，阿莉塞与吕勒一起综合了马克思与阿德勒的学说。显然，他们着眼的是实际事务，而非学术探讨，因为两人都在想方设法推动反抗资本主义的政治行动。（几年后，威廉·赖希也将尝试综合弗洛伊德与马克思的学说。）1924年，这对激进的夫妇在德国建立了一家机构，以此来推广他们的"自我觉察式教育"。在这家机构里，教师和其他感兴趣的专业人士可以与工人阶级父母一起推动社会主义式的教育。

在这些年里，阿莉塞和吕勒也做了几百场讲座，主题有马克思主义、历史、教育和妇女问题。特别是，作为一名狂热的个体心理学倡导者，阿莉塞大力宣扬了个体心理学的理念。此外，阿莉塞还在阿德勒的国际期刊上发表文章，并与她的丈夫一起积极支持各种左翼组织，例如学校改革者协会（The Society of Decisive School Reformers）、儿童之友（The Friends of the Children）、和平无产阶级协会（The Society of Proletariats of Peace）和性改革协会（The Society for Sexual Reform）。此外，这对激进的夫妇还在家里创办了一家出版公司，出版各种社会主义理论书籍和一份名为《无产阶级儿童》（The Proletarian Child）的杂志，以此来向工人阶级父母传播社会主义思想。

1924年，阿莉塞写了《弗洛伊德与阿德勒》（Freud and Adler）一书，在其中对比了精神分析与个体心理学。这是一本相对平衡的著作，作者清晰地展示了二者各自的优点和缺点。她没有在书中加入很多马克思主义思想，而是强调了弗洛伊德和阿德勒学说在深入理解人类心智方面的互补性。然而，在随后几年里，阿莉塞显然激进了许多，因为她的第二本书《通往我们的道路》（The Road to We）与她的第一本书迥然有别。

这部作品发表于1927年，其副标题是《将马克思主义与个体心理学相结合的尝试》，里面到处都是马克思列宁主义的概念，比如阶级斗争、无产阶级专政、战术性武力使用和暂时的群众贫困。作者把这些概念视作消灭阶级后的新社会的基础。阿莉塞不仅将共产主义描述为"资产阶级"自由民主的逻辑归宿，她也不关心布尔什维克夺取政权十年间俄国事态的实际状况。在阿莉塞看来，阿德勒心理学为民众发动推翻资本主义的革命提供了有力的自我认知工具。于是，民众将克服他们的疏离感，共同形成一个"存在社会经济秩序和人际联系的"真正的团体，这是"我们的运动的唯一目标"。

在这本书的结尾处，阿莉塞乐观地预言了一种"新的联合"，"阶级斗争与勇气将不再局限于特定领域"，以便形成"真正具有阶级意识的行动"。"在这里，马克思主义与个体心理学已经不再是互不相干的学说和运动。……这一人类的联合是必将从必然王国跃升至自由王国的时代所不可缺少的意识形态，因而也是可以实行的意识形态。……马克思主义与个体心理学的综合还没有成为现实，"阿莉塞宣称，"但是，在通过阶级斗争构建社会的努力中，这一结局终将到来。"

对于这本书的出版，阿莉塞在奥地利和德国的支持阿德勒的朋友们感到非常高兴。当时只有22岁的马内斯·施佩贝尔在几十年后津津有味地回忆道："我特别喜欢这本书。'我们'（Wir）一词多年来一直萦绕在我的心头，它是我的夙愿。它意味着一条道路和一个目标。她谨慎而勇敢地表达了信仰马克思主义的阿德勒支持者们所可能同意的观点。不像奥托（他有时很难忍受恶意的反对或毫无意义的扯闲篇），阿莉塞总能保持冷静。……她辩论起来就像一位技艺高超的击剑手。……她当然不丑陋，但也不漂亮，可在分析非常复杂的心理学病例时，她却散发出一种交织着少女气息与明亮澄澈的迷人风采。"

施佩贝尔并非唯一迷恋阿莉塞的阿德勒支持者。9月中旬，当第四届个体心理学大会在维也纳开幕时，他帮助组织了一次秘密会议，并且邀请了所有像她一样笃信马克思主义并主张政治革命的人士参加。他们从当代奥地利哲学家马克斯·阿德勒的著作中寻找灵感，因为其通过社会主义创造"新个体"的呼吁似乎能够对个体心理学的治疗形成补充。他们寻求阿尔弗雷德·阿德勒给予支持，但后者礼貌地回绝了他们的要求，这令他们非常失望。正如施佩贝尔日后所回忆的那样，阿德勒巧妙地比喻说，他将"继续独立与中立地看待他们的马克思主义"，"就像我独立与中立地看待信仰天主教或新教的心理学家们试图把我的观点与宗教教义相结合一样"。

显然，阿德勒只是在圆滑地答复阿莉塞、施佩贝尔等马克思主义心理学家。从本质上讲，他是一个不愿看到矛盾与冲突的人，他不想让这件事牵扯到这次规模盛大的个体心理学大会，这次大会实际上把他所有的欧洲同行和同事都召集到了一起。阿德勒对所有人都非常亲切。他就许多主题发表了演讲，比如儿童指导、教育和性格发展。此外，他还介绍了自己治疗神经症和精神分裂症的一些最新的想法和做法。

然而在私下里，阿德勒却对阿莉塞决定在7月15日的灾难性事件发生后不久出版《通往我们的道路》一书感到非常不安。她把个体心理学学说与宣扬阶级斗争、无产阶级专政和苏联共产主义的煽动性口号相结合，这么做不仅显得愚蠢，而且必定会让阿德勒的同事们长期以来在中欧的维也纳、柏林等地区所努力推行的教育改革在政治上遭遇更大的阻力。但是，生性害怕冲突的阿德勒尽管心里愤怒，却仍旧在随后几年里与阿莉塞及其支持者们保持了愉快的关系。他还继续在他的国际期刊上发表他们的文章，虽然这些文章均为当代文学和心理治疗等政治之外的题材。

阿德勒认为，假如各色人等看上去都在追求公共利益，那么与他们联合往往就是必要甚至不可避免的。阿德勒几乎不关心那些声称支持他、试图充当个体心理学代言人的都是些什么人，这一点与搞过幕后阴谋、对政治高度敏感的弗洛伊德迥异，他这么做或许也显得过分天真。最终，阿德勒在分配职责时的漫不经心（甚至是漠不关心）将伤害个体心理学运动本身。不过，这一后果要到很久之后才会显现。

在接下来的几个月里，阿德勒忙着在欧洲大陆演讲、咨询、以及协助设置新的教育与心理课程。在生活方面，他积极帮助赖莎布置了他们刚刚买来用作度假的乡村别墅。这座别墅位于历史悠久的沙曼多夫（Salmannsdorf）村，距离维也纳市中心的圣斯特凡大教堂（Stephansdom）约一小时路程。阿德勒不顾经商的朋友与亲戚的建议，买下了这块昂贵的地产。这幢大而多窗的房子带有一座美丽的花园，放眼望去，从森林小丘延伸至苍茫远山的乡村景色尽收眼底，十分壮观。不远处，圣斯特凡大教堂的圆顶与尖顶巍然屹立在斑驳的平原上。对阿德勒来说，这里似乎是一个招待日渐增多的外来访问者的好地方，同时也是一项上佳的财务投资。他仍然清楚地记得，在奥地利战后的恶性通货膨胀时期，银行户头里的钱、包括他辛苦挣来的积蓄的价值遭到了多么严重的蒸发。

阿德勒的事业空前成功，与此同时，他也开始忙着准备他的第二次并且时间也长得多的美国之旅了。

第14章
重返美国

你有自卑情结吗?

你感到不安吗?

你胆小吗?

你高傲吗?

你唯唯诺诺吗?

你觉得自己命不好吗?

你了解别人心里想什么吗?

你了解你自己吗?

找一个晚上陪陪自己,

去探索你的内心世界吧。

让这个时代最伟大的心理学家之一

去引导你发现珍宝吧。

——《理解人性》广告语

1928年2月初的一个大风天,阿德勒抵达纽约,在东60街的酒店套房里举行了记者招待会,并立即引发了民众的关注。他宣布,他将在社会研究新学院(New School for Social Research)举办系列讲座,随后将访问芝加哥、费城等多个大城市。《纽约时报》翌日报道,阿德勒就"忧郁、娇惯的年轻人与自杀"等话题发表了自己的观点,并"意外地否认他曾是西格蒙德·弗洛伊德博士的学生"。

人生的动力

讨论过自己对忧郁症（我们今天称之为临床抑郁症）的理解后，阿德勒泛泛地说："所有心理疾病都源自幼儿期的某些错误。娇生惯养的孩子总是试图在日后成为众人注意的焦点。假如一件事不能让他成为关注的中心，这样的事就不会让他感兴趣。娇生惯养的孩子不是好的婚姻伴侣，因为他总是考虑自己，而婚姻是两个人的事。"

随后，阿德勒举了4个例子来说明互相帮助与分享对幸福婚姻的重要性。此外，他还批评笔迹分析和看手相等流行的算命游戏"毫无意义，因为人一生中会遇到很多能够让他改变生活态度的情形"。谈及其他话题，阿德勒断言"所有自杀都是懦弱的逃避"，并再次强调了生命早期学会克服失望与沮丧的重要性。阿德勒表示（或许得自他自身的体会），成功者都拥有这一技能。他强调："不面对困难，我们就无法取得进步。"

尽管长期以来，阿德勒一直在谈论同样的问题，但是随着他的新书《理解人性》的出版，他在美国获得了更多的认可。这本书在数月前的1927年11月出版，是阿德勒面向英语世界的第一本畅销书。无疑，它比《神经症体质》和《个体心理学实践与理论》更加通俗易懂。当阿德勒在隆冬时节来到纽约时，《理解人性》已经在加印，并最终将售出数百万册。

《理解人性》的内容来自阿德勒在维也纳人民学院为期一年的成人教育公开讲座。显然，这本书所瞄准的读者是美国大众。不过，他并没有真正去写这本书，阿德勒的许多通俗读物都是如此。阿德勒与弗洛伊德不同，后者的作品无论意象还是表达都充满了美感，理应收获世人的赞誉，而阿德勒在这一方面却乏善可陈。除去与远方的家人交流情感外，他对写作没有任何兴趣。于工作而言，写作也只是他借以向诊室或讲座现场之外的听众传达信息的工具。

组织、编辑与翻译阿德勒人民学院演讲的任务落在了沃尔特·贝兰·沃尔夫身上。沃尔夫20多岁,是一名美国精神病医生。过去两年,他曾在维也纳跟随阿德勒学习,并对其思想与医术赞不绝口。与阿德勒日后请来编辑甚至代笔其英语作品的其他助手一样,沃尔夫也是十分理想的人选。父亲是一名维也纳医生的沃尔夫自小在美国圣路易斯(St. Louis)长大,后来入读达特茅斯学院。他虽然读医学预科课程,却同时在该院的文学杂志《杰克南瓜灯》(*Jack O'Lantern*)做编辑,并在多家美国大报发表诗歌。1921年,青年沃尔夫回到圣路易斯,在华盛顿大学接受医学训练,随后成为一名美国海军军医。后来,他转向精神病学,并赴维也纳师从鼎鼎大名的阿德勒。

虽然《理解人性》的确是写给大众看的,但以今天的标准衡量,这本书很难说是大众心理学。它的内容是半专业性的,比如,一些章节有《气质与内分泌》和《表现为适应不良的未驯服本能》之类的副标题。从本质上讲,《理解人性》一书呈现了阿德勒对人从出生到童年再到青少年期的人格发展的一系列重要问题的回答。书中几乎没有提及诸如性、婚姻和养育等与成人有关的话题,而在阿德勒随后面向美国听众所做的无数场演讲中,这些话题却会占据非常重要的位置。

在这本书开头,阿德勒便解释道:"写这本书是要说明,个体的错误行为如何影响我们和谐的社会生活,进一步说,写这本书是要让个体认识自身的错误,并指导他做出调整,以此来让社会生活更加和谐。虽然在商业与科学领域犯错代价巨大,后果严重,但在生活中犯错却往往危及生活本身。"

在阿德勒看来,个体所遭遇的困难来自我们早年(几乎总是在四五岁时)面对生活时所采取的适得其反的错误策略。为了克服天然的自卑感,所有的孩子都在想方设法维系一定程度的自尊。在实践中,我们所采取的具体方式通常与生物学和社会因素有关。例如,为了获得胜任感,身体瘦弱的孩子可能会专注于阅读等纯脑力活动，而身体强壮的孩子则可能喜爱各种体育运动。无论在童年、青春期还是成年期，当我们用以赢得自尊的某种策略开始失效，甚至产生负作用时，我们都会陷入迷茫。

例如，一位成功的化学研究者年近而立之年，却发现自己日渐孤独和忧郁。虽然夜以继日的艰苦研究已经无法让他感到满足，但他也不知该如何交友和恋爱。对阿德勒来说，这样的人就必须首先认清潜藏于他们内心的生活策略（在此例中，即通过孤独的智力工作来获得尊重），然后采取适当的行动来实现他们理想中的生活。

在《理解人性》这本书中，阿德勒始终乐观地认为，我们都可以在必要的时候弃用或改变我们早期的生活策略，并借此获得成长。他认为，这不是一件容易的事，需要持久的坚持和努力才有可能做到。即使存在非常负面的、有可能造成长期心理创伤的因素，阿德勒也不认为我们只能被动承受。他很有先见之明地指出："令我们偏离成长道路的不是我们的客观经历，而是我们对事情的态度和看法，以及我们看待与衡量事情的方式。"如今，这一见解已经主导了当前人们对生活压力与疾病的研究。

尽管维也纳的人民学院以其鲜明的特点吸引了许多左翼学生和知识分子参加其公开讲座，但《理解人性》中却鲜有经济学批判，只零星提及"阶级不平等"，以及诸如"阶级差异……让一个阶级享受特权，又让另一个阶级被奴役"等观点。偶尔，阿德勒也会特别赞赏马克思和恩格斯关于"经济基础（人生活于其中的技术形式）"如何"决定他们的……思想与行为"等见解，"从一定程度上说，我们所说的'人类共同生活的逻辑'和'绝对真理'与这些见解是一致的。"

在日后主要面向美国读者的作品里，阿德勒将彻底摒弃一切马克思主义思想。在1920年代，随着时局不断发展，也随着他的个体心理学运动不断在大的政治方向上卷入派系斗争，阿德勒对社会主义的兴趣也似乎越来越冷淡。与阿德勒对资本主义的批判相比，他对男权社会的抨击要强烈得多。在这一方面，《理解人性》只是阿德勒所写的坚持如下认识的第一本畅销书（比弗洛伊德和荣格激进得多），"我们所有的制度、传统观念、法律、道德和习俗都证明了这样一个事实：它们是由居于特权地位的男性为了荣耀男权而决定和维系的。这些制度可以渗透到托儿所，对孩子的心灵造成巨大的影响。"

在颇费笔墨的一段内容里，阿德勒继续从历史角度总结道："男性主导并非天然如此。""这里不存在区分'男性'与'女性'性格特征的正当理由。"提供多个例子说明性别角色刻板印象（特别是关于女性地位低下的认识）如何"毒害"婚姻等几乎所有社会关系后，阿德勒坚定地表示："我们有责任支持妇女解放运动努力争取自由与平等，因为全人类的幸福最终取决于此。"

对阿德勒来说，这一重要社会变革的关键推动者是公立学校。"如果父母是好的教育者，有足够的见识和能力及时发现孩子正在走上错误的道路，而且，如果他们还能通过适当的教育来改正这些错误，那我们就乐于承认，没有什么机构比他们更适合保护这些重要的人。"

"然而遗憾的是，父母既不是好的心理学家，也不是好老师，"阿德勒解释道，"不同程度的病态家庭利己主义似乎在今天的家庭中大行其道。这种利己主义要求自己家的孩子受到特别的养育和珍视，哪怕以牺牲其他孩子为代价。"

阿德勒承认，传统的公立学校"做不好这件事。今天的老师几乎没人擅长这件事。他只是把某一门课程的知识教给他的孩子们，而不去关心他所面对的孩子本身。而且，班级里人满为患，这一点也不便于他去做这件事"。

尽管如此，阿德勒的结论仍旧是，只有建立在个体心理学的进步而科学原则之上的公共教育机构才能实现有效的社会变革。

人生的动力

曾亲身体验压抑式教育之害的阿德勒激动地宣称:"直到今天,情况一直都是……手握学校的人把它变成了一件满足其虚荣与野心的工具。如今,我们听到要求在学校里重新树立旧式权威的各种呼声。旧式权威曾经取得过什么好的结果吗?一个总是被人发现有害的权威如何能够在一夜之间变得有益呢?只有关照儿童心理发展需求的学校才可能是好学校。有了这样的学校,我们才可能谈论服务社会生活的学校。"

对1920年代的美国公众来说,《理解人性》无疑是一部新颖的作品。阿德勒用一种尽可能通俗的有益而实际的方式谈论了个性发展的话题。虽然阿德勒无法像弗洛伊德那样有力地运用黑暗意象,但他却善于从日常家庭生活中选取读者喜闻乐见的具体事例。不过,如果没有格林伯格出版社(Greenberg Publisher)大规模的睿智营销,《理解人性》也不大可能在市场上取得非凡的成功,令整个20年代里弗洛伊德作品在美国的全部销量黯然失色。

格林伯格出版社的所有者是杰·格林伯格(Jae W. Greenberg),他在3年前刚刚成立了这家公司。格林伯格毕业于哥伦比亚大学。早在该校就读期间,他就曾为多德米德公司(Dodd Mead & Company)兼职工作,编辑《新国际百科全书》(New International Encyopedia),并自此踏足纽约出版界。当时,他很喜欢这份工作,于是便向老板弗兰克·多德(Frank H. Dodd)吐露了自己想从事出版事业的心愿。多德简短地回答他说:"如果你想过有趣的生活,又不在乎挣多少钱的话,那我就推荐你做。"

16年后的1924年,格林伯格出版社成立,时值美国出版业黄金期。甫一成立,这家公司就推出了一部极其畅销的作品——《托尼·萨格的儿童书》(Tony Sarg's Book for Children)。这部被《纽约时报》一篇整版书评誉为"史诗"的作品很快就推出了价格50美元的限量版本,第一本被柯立芝(Coolidge)总统买去送给了他的孙女。1925年,格林伯格买下了阿德菲公司(Adelphi

Company），并很快再创佳绩，在桥牌风靡之际出版了罗伯特·福斯特（R. F. Foster）所写的《合约桥牌》（*Contract Bridge*）一书。

格林伯格敏锐地将《理解人性》定位为一本自助读物，而非哲学或科学作品。阿德勒抵达美国几周前，以下的整版广告就以引人注目的当代风格出现在了1928年1月期的《出版人周刊》上：

> 你有自卑情结吗？……你感到不安吗？……你胆小吗？……你高傲吗？……你唯唯诺诺吗？……你觉得自己命不好吗？……你了解别人心里想什么吗？……你了解你自己吗？
>
> 找一个晚上陪陪自己，去探索你的内心世界吧。让这个时代最伟大的心理学家之一去引导你发现珍宝吧。

杰·格林伯格掐准了美国的脉搏。在不到6个月的时间里，《理解人性》就加印了3次，销量直冲10万册。《理解人性》使阿德勒在全美一炮走红，同时也促使格林伯格出版社推出了一系列心理学与教育类别的重要著作，其中有阿德勒的另外5本书和约瑟夫·贾斯特罗[①]的几本书。约瑟夫·贾斯特罗还写了一本普及精神分析的书名俗气的书——《弗洛伊德——他的梦与性理论》（*Freud: His Dream and Sex Theories*），这本书也成了畅销书，难怪弗洛伊德要对美国人对其学说的粗俗兴趣冷嘲热讽。

但是，《理解人性》的巨大成功并不能简单归因为营销做得好，它的新颖与简明也给大多数评论家留下了深刻的印象。主流的《调查》（*Survey*）杂志以赞赏的口吻评论道："阿德勒强烈主张，所有人都应当有机会了解关于人性的知识，而非只有少数科学家才能了解。因为只有了解，我们才能与我们自己、我们的社

[①]约瑟夫·贾斯特罗（Joseph Jastrow，1863—1944），美国心理学家。——译者注

会和我们的世界保持令人满意的关系。"

哥伦比亚大学心理学家塞缪尔·豪斯是一位颇有影响力的大众心理类书籍评论家,他也非常欣赏这部作品。豪斯在《书人》(*Bookman*)杂志中写道:"理解阿德勒所说的人性,就是要有一种崇尚合作而非竞争的社会哲学,就是要在幼儿身上发现具有可塑性和创造性的人格,就是要把家庭和学校看作培养孩子自信与自立的最佳场所,就是要把生活看作将自我与各种社会环境相融合的一系列问题。……阿德勒博士的作品告诉我们,为生活服务的心理学才是唯一值得我们认真关注的心理学,因为人类迫切需要一种对行为(以及不当行为)的现实的深入理解。"

豪斯在同月的《星期六文学评论》中进一步表示:"阿德勒解决源自人性的不和谐与适应不良问题的方法不仅为心理学打开了新的篇章,而且也是教育的新起点。……我们或许可以把阿德勒的作品视作教育社会学,并且在整体社会观和提倡教育创新方面将他与约翰·杜威相比较。或者,如果从偏向医学的角度来看待他在启蒙方面的贡献,那么我们或许可以非常确定地把他视作教育精神病学这一相对较新领域的先驱。"

豪斯继续评论道:"(阿德勒的)哲学吸收了尼采的智慧,又因极力主张合作原则优于占据统治地位的竞争原则而更具人性。他的心理学也与所谓的完形心理学有很多共通之处。……因此在临床方面,阿德勒一直强调,父母和教师要激发孩子的自信,唤醒他们的合作意识,让他们的自我融入社会,更具人性。陪伴孩子,亲切地面对他们,真正放下身段跟他们交朋友,欣赏他们的内心世界,这些是阿德勒关于理解人性的几条重要原则。"

"很高兴能找到行文如此通俗和体贴的心理学家,"豪斯夸赞道,"对于我们极为关注的问题……摒弃了学究式的生硬呆板……和武断的精神分析学者式的不着边际。沃尔特·贝兰·沃尔夫博士把艰涩难懂的德语翻译成了明白晓畅的英语,他是阿德勒最重要的美国弟子。"

在学术界，《理解人性》总体上也获得了高度的赞扬。《美国社会学杂志》（*American Journal of Sociology*）宣称："在所有的精神病医生中，阿德勒博士似乎是在气质和视角方面最接近社会学家的一位。在早期作品中，他对社会关系在个体成长中的作用给予了极大的肯定。在这本由一系列通俗讲座整理而成的作品中，我们很容易就能找到这些观点。"

由于公众对《理解人性》的反响异常强烈，格林伯格迅速行动，邀请阿德勒在24个月内再度撰写两本大众心理类作品。签订于2月15日的合同里所显示的两本书的书名分别为《生活风格》（*The Style of Life*）①和《儿童教育》（*The Education of Children*）。

由于阿德勒迫切想要在看似正在不断壮大的美国读者中传播他的心理学理念，在签署上述及后续出版协议时，他很可能有些操之过急。跟《理解人性》一样，阿德勒将发现，他越来越依赖兼职编辑来把自己的讲座内容转化成为适合阅读的书稿，他后来的英语作品几乎都来自同样的过程。不幸的是，由于对写作缺乏兴趣，阿德勒倾向于在截稿压力下放任助手仓促完成这一代笔工作，有时甚至有粗制滥造之嫌。最后，即使是曾经支持阿德勒的评论家们也开始批评他，因为他似乎放弃了他在解决人类问题时的谨慎的学者式做法。

但此时，这本书已经为阿德勒在美国获得更大的知名度铺平了道路。抵达纽约后没几天，阿德勒就已经在忙于一系列讲学活动。有代表性的活动如2月10日，他为当地的家长理事会成员及其朋友们举办了一场为期一天的儿童治疗报告会。上午，阿德勒即兴点评了一个陌生病例，病例的主角是一名在家里和学校都存在行为问题的5岁男孩。这个名叫罗伯特的男孩存在吸吮拇指、经常

---

①后来以《生活的科学》（*The Science of Living*）为书名出版。——译者注

不听话、不喜欢跟小伙伴玩耍和像婴儿一样牙牙学语等问题。

阿德勒的分析摒弃了涉及性的解释，他表示，男孩的行为问题源自关注不足。除去强调父亲（不只是母亲）要花更多时间陪伴罗伯特之外，阿德勒的创新还在于关注孩子的长处与兴趣。特别是，罗伯特很有艺术与音乐天赋，歌唱得很不错。此外，他还擅长摆弄机械玩具和搭积木。

阿德勒乐观地说："孩子有这样的兴趣，你就可以放心，他肯定没问题。他能学到更多的东西。父母只需相信，他也能在其他方面取得进步。无论哪个人都能做成任何事。这一点想必是所有教育者的座右铭。"

阿德勒建议这个男孩的父母鼓励孩子发展兴趣，同时增强他与别人打交道的自信。"也许我们可以找到一种既能让孩子充满勇气，又能让他们成为诗人或音乐家的养育方式。"他在上午的活动接近尾声时喃喃说道。

下午，阿德勒又点评了一个名叫萨莉的11岁女孩的病例。萨莉十分好动，喜怒无常，学习成绩也不好。萨莉是在婴儿时期被收养的两个孩子当中较小的一个，她也有攻击倾向。念了有关萨莉的兴趣和日常活动的病例信息后，阿德勒再一次表示了他的乐观。"做父母的没必要感到担心，"他温和而确定地表示，"孩子在努力，但是对自己缺乏信心。犯错后，她需要得到鼓励，也需要父母跟她解释清楚。……她心里感到不安。如果我觉得自己处在危险当中，我也会更加关注自己（而不是学习）。……让孩子从恐惧和焦虑中解脱出来，然后你就可以放心，她的成绩肯定会提高。我喜欢这个女孩。"

通过那年冬天在纽约等地所做的类似讲座，阿德勒开始对美国精神卫生领域产生长期的影响。年轻的卡尔·罗杰斯（Carl Rogers）就是受启发者之一，他后来成为心理咨询与人本主义心理学领域的先驱。日后，罗杰斯将这样回忆道："我有幸在1927年底、1928年初的冬天见到阿尔弗雷德·阿德勒博士，听他讲课并跟他学习，当时我在纽约市新成立的儿童指导研究所（Institute for Child Guidance）实习。研究所在大萧条中关闭了。由于我已经习惯研究所的弗洛伊德式死板做法（做了75页病历记录，攒了一大沓详尽无遗的测试，对孩子的治疗还没开始），所以阿德勒博士那种一上来就把孩子和父母的问题直接点出来的看似简单的方式令我十分震撼。我很久之后才意识到我从他那里学到了多少东西。"

———

1928年2月中旬，阿德勒接受了他在美国的第一份教职——在社会研究新学院讲授一门关于个体心理学的课程。社会研究新学院成立于近十年前的1919年，校舍是曼哈顿区切尔西地区的6幢褐色建筑。从一开始，新学院就为激进和有争议的思想家提供了一处避风港，它拥有历史学家查尔斯·比尔德（Charles Beard）和社会学家索尔斯坦·维布伦（Thorstein Veblen）等杰出人才。著名行为主义心理学家约翰·华生此前也一直在那里兼职讲授心理学。此外，那里还有诸如阿德勒的新朋友艾拉·怀尔等许多著名精神卫生学者。

新学院几乎所有的课程都集中在公共事务、社会科学和社会工作方面，其学员多为因工作关系寻求额外学分的大学毕业生。尽管新学院拥有很高的学术水平，但它在建校初期遭遇了严重的经费困难，并被迫在1922年大幅削减项目，直到后来实施重大重组。1922年，才华横溢、目光远大的年轻学者阿尔文·约翰逊（Alvin Johnson）成为这所大学的负责人。他曾是《新共和》杂志的董事和记者，也是多所著名大学的教授。在他的大力整顿下，新学院的运营开始企稳并步入增长轨道。1927年，新学院开始筹备迁入一幢属于自己的建筑。

第一次有机会向美国的专业人士系统讲授个体心理学，阿德勒感到非常高兴。他的课排在周二和周四晚上，时长为一个半小时，正巧与怀尔讲授的青少年行为障碍课程重叠。在12次课的讲授过程中，阿德勒介绍了个体心理学的许多基本概念，涉及的主题有"个体心理学及其对科学与生活的意义、作为精神与心理发展基础的自卑感、优越情结、生活风格、家庭与学校中的问题儿童、作为社会问题的生活问题、爱情与婚姻，以及梦与如何解梦"。

为了配合他在新学院的课程，阿德勒还为有意深入了解个体心理学的人士建立了讨论小组。协助他开展这一工作的是他在美国的几位亲密同事，比如社会工作者西比尔·曼德尔（Sibyl Mandell）和青年精神病医生沃尔特·贝兰·沃尔夫，后者刚刚翻译了阿德勒的《理解人性》。毫无疑问，阿德勒想以这个小圈子为核心来在美国大力宣扬个体心理学。

他为讨论小组准备的简短讲义中有一篇题为《个体心理学与精神分析的简要比较》（A Brief Comparison of Individual Psychology and Psychoanalysis）的概述。在这篇从未发表因而鲜为人知的文章中，阿德勒描述了两种视角的七大差异。据阿德勒所说，二者最根本的不同点"不在于我（在弗洛伊德的支持者们看来）把'追求掌控感'（striving for power）作为唯一的动力……也不在于我曾经想到、后来却认为不够好而弃用的'力量信条'（power doctrine）"。真正的区别在于，"弗洛伊德的前提是，人由于天性使然而只想满足自身欲望，而文化或文明……却在妨碍这种满足。……但个体心理学认为，由于身体的限制和自卑感，个体的发展是依赖于社会的。……所以，社会兴趣是与生俱来的，与人的本性密不可分"。

3月中旬，阿德勒讲完了新学院的课程，随后花费6周在东北和中西部地区讲学。他的目标仍然是尽力推广个体心理学。他非常喜欢公开演讲，也不介意与门外汉谈论他的观点。于是，阿德勒以其欧洲同仁（如冷漠孤僻的弗洛伊德和贵族派头的荣格）所无法想象的方式面对或专业或业余的形形色色的听众做了大量热情而投入的演讲。他的演讲行程不仅包括波士顿、芝加哥和费城等大城市，还包括克利夫兰和辛辛那提等较小的城市。除县医学会外，阿德勒也兴致勃勃地为俄亥俄州哥伦布、密歇根州弗林特等小城市的家长委员会和商会讲课。他通常为这些非专业听众讲育儿和婚姻等热门话题。

在本周晚些时候离开美国之前，阿德勒特意访问了位于俄亥俄州斯普林菲尔德市的威顿堡大学（Wittenberg College）。1927年10月中旬，该校曾举办一场规模盛大的国际研讨会，以此来庆祝学院化学与心理学大楼的落成。当时，学院邀请了20多位国际知名的心理学家，其中包括阿尔弗雷德·阿德勒、卡尔·布勒、詹姆斯·卡特尔（James Cattell）、皮埃尔·雅内（Pierre Janet）、约瑟夫·贾斯特罗（Joseph Jastrow）、威廉·麦克杜格尔（William McDougall）和威廉·施特恩（William Stern）。400多名心理学家（在当时是一个相当大的数目）齐聚1845年建于一座小山丘上的路德教会学校。阿德勒当时在维也纳，无法出席，只为这次大会特别准备了一篇论文。

由他人代为宣读的该篇论文获得了媒体的广泛关注，多份中西部大报和《时代周刊》（Time）都有报道。阿德勒强调早期母子关系（而非遗传）对日后人格发展的重要性，他强调："社会兴趣是使人类得以在这个世界生存的原因。……我们现在可以理解，为什么问题儿童……神经症患者……和罪犯的所有负面行为均由缺乏社会兴趣、勇气和自信所引发。"许多报纸都引用了阿德勒的一句话："罪犯是后天养成的，不是先天遗传的。"

阿德勒同样认为，人格发展中最重要的单一因素是自卑情结的存在。"这一自卑感是我们所有研究的背景。……最终，它会成为所有个体（不论儿童还是成年人）展开特定行动实现优越感的激发因素。"讽刺的是,有关这次国际研讨会的大部分报道都借用了《时代周刊》的说法,把阿德勒误称为维也纳大学医学教授和"西格蒙德·弗洛伊德博士的朋友和学生"。

在7个月后的1928年5月初,阿德勒独自在威顿堡大学接受了荣誉法学博士学位。面对身着学位服的该校教职员工,他谈到了自己在维也纳协助建立22家儿童指导诊所的经历,并概要地强调了他的教育观。根据该校校报翌日的简短报道,"阿德勒博士暗示,为了生命本身,心灵从生命之初就受到激发。而且,理解生命的各个部分才能理解整个生命。……必须用精神状态来战胜身体的自卑。"

阿德勒第二次美国巡回讲学之旅最后也最引人入胜的几场演讲之一是在芝加哥面向当地的少数精神病医生进行的。与同行交流,阿德勒一般会显得更随性,更放松。未发表的演讲记录也显示,他表现出了写作时少有、但患者却经常提及的随意——甚至随意得有些夸张。当然,这也可能是因为,即将到来的返航之旅让他心生喜悦。

在这次讲学中,阿德勒集中讨论了儿童治疗工作中许多现实而琐碎的问题。他的同行们就如何与家庭成员互动、智力测试是否重要以及如何掌握治疗时间及频率等话题提出了疑问。阿德勒着重讨论了家庭治疗。他说:"你永远都找不到家人没有神经症而孩子却得了神经症的例子。找到那个有神经症的家人非常有必要。……我一般努力使我治疗的孩子独立,但又不引起孩子母亲的敌意。"

阿德勒解释了与其他家庭成员共同建立我们今天称之为治疗同盟的重要性。在引用本杰明·富兰克林(Benjamin Franklin)

对性格发展的看法后，阿德勒如此建议他的一位同事："告诉孩子的母亲，'你对目前情况的理解都没错，现在努力的方向也正确。现在我想做一点补充，不知你是否愿意尝试？也许我们能获得一个不错的结果。'我说话的方式一直像是我跟孩子的父母站在一起。我尽量避免任何说教，否则孩子的父母可能会认为我在指责他们，感觉就诊像受审。"

阿德勒吐露，如果孩子的父母想要知道他们的看法是否正确，他就会巧妙地回答："从某种角度说，你这么看是对的。"对于那些不愿意参加心理治疗的家庭成员，"我总是告诉他们，我是一名提供行动建议的教师，我会跟他们谈，他们真正适合采取什么样的行动。……最好不要给患者留下他们是病人的印象。"

不过，阿德勒也承认，他在治疗同盟方面的努力并不总是成功的。"如果孩子的母亲发现孩子正在一步步远离自己，你就想象得到她会反对你。所以你最好跟孩子聊聊，告诉他，妈妈病了。"

谈到如何与患者交谈时，阿德勒强调了帮助患者建立信心的重要性。阿德勒敏锐地意识到，治疗关系中往往包含患者与治疗师间的潜在控制权之争。于是，他预见了今天所谓的矛盾疗法（Paradoxical therapy）。阿德勒说："不要跟他争。你必须告诉他，一切都很好，永远都不需要担心。……有时，他会拐弯抹角地攻击你。他会说'我感觉情况更坏了。我睡不着觉'。……然后我可能会建议'如果你睡不着，那就不妨利用你失眠的时间，把你所有的想法都整理好，第二天告诉我'。如果第二天你问他'你的想法都整理好了吗'，他很可能会回答'我昨晚睡得很好'。你们看，我所做的就是把改善病情的责任交给他。我努力给他设置一个圈套，并让他这样想，我做的任何事情……都可能对他的健康有好处。"

阿德勒还强调了他在心理治疗中对幽默的运用。"我得承认我取笑病人，"他坦承道，"但我是以一种非常友好的方式来取笑的。我喜欢借助笑话来说明问题所在。你可以搜集很多笑话，让每一种神经症都有相对应的笑话，这么做非常值得。你找不到不像笑话的神经症。……有时，讲一个笑话就能帮助病人看到他的病有多么可笑。"

在对他的医学同道分享了几则笑话来作为说明之后，阿德勒在研讨会结束时强调了把改善病情的责任完全交给家庭的重要性，即使是对精神分裂症这样的严重儿童精神障碍来说也是如此。"我从不保证治愈。我会说，'我会努力的。'如果患者家属问我，患者的病情有没有好转，我就会让他们自行判断。"

第15章
个体心理学的普及者

> 阿尔弗雷德·阿德勒可能是目前美国最有见解和最具独创性的外国心理学家。……他似乎生来就拥有我们的大多数美德和弱点。……他充满了勇气和热情。……今天的科学家要么是像弗洛伊德那样坚硬、冰冷、高效的机器,要么是像阿德勒那样有血有肉,但也同样高效的人。
>
> ——《纽约先驱报》

回到奥地利之前,阿德勒在伦敦短暂停留。由于美国巡回讲学的再度成功和《理解人性》一书所引发的巨大反响,阿德勒感到非常兴奋,他非常渴望以他的英语演讲为基础出版一本讲解个体心理学的新书。虽然阿德勒喜欢接诊和公开演讲,但是对于写作这样的个体活动,他却兴致寥寥。为这个项目挑选一名合适的兼职编辑并不是特别困难,因为在这一年(1928年),市面上刚刚出现了关于个体心理学的第一本通俗英文作品。

这本《阿德勒心理学入门》(*ABCs of Adlerian Psychology*)的作者是菲利普·梅雷。两年前,这位离经叛道的《新英语周刊》编辑在伦敦见到了阿德勒,当时即被个体心理学所透出的深刻见解、社会乐观主义和政治进步主义所吸引。梅雷积极协助创建了国际个体心理学会的英国分会,并由他的朋友迪米特里耶·米特里诺维奇担任负责人。目前,他本人也是该学会社会学小组的负责人。和伦敦文化与知识界保持密切联系的梅雷对源自维也纳的"新心理学",特别是阿德勒的个体心理学非常感兴趣。他尤其着迷于阿德勒建立人文主义心理科学的开创性努力,并对参与《神经症问题》(*Problems of Neurosis*)一书的编辑工作表现出了浓厚的兴趣。这本书将由著名的劳特利奇与凯根保罗有限公司(Routledge and Kegan Paul Limited)出版。然而,当梅雷真正收到这本书杂乱无章的原始资料时,他的热情很可能消退了一大半,因为他在几十年后这样回忆道:"一些内容是阿德勒自己的演讲提纲,另一些内容是聆听讲座的热心听众的笔记。……它们都是英文写成的,这些英文阿德勒可以流利地讲,却并不适合出版。"

这些原始资料不仅非常杂乱,缺乏文采,而且在梅雷看来,其中的很多观点都没有讲清楚。在接下来的几个月里,梅雷勇敢地承担了这项艰巨的编辑工作,其中包括"重写托付给我的全部材料,阿德勒感到非常满意"。工作进行到一半时,阿德勒"看了我当时的部分成果,并写信告诉我,'不用怕,详细展开写'"。

阿德勒委托像他这样的外行来阐释自己的观点,梅雷感到既惊讶又荣幸。但是为了完成这项工作,他一直克制自己,没有做任何不必要的"修饰"。多年后回头看去,梅雷已经记不起"阿德勒有没有对我最终的手稿做过什么修改",但他若有所思地表示:"他从来都不是一个非常有趣的写作者,而弗洛伊德是一个才华横溢的作家,荣格的作品读起来也非常引人入胜。阿德勒不想当作家——他对写作不怎么感兴趣。在他看来,所有的新鲜想法都来自面对面的交流。或许,我们最终必须承认这一事实。"

秋天,阿德勒忙于在奥地利和德国讲课,培训治疗师,以及帮助建立更多的儿童指导诊所。在此期间,他意外地收到了一封来自苏联的信。写信者是苏联心理学与神经学学院副院长格里博耶多夫(Griboedov)教授。信中,对方把阿德勒错误地称呼为"维也纳大学教授",并告知他已经当选列宁格勒科学与医学儿童研究协会（Leningrad Scientific-Medical Child Study Society）的荣誉会员。随后，对方询问了他的最新研究成果，并表达了开展合作研究的愿望。

尽管我们不知道阿德勒得到这一荣誉后是什么反应，但他一定意识到了苏联学界对个体心理学的兴趣。在16年前的1912年，当时他最重要的几篇论文就曾以译文的形式出现在俄语双月刊《心理治疗》中。这些论文的主题有梦的解释、无意识的作用和神经症的治疗。当然，在十月革命后，阿德勒也写了不少文章批评列宁主义思想和布尔什维克主义。所以，情况很可能是，这些文章在阿德勒1928年获得荣誉称号时并没有引起苏联的注意。因为，在多年后的斯大林治下，阿德勒在《苏联大百科全书》（*Great Soviet Encyclopedia*）中成了"反动分子"，他对尼采的解释被视作"帝国主义意识形态的心理基础"。

然而，由于阿德勒在国际上的名声越来越大，他在维也纳也拥有了众多热情的追随者。在前两次访美之行中，他在波士顿、芝加哥、纽约和费城等城市所做的演讲非常受欢迎。受此影响，奥地利的很多专业人士和病患都慕名而至，而阿德勒也一如往常亲切而随性地对待他们。

正如来访的美国记者所述，他在维也纳的日程安排相当规律。阿德勒通常会在清晨到达诊室，远远早于患者预约的时间。独自工作到11点左右，阿德勒会邀请朋友、学生和同事聚集在他的办公桌旁，听他谈论过去24小时里他最关心的事情，这些事情涉及临床、教育和公共事务等话题。

午饭过后，阿德勒会在两点钟出诊。与此同时，他的候诊室里也开始充满一位记者所言的"等着见他的穷人和富人们的各种南腔北调。阿德勒的收费非常低廉（对一位驰名美国的治疗师来说），以至于人们只能推断，他这么做纯粹只是为了追求这一职业所带来的快乐与成就感。他使咨询成为一件轻松的事"。

人生的动力

阿德勒的学会管理松散，他们一般都会在维也纳邮政街（Postgasse）的西勒咖啡馆楼上的一个包间里举行讨论会。阿德勒很少主导晚上的讨论，而是扮演主席角色，并且每次都会和颜悦色地指定一名成员准备下次分享的议题。这类议题范围广泛，从报纸头条的刑事案件，到最新的有关失足青少年或精神分裂症儿童的精神病学理论，不一而足。

在分享过后的长时间讨论中，阿德勒一般首先会安静聆听。他几乎允许所有人畅所欲言，直到最后才发表自己的看法，用总结的语气简单讲几句，结束讨论。只有在极少数情况下，阿德勒才会陷入严肃的争论中。这时，往常和蔼可亲的他可能会变得寸步不让。

"阿德勒在邮政街的讨论既有趣又有教育意义，"一位派驻维也纳的美国记者写道，"每晚都会提到弗洛伊德至少一次。一天晚上，有人问起精神分析和个体心理学的本质区别，随后引发了广泛的讨论。'摸老虎的屁股'变成了'摸老虎的理论'。阿德勒随即从个体心理学的视角解释了精神分析视角下的父、母、子黑色三角关系。他说，孩子嫉妒父母与其说是一种宝贵的本能，不如说是生来对控制的渴望。孩子憎恶父亲对家庭的控制，并企图取而代之。"

借助令一些记者感到颇为有趣的独特表达方式，阿德勒也表现出了一种把自卑情结用于个人、社会阶层乃至整个国家的倾向。阿德勒似乎也难以免俗，跟弗洛伊德一样对对手进行人身攻击。例如，他有时声称，有些人不接受他的理论是因为他们本身就有自卑情结。

阿德勒是一个有意思的人，因而也是报章上的常客。美国记者常用乐观、亲切、喜好争辩等字眼来描绘这位个体心理学创始人。了解（或许只是了解皮毛）弗洛伊德强调性是人的主要驱力后，这些记者随即援引了阿德勒对性自由思想（比如友伴式婚姻和试婚的似乎反差巨大的强烈反对。"爱是我们所有文化的基础,"阿德勒曾向一位访问者明确表示,"没有爱,我们当前的文明就会崩溃。一夫一妻制是爱的最高形式。我不能容忍让爱变得更加随意的主张。如果爱变得过于简单,它就会沦为廉价的快乐。"

尽管自1911年阿德勒与弗洛伊德决裂以来,个体心理学显然已经与精神分析分道扬镳,但阿德勒仍然对很多人称其曾是"弗洛伊德的门徒"而感到恼怒。借助1928年《神经症体质》德文第四版问世之机,阿德勒发表了到当时为止,他对弗洛伊德在《精神分析运动史》(1914)一书中对他们9年交集之描述的最明确的否认。

> 弗洛伊德先生很不走运,把我的话理解错了。……我温和地表达不悦:"站在他的影子里一点也不好受。"比如被当作弗洛伊德所有荒谬学说的帮凶,因为当时我跟他一起研究神经症心理学。结果他当即把我的话理解为,我在表达一种背叛的自以为是,并如此告知毫无戒心的读者。因为到目前为止,那些了解情况的人都不愿意承认是他们的老师(不是我的老师,很多人这样错误地认为)理解错了。我发现我必须站出来打破这一传言。

阿德勒于1929年1月初抵达纽约,希望此前出版的新书能够让他的第三次美国之行更加顺利。该书一年前在德国出版,题名为《个体心理学方法,第一卷——阅读生活史与病史的艺术》(*Die Technik der Individualpsychologie. Band 1: Die Kunst eine Leb- ens- und Krankengeschichte zu lesen*)。在出版商杰·格林伯格出版的《理解人性》一炮打响后,1928年初,他们又聘请一对夫妻译者将阿德勒的这部新作翻译作英文,即日后的《R小姐的病例》(*The Case of Miss R.*)。

这本书的形式非常特别,里面包含了一位成长于一战期间的维也纳患者R小姐的自述。她描述了自己的童年、父母对她的养育、她的社会生活和梦想,其中穿插着阿德勒的评论与解释。由于R小姐不是阿德勒的患者,他对她并不熟悉,于是阿德勒从一开始就解释道:"个体心理学的艺术建立在知识与常识的基础上。……在这本书里,我记录的内容好比我在诊室里聆听陌生患者讲述时的所思所想。……对于每一句话、每一个字……我都在想:她所说的到底意味着什么?"

按照美国当时的标准,《R小姐的病例》对一名年轻女性的性觉醒过程的自传式描述是相当露骨的。R小姐生长在维也纳一个工人家庭,幼时就听说过邻居卖淫和妓院的事。在这本书中,她讲述了自己十几岁时手淫和偷窥的经历,讲述了她的第一次春心萌动,也讲述了邻居几名年长男性对她的引诱和她表示拒绝时的矛盾心理,以及几名水手想与她快速发生关系的更大胆的尝试。

R小姐用清晰易懂的语言,从一名年轻女性的视角生动地再现了20世纪初维也纳工人阶级的生活。阿德勒的评述涉及许多主题,例如对儿童的溺爱与生活目标、自卑与优越情结、梦的性质与早期记忆,以及男性钦羡与女性性欲。让人不解的是,虽然阿德勒曾经明确论及男女关系中潜藏的权力问题,但是在R小姐几次写到有年长男性试图与她发生关系时,他却不置一词。阿德勒以一种乐观的笔调突兀地结束了这本书,他让读者"猜测",他的同事是如何治愈R小姐的"强迫神经症"的。

毫无疑问,格林伯格希望阿德勒的这本书能够再度大卖,于是极力加以推介。在为迎合市场需求而更改德文版书名之后,格林伯格明确地将新书与《理解人性》捆绑在了一起,并于当年2月在《出版人周刊》上刊登了一则整版广告。这则广告宣称："由于主题独特，《R小姐的病例》或许能够赢得更多的读者和更大的青睐。"其广告文字洋溢着一种少有的现代气息：

> 一名年轻女性讲述了她的真实生活。没有任何改动，原汁原味呈现。她的内心世界纤毫毕现，袒露无遗。阿德勒博士选取了这些扣人心弦的故事，就像她亲口讲述一般。他解释了故事里的每一个细节所包含的意义与内涵。他的分析采取随讲随评的形式，使这本书既有小说一样的精彩情节，又有当代最伟大的心理学家的权威分析。真是一本非同凡响的人文记录！本书在形式和题材上都极为新颖。它将令读者手不释卷，既为它生动刺激的情节，也为它精彩绝伦的分析。

虽然格林伯格着实花费了一番气力，但《R小姐的病例》一书卖得并不好，远远不及《理解人性》。个中原因很难说清。一般来说，美国人并不关心外国人的生活，特别是非名门望族的普通人，R小姐自然很不起眼。此外，她频繁提及的涉性经历也可能令许多读者不齿。对阿德勒来说，也许更令人失望的是，这本书甚至没有得到大报或专业杂志的评论。不久后，甚至连阿德勒的支持者们也忘记了这本书的存在。今天，它可能仍然是阿德勒最不为人知的英语作品。

1929年隆冬时节，《R小姐的病例》面世后，阿德勒开启了他的首次美国西海岸之旅（第二次是在1936年）。2月初，阿德勒在加利福尼亚大学的伯克利和旧金山校区开始了此轮讲学，演讲包括《理解人性》和有关美国社会的广泛议题，比如美国社会对竞争的推崇和美国对禁酒的争议性尝试。

这一周里，阿德勒两度得到了《旧金山纪事报》的长篇报道。在这些文章中，阿德勒既谈到了奥地利经济的长期低迷，也大力褒扬了美国人的性格，这一反差十分强烈。他表示，他的祖国近十年来一直饱受高失业率的煎熬，许多长期失业的人深陷绝望之中。尽管阿德勒称赞，维也纳在财政经费不足的情况下仍然在教育与医疗领域取得了不小的成就，但他还是迷恋上了这片他已三度访问的新大陆。阿德勒打了一个很多高傲的欧洲人都无法接受的比方："美国就像一片海洋。在这样的国度，你有无限的发展空间，但也要克服更大的困难。你有可能获得非同寻常的成就，但竞争也异常激烈。在欧洲，民众仍然在浴缸里游泳。生活局限，机会寥寥，民众对心理知识的需求也十分有限。"

随后一周，在旧金山湾区的阳光里，兴致高昂的阿德勒经历了或许是他此次加利福尼亚之旅中最好笑的一次误会。此前，他已经接受邀请，准备前往密尔斯学院发表演讲。密尔斯学院是一所面向女性的文科院校，坐落在与旧金山一湾相隔的奥克兰市。阿德勒于周五和周六分别进行了两场演讲，并于周六晚间参加了由校方专门为他举办的教工晚宴。早在演讲日到来前两周，学院就在自己的报纸头版刊登了关于阿德勒的特别报道，于是整座学院都对他的这次访问充满了期待。

几十年后，密尔斯学院的毕业生玛格丽特·巴洛（Margaret Barlow）回忆道："在晚宴举行前一天的下午，总机接线员接到了阿德勒博士的电话，询问能否派人去火车站接他。"显然，他不是误解就是忘记了预定的访问日期！"校方乱作一团，比如晚宴要更改时间，客人要重新通知。而且，这个时候谁有车和时间去接他呢？"

由于巴洛有车，学院就派了她去接站，同时嘱咐"尽量让阿德勒晚到，好给他们留出准备的时间"。巴洛原本以为，这位鼎鼎大名的医生肯定会对学院看似混乱的接待工作感到不满，可她"完全没有想到的是，阿德勒正在车站里耐心等候，身材不高的他笑容可掬、风度翩翩，完全没有一丝一毫的急躁"。为了遵照校方指示，尽可能拖延阿德勒到达学院的时间，巴洛驾车载着阿德勒"在校园四周兜了一圈，然后径直朝远处的山里开了过去，期待阿德勒不会察觉。结果他很快就转过头来问我，'我们为什么要兜圈子？'"

"我放弃了精心准备的所有托词，脱口而出说，'他们以为您明天到，所有打算迎接您的头头脑脑们都在忙着更改日程。学院让我尽可能地把您拖在学校外面，所以请您欣赏这里的美景吧。'我们开怀大笑。然后，车子一边开，他一边谈到了他即将在维也纳开办的暑期课程。……宴席上，我受邀坐在了桌首——真是让人惶恐的礼遇。我们走进宴会厅时，他冲我使了个坏笑的眼色。"

亲切开朗的阿德勒也给其他学生留下了良好的印象，他们原以为会见到一位不苟言笑的欧洲学者。于是第二天，密尔斯学院的报纸就以赞赏的口吻报道说，阿德勒"的外表和举止毫不起眼。他用最简单的语言和最平实的讲授方式来阐释他的理论，并通过打手势和在黑板上即兴画图来加以说明，他还用充满鼓励的话语亲切和蔼地回答很多问题。他的闲谈机智且精彩。还有，他不仅课讲得好，而且还善于倾听。他喜欢美国美食，但也在伺机展示他的煮咖啡手艺"。

像往常一样，在这样的公共场合，阿德勒的亲切学者形象展露无遗。因此，密尔斯学院的报道者颇为敏锐地指出："最启发我的一幕发生在晚餐间歇。此时，学校的管理者们暂时没有向阿德勒劝菜和提问。我发现，他正在专心聆听他人谈话。他双眼明亮，和蔼可亲。"

人生的动力

═══

　　3月初,阿德勒从愉快的加州之旅返回,随即再度于社会研究新学院开课。这次是两门不同的课,每周讲4晚,一共40多次课。对于其中入门性质的课程,阿德勒所关注的重点一是"个体心理学对人性、文化与教育的影响",二是"终生追求优越的重要性和个性、常识与智力的本质"。他还讲到了"职业和各种生活安排对心理的影响",其中包括"爱情、婚姻和家庭生活;器官缺陷的影响;以及源自子女养育的问题,例如过分溺爱和关注不足"。

　　阿德勒的进阶课程面向已经熟知个体心理学基本概念,并且有意进一步了解各类具体问题的学员。这些问题包括"童年适应不良、神经症、犯罪、性倒错、自杀、男性钦羡"等"行为问题"和"政治、宗教、哲学和女权运动背后的心理问题"。他还从跨学科的视角探讨了民族主义和民族心理的本质。

　　在新学院,阿德勒还得以第一次在美国"现场"展示他对患儿及其父母的访谈。他在新学院的学生(如心理学家、精神病医生、社会工作者和教师)常会转介绍一些患者给他。读过他们的病例报告后,阿德勒会挑选最有趣的病例来在课堂上演示。典型的做法是,他首先会即席评论一位患者的病例报告,例如一个虽然聪明但却学习不好的焦虑不已的10岁女孩。接下来,孩子会被带进教室,接受阿德勒的简短访谈。此时,孩子的父母往往也在场。然后,阿德勒会提出自己的建议。等孩子和父母离开后,他会面向全班给出他的初步判断。

　　听讲者往往会对阿德勒第一次见到患儿及其父母就能与他们迅速建立起良好关系留下特别深刻的印象。他不仅强调要对患者亲切温暖,还亲身示范。确实,在1920年代,阿德勒在儿童指导和家庭治疗方面的做法是开创性的。这一新领域中几乎没有正式的培训和教材。也许是由于这一原因和阿德勒在国际上的声誉,他很快获得了一份出版其新学院课程内容的合约。

跟阿德勒的几乎所有著作一样,《生活模式》[①]一书也主要来自课堂记录,并且包含了大量的外部编辑工作。阿德勒把这件事交给了小他30岁的朋友沃尔特·贝兰·沃尔夫,后者在3年前刚刚出色地完成了一件类似的工作——翻译和编辑阿德勒的《理解人性》一书。此时,沃尔夫在曼哈顿的诊所正经营得有声有色,他也想撰写他自己的系列作品(他最终出版了一本自助类的大众图书)。尽管《生活模式》一书清晰地呈现了阿德勒在新学院的讲座内容,并且包含了沃尔夫对个体心理学的详细介绍,但他们的合作还是画上了句号。

沃尔夫解释道:"这本书的读者应该意识到,这不是一本关于心理治疗的全面论述,而是一份关于儿童神经症的概要介绍,它是打开解读个案史艺术之门的一把钥匙。它的主要价值在于,让所有与儿童和成人打交道的人了解人类行为的一系列动态模式。"他略带辩护意味地写道:"治疗的技术不会仅凭这么一本书就能讲清楚,就像蚀刻艺术不会仅凭一本讲解铜版制备和印刷技术中各种物理与化学过程的专著就能讲清楚一样。如果这本书成功地把人类描绘成了在复杂世界中努力寻求意义与安全的灵动、鲜活、追求目的的个体,而非标签化的静态机器,那么它的目的就实现了。"

《生活模式》一书包含了12个需要专业干预的病例,患儿涉及重度焦虑、学业受阻、过度被动、青少年犯罪、严重躯体疾病和先天智力迟钝等各种问题。这本书只按病例编排,既没有索引,也没有章节副标题,像是仓促拼凑而成。但可以肯定的是,阿德勒对书中病例的随心所欲的评论往往相当有趣。他讨论了儿童梦境的本质、标准化智力测验的局限性、童年友谊对心理的健

[①]《生活模式》(*The Pattern of Life*),又译《面对问题儿童的挑战》。——译者注

康发育的重要性、父母的持续冲突对青少年社交技能的影响，以及父母的反复责罚对青少年自尊的破坏性影响。

以今天的视角看，阿德勒认为许多孩子与父亲的关系太过疏远，这一点非常有趣。与弗洛伊德当时的大多数信徒完全不同的是，阿德勒认为父子关系极为重要。

因此，在谈到一个已经出现犯罪行为的8岁男孩时，阿德勒建议父亲每天带他去散步，"以此来让卡尔感到被珍视"。谈到一个写作业成为老大难问题的11岁男孩时，阿德勒则说："对主要跟母亲腻在一起被溺爱的孩子来说，这是非常常见的现象，父亲竞争不过母亲。……只要母亲在身边，罗伯特就总是会去找她。因此，父亲应该单独带孩子去旅行，给他快乐，做他的'伙伴'。治疗应该从孩子与父亲的和解开始。"

谈到另一个过分渴望独立的男孩时，阿德勒建议他的父亲"停止体罚，跟孩子做朋友。父子两人可以一起出去玩，努力了解对方"。

阿德勒还让一个孩子放学后多跟其他孩子玩，并建议母亲道："你跟他在家里待的时间越少，他日后的成长就越好。"同样地，阿德勒也经常建议孩子参加夏令营，以此来帮助孩子适应社会。但是，他也警告家长不要对夏令营的效果抱有过高的期待。

在《生活模式》一书中，阿德勒批评了很多父母通过反复催促或威胁来让孩子顺从的做法。"想让孩子像狗一样听话是绝对不可取的，"他说，"父母和子女的关系应当是平等而友爱的。我见过很多这样的父母，他们主张孩子要盲目地绝对服从。……在很多情况下，如果家中有一个孩子不听话，父母就会拿另一个孩子的表现来教育他。听话的孩子不一定是生性善良的孩子，而可能只是已经学会用讨好换取好处的小滑头。"

或许，在新学院的病例讨论中，阿德勒最大的特点就是他对人性的乐观。有时，他会略带讽刺地打趣道："没有社会兴趣的人喜欢认为人性本恶。大多数利己主义哲学家都支持这类理论。拥有社会兴趣的人通常宽容而善良，还试图弄清让人变坏的原因。"

阿德勒在书中嘲讽道："而且，写好人的故事读起来并不怎么吸引人。假如有人一早起来就心情愉快，温柔地跟家人说话，高高兴兴上班，然后带礼物给所有家人，而且他总是和蔼可亲、充满柔情，那么没人会对他们的事情感兴趣。但是，假如你讲无情又自私的坏人的故事，人们就会去读。"

━━━

阿德勒远不是一个无情又自私的坏人，但他却正在激起美国人的浓厚兴趣。阿德勒在新学院任教，在东海岸大范围讲学，此时又有一本新作被大加推广，于是，不仅他与弗洛伊德的渊源广为人知，他本人也开始成为知名的科学家。在令美国对自身及未来充满自信的经济大繁荣中，阿尔弗雷德·阿德勒这位身材不高却精神昂扬的人物极具魅力。在对新心理学感兴趣的很多人看来，阿德勒对科学养育、家庭生活调整和于社会和平进步十分关键的教育改革的自信强调都是有道理的。然而，并非所有人都认可他的学说。

对弗洛伊德的信徒来说，阿德勒仍然是一个不受欢迎的人，一个死不悔改的异端。为了防止被同行排斥，所有声誉卓著的精神分析学者都不敢引用阿德勒的话，下面这段逸事可作说明。一天晚上，阿德勒在纽约的德语俱乐部（German Club）讲个体心理学。现场就坐的阿德勒的朋友们正聚精会神地聆听他的德语演讲，结果却惊讶地发现，弗洛伊德在美国的主要支持者亚伯拉罕·布里尔（Abraham Brill）也在场，他正全神贯注地站在门口。在讨论开始之前，布里尔皱着眉头转向他的同事，一边向外走，一边喃喃低语："我们走吧。跟这个人辩论是没有结果的。"

美国知识界和艺术界的前卫派也对阿德勒缺乏兴趣。在整个1920年代，他们对美国大众文化的态度几乎离不开悲观、疏远与厌恶。在斯科特·菲茨杰拉德、欧内斯特·海明威和辛克莱·刘易斯等广受欢迎的小说家笔下，美国到处是浅薄的阿谀奉承者、粗野的实利主义者和道德伪君子。对他们来说，弗洛伊德是真正的革命者，是艺术家之友，是他们为扯下社会虚假面纱而不懈努力的重要盟友。为《国家》和《新共和》等有影响力的精英刊物撰稿的知识分子认为，阿德勒那些宣扬社会兴趣的乐观朴实言论十分好笑，即便没有为他们所不齿。不过，在熟悉阿德勒名字的人们当中，他们只是极少数。1929年3月，《纽约先驱报》上刊登了一篇题为《自卑情结之父》（Father of the Inferiority Complex）的长文，这篇推崇阿德勒的文章说明他当时极受欢迎。记者评论道，阿德勒"拥有来自其真诚天性的口才"。接着，这位记者简要地描绘了个体心理学与精神分析之间看似永无休止的缠斗："即使在今天，阿德勒和弗洛伊德仍旧在互相攻击。然而，在这两位科学家的战斗里，炮弹早就打光了，这些年来只能靠毒气。"

阿德勒把1902年11月的一张褪了色的明信片塞进《纽约先驱报》记者手中，作为证明他从来都不是弗洛伊德"学生"或"门徒"的关键证据。这张明信片是弗洛伊德邀请阿德勒参加著名的"星期三心理学会"的亲笔邀请函。在27年后的1929年，出于防备的阿德勒仍然保存着这张明信片，作为他一生在学术上独立于弗洛伊德的物证。下面这段有趣的性格描绘很好地体现了美国民众对阿德勒的看法，《纽约先驱报》这样写道：

> 科学的教育又一次造就了一个人性满满的人。阿尔弗雷德·阿德勒或许是美国目前最有见解和最具独创性的外国心理学家。然而，这位杰出的学者从始至终都只是一个爱家、爱交际的人。他的确很像美国人。

虽然他与美国的接触只限于三次短暂的访问,但他似乎生来就拥有我们的大多数美德和弱点。他是一个完全靠自己而成功的人。他的生活似乎是斯米莱(Smile)式"自助"书籍的证明。他乐观。他固执。他充满了勇气和热情。在应用科学领域,他的个体心理学理论对我们特别适用。

他珍视早已被其同行抛弃的迷人"幻觉"。……他引人入胜地谈到了灵魂、个人、幸福、爱和进步。……今天的科学家要么是像弗洛伊德那样坚硬、冰冷、高效的机器,要么是像阿德勒那样有血有肉但也同样高效的人。

====

到1920年代末,阿德勒已经成为美国大众心理学领域的两位先驱之一,另一位当然是鼎鼎大名的行为主义创始人约翰·布罗德斯·华生。这两人似乎从未谋面,并且性格迥异。但是,他们却帮助塑造了美国文化对用于日常个人提升的心理学观念的关注(两人分别代表两种迥然有别的方法论,一为临床治疗,二为实验室经验主义)。在这一方面,他们二人所发挥的影响一直延续至今。

华生小阿德勒8岁,出生在美国南卡罗来纳州乡间一个今天看来绝对属于功能失调的家庭。他的父亲是个酒鬼,后来抛弃家人跟两个女人住在了一起。他的母亲是一位虔诚的原教旨浸礼会教徒。她鼓励华生做一名牧师,并借用当地最著名的基督教复兴运动领袖约翰·阿尔伯特·布罗德斯(John Albert Broadus)的名字为他取了名。

1908年,华生从芝加哥搬到约翰·霍普金斯大学,模仿俄国神经学家伊万·巴甫洛夫(Ivan Pavlov)研究动物反射行为。在

人生的动力

研究了老鼠如何学习走迷宫之后，华生研究了恒河猴的模仿行为和佛罗里达燕鸥的归巢机制。1913年，华生开始推广他所言的行为主义心理学。当时，他发表了一篇在学术史上非常著名的"宣言"，呼吁建立一门以严格而客观的实验方法为坚实基础的新心理学。

两年后，华生开始了对儿童发展的长期研究。华生在华盛顿特区的一家医院里设立了一间特殊的观察室，以此来研究分娩后母亲和婴儿的互动。他后来表示，婴儿可以像巴甫洛夫的狗一样建立条件反射。例如，通过反复把兔子放在幼儿身边并用铁锤敲击产生巨大声响，他就能轻易地让幼儿害怕兔子。华生成功地证明，通过在安静环境下重新让兔子由远及近地逐步接近幼儿，他也可以逆转这一过程。这意味着可能存在一种"治愈"精神疾病的新方式。

就在华生的学术生涯蒸蒸日上之际，1920年，这一良好势头却戛然而止。华生因与自己的研究生助手罗莎莉·雷纳（Rosalie Rayner）发生性关系而被迫辞去约翰·霍普金斯大学的职务。他的妻子提出离婚诉讼。第二年，他与雷纳结婚，并与她生养了两个孩子。

华生虽然被学术界扫地出门，却设法在纽约市的沃尔特·汤普森（J.Walter Thompson）广告公司谋得了一份差使。凭借其开创性的成功营销技巧，华生很快升任为管理者。在1920年代，美国的大众广告还是新生事物，而华生却已在向渴望成功的企业管理者们传达，民众购买产品要满足的不是功利需求，而是情感需求。凭借其对洗衣皂和男士剃须膏等产品的出色营销，华生在广告界取得了前所未有的成功。

尽管华生在广告界拥有理论心理学界所几乎无法想象的财富和权力，但他仍然感到自己与商业领域的同行缺乏共鸣。因此，他继续努力写作，并于1924年出版了畅销书《行为主义》

（*Behaviorism*）。在这本书中，他以极大的热情宣称："我希望我能让你们看到，我们能让所有健康的孩子成长为多么富有和美好的个体，只要我们允许孩子以适当的方式塑造自身，然后提供有益的环境，即不被流传几千年的传说所束缚、不被肮脏的政治史所阻碍、不被愚蠢的传统和习俗所沾染的环境。……如果你在行为主义式的自由中培养孩子，环境就会改变。"

行为主义看似源于科学，并且带有一种乐观的色彩，因而引发了热烈的反响。在随后几年里，华生在报纸、杂志甚至电台的大量露面使他获得了越来越多的关注。这一切都因为，他一直在毫不掩饰地强调，实验心理学（特别是行为主义）对美国民众有直接的价值，能立竿见影地解决他们在工作和生活中所遇到的各种问题。

华生十分善于向普通听众推销他的学说，在这一方面，他或许比阿德勒还要更胜一筹。华生是一位思路清晰的写作者，他在很多大众平面媒体发表过文章，例如《时尚》（*Cosmopolitan*）、《哈珀月刊》、《麦考尔》（*McCall's*）、《新共和》、《纽约时报》和《星期六文学评论》。他的观点很有说服力，总能激起读者的兴趣。1922年，重新在学术界站稳脚跟的华生开始在社会研究新学院开展一系列讲座，这里距离曼哈顿中城的他在沃尔特·汤普森广告公司的办公室不远。华生的行为主义课程非常受欢迎，他也借此获得了与社会工作与教育等领域的专业人士讨论观点的机会。遗憾的是，华生险象环生的学术生涯再度遭受挫折，这一次是在1926年，他受到了性行为不检点的指控。尽管时至今日，我们仍然不清楚当时究竟发生了什么，但华生还是成了反传统的新学院建校后首个遭到开除的教员。

然而尽管如此，这位不屈不挠的行为主义创始人仍然继续面向大众进行有关心理学的写作与演讲。他最有影响力的文章无疑是1928年刊登于《麦考尔》杂志的6篇系列作品。由于这些文章使读者产生了浓厚的兴趣，于是在当年稍后，这些文章得以集结成册，并以《孩童的心理教养法》（Psychological Care of Infant and Child）为名出版。

凭借敏锐的市场洞察力，华生成功地策划和推广了他的新书，把它作为了卢瑟·埃米特·霍尔特（Luther Emmett Holt）与其子撰写的有美国"养育圣经"之称的《儿童的照料与喂养》（The Care and Feeding of Children）一书的姊妹篇。自1894年首次出版以来，霍尔特父子的这部作品一直在强调健康对儿童的重要性。华生在他的新书中表示，只要施以适当的养育，婴儿的健康可以立即得到保障，但是，"如果孩子的性格被不良的养育方式惯坏了（这种事可以在短短数天内发生），那么孩子能不能改过来就很难说了"。

很多人认为育儿要听从直觉的指引，而华生从一开始就反对这种老套的看法。在他看来，育儿是一门极其讲究逻辑的科学。虽然华生没有提及阿德勒的名字，但他同样认为，科学知识很快就能永远根除人们对儿童问题行为所长期持有的错误与迷信认识。此外，美国在1920年代所发生的社会大变革也令他感到欣慰。

"我认为，美国文明的内部结构正在发生脱胎换骨的改变，这种改变比大多数人所想象的还要快，还要彻底。因此，今天依然照搬我们父母的老一套做法来养育孩子就不那么合适了。"华生强调，美国父母所听从的不应当再是宗教传统，而应当是严谨的科学家，比如他。哪怕时光只倒退20年，他的这种观点也是完全无法想象的。从这个角度看，他比阿德勒更加反对宗教。阿德勒曾经向《纽约时报》的一位记者保证："任何有助于培养社会兴趣的宗教……倡导人类大同的宗教……都是好的。"

在看待人性及其发展方面，华生也主张一种彻底的环境决定论，而非遗传论。他把成年人的性格完全归因于早年所受于父母的影响。跟阿德勒一样，华生也认为育儿是一项艰巨的任务，如果有所差池，结果就可能对孩子造成持久的伤害。"由于孩子不是先天遗传而是后天养成的，所以如果没有养育出快乐、适应良好的孩子（假定孩子的身体是健康的），那么责任就是父母的。这样看来，养育子女就是最为重大的社会责任。"

但是，华生对父母的建议在很多重要方面都与阿德勒不同。从性情上看，这位坚定的行为主义者比他的奥地利同行更喜欢夸大其词和讽刺挖苦。例如，在描述美国父母当时的育儿方式时，华生的态度更多是居高临下，而非同情。他言辞尖刻地将《孩童的心理教养法》这本书献给"第一位养育快乐孩子的母亲"，并且宣布："今天，人类最古老的职业正面临失败。这个职业是为人父母。……今天，没有人知道如何养育孩子。……很少有人见到……自我感觉舒适、而大人也可以舒服地跟他们待在一起的孩子。"

也许华生仍然在反叛他所接受的基督教原教旨主义式的养育方式，他的社会价值观也极为激进。与青年精神分析革命者威廉·赖希几乎相同，他也认为现代美国家庭生活既老套又压抑，并且终将被一种更为科学的社会生活方式所取代。华生特别警告父母不要与子女过于亲近，这种充满距离感的冰冷方式与阿德勒所大力主张的家人之间应相互友爱截然相反。

在《孩童的心理教养法》书中一处很有名的段落里，华生这样写道："我有一种对待孩子的明智做法。把他们当作小大人来看待。温柔而小心地给孩子穿衣服，洗澡。你要永远根据客观条件行事，虽温柔却坚定。永远不要抱孩子，亲孩子，永远不要让孩子坐在你的大腿上。如果一定要这样做，那就在跟他们说晚安时亲一下他们的额头。"华生建议父母把后院围起来。孩子们应当独自在里面玩耍，以此来学会独立。华生告诫父母："孩子应该在你的视线之外学习如何克服困难。……如果你实在不放心，必须要看着孩子，那就从小孔里偷偷观瞧，不要让孩子发现。你也可以用潜望镜。"

华生认为，过于亲密的母子关系非常有害。"母爱很危险，可能会制造永远都无法愈合的创伤，进而可能毁掉孩子童年和青春期的快乐，毁掉他们成年后获得职业成功和幸福生活的可能。"华生接着说，"我在考虑一个严肃的问题，即是否应该为孩子设置单独的家庭，甚至，是否应该让孩子知道自己的父母是谁。毫无疑问，我们有很多科学育儿法，它们很可能意味着我们能培养出更加出色和快乐的孩子。"

与阿德勒相比，华生在哲学上更接近弗洛伊德。他也认为，在性方面，当时的家庭生活让年轻人备感压抑。他表示："老办法是等待，直到有一天，孩子自然而然地问起性方面的问题。我不这样看。在我看来，我们应该在孩子能够接受的基础上尽早让他们了解性。"不顾阿德勒一贯提倡的折中之举，华生如此建议道，"所有学院和大学都应该有可以让学生接受性教育的部门。……这一部门……应该教导年轻男性和女性如何去爱，因为爱显然是一门艺术，而非本能。掌握这门艺术需要时间、耐心、相互学习的意愿、坦诚的沟通，以及最重要的，实际的预期。"

虽然阿德勒将婚姻与一夫一妻制推崇为社会兴趣的最高形式，华生却不以为然。在《孩童的心理教养法》出版同一年，他在《时尚》杂志中乐观地预言，在50年内，男性将从压抑性的婚姻中解放出来，古老而过时的婚姻制度将不复存在。所有人都将拥有令人满意的多重性关系，而不是无聊又令人失望的一夫一妻制。

因为这些观点，华生确实震惊了一部分美国人，比如保守派、推崇宗教的组织和报纸杂志。发表在《佛罗里达时报》（*Florida Times*）上的一篇有代表性的社论宣称，这位"理论家"应该"被抵在墙上暴揍一顿，他显然是错的"。然而，华生对这一时期的大众文化还是产生了相当巨大的影响。《麦考尔》杂志的报道称，他的系列文章引发了一场关于儿童养育的全国性辩论。而且，出版后仅仅几个月，《孩童的心理教养法》就已经售出了十多万册。新近创办的《父母杂志》（*Parents Magazine*）宣称，华生的书不可不读，应该放在"每一位聪明母亲的书架上"。《大西洋月刊》（*The Atlantic Monthly*）则称之为"上天赐给父母的礼物"。

奇怪的是，虽然华生在育儿、性生活和婚姻方面立场激进，他在政治上却相当保守。他先是嘲笑经济改革支持者，后来又调侃富兰克林·罗斯福新政，说罗斯福的"民主是他自己、南方无投票权的民众以及斯大林先生及其共产主义者们所喜欢的民主"。华生还写道："我总是被宣扬言论自由的人逗乐……组织化的社会无权允许人们想说什么说什么，就像它无权允许人们想做什么做什么一样。"

到1930年代初，华生在广告领域不断增长的财富与影响力使他脱离了大众心理学。除偶尔接受电台采访之外，他不再建议美国父母如何通过更科学的养育方式来改善社会。正如华生的子女后来所回忆的那样，他是一位与子女非常疏远的父亲，中年之后愈加冷漠，只关心他自己。华生最终淡出了心理学界，特别是在1935年罗莎莉·雷纳去世后。他隐居在康涅狄格州的庄园里，直到度过余生。

━━━

虽然华生不久就会完全告别心理学，但阿德勒却反其道而行之。事实上，由于得到了新英格兰地区的富商查尔斯·亨利·戴维斯（Charles Henry Davis）的大力支持，他很快便将获得比社会研究新学院的兼职职位声望更高的教职。

出生于1865年的戴维斯来自一个受人尊敬的道德与社会活动世家。他的父母是宾夕法尼亚州富有的贵格会教徒，祖父爱德华·戴维斯（Edward Davis）是坚定的废奴主义者。1860年，当共和党成功地提名亚伯拉罕·林肯作为总统候选人时，他参与了共和党的组织工作。戴维斯最有影响力的亲戚无疑是著名的贵格会活动家柳克丽霞·科芬·莫特（Lucretia Coffin Mott）。19世纪中叶，她因领导废奴主义和女权主义运动而闻名。

1887年，戴维斯以优异的成绩从哥伦比亚大学毕业，专业是工程学。不久后，他移居科德角（Cape Cod）。此后，他在多家公司担任了土木工程师，包括刚成立不久的西屋电气公司（Westinghouse Electrical Company）。此外，他还撰写了经济学和工程学方面的多本著作，并有了几项发明。

在1890年代，美国开启了轰轰烈烈的工业基础设施建设。在工业化发展最为迅猛的中大西洋地区[①]，戴维斯成为那里有名的土木工程师。他参与了连接纽黑文和纽约的铁路线的建造工作，参与了纽约市哈德逊河下第一条铁路隧道的设计与建造工作，也参与了纽约市东河下最早的铁路隧道之一的设计工作。

认识查尔斯·戴维斯的人都十分钦佩他名副其实的点石成金术。在世纪之交，他开始在科德角大量购置土地，并逐渐兼并相邻土地，最终累积了大量的地产。此时，戴维斯一家及其亲属还在肯塔基州哈兰县的煤田地区拥有土地。另外，那里的房产价值很低，而且总被当地的露天煤矿工人抢劫。与其他人对那里的偏见不同，戴维斯看到了巨大的商机。几年当中，他一直在不动声色地收购那里的地产，直到他最终拥有并完全控制了哈兰县几乎所有的采矿权和伐木权。

随后，戴维斯创建了肯特尼亚矿业公司（Kentenia Mining Company）（这一名称来自戴维斯家族所拥有煤矿的肯塔基州、田纳西州和西弗吉尼亚州），并出售股票，以便在全县建立矿井，开展大规模采矿作业。戴维斯还帮助设计了公路和铁路，把这些矿井连接在了一起，最终形成了一个煤业王国。在哈兰县，他还

[①] 通常指美国东部新英格兰地区和南大西洋地区之间的地区。——译者注

个体心理学的普及者

开展了大规模的伐木作业，因为运送煤炭的运输系统同样也可以运送产自山区的木材。

30多岁的戴维斯已经非常成功和富有。然而在1902年，悲剧发生了，他的妻子海伦得了肺结核，并在41岁时告别了人世。戴维斯夫妇没有孩子。13个月后，戴维斯娶了新英格兰贵族世家的格蕾丝·比奇洛（Grace Bigelow）。在随后9年中，他们生养了6个女儿，分别是1904年出生的海伦（以戴维斯的第一任妻子取名）、1906年出生的玛莎、1907年出生的普丽西拉、1908年出生的安娜莱、1911年出生的弗朗西丝和1912年出生的柳克丽霞（婴儿期夭折）。在之后的几十年里，几乎所有的女儿都跟他们富有的父亲一样成了阿德勒的患者和坚定支持者。

在这些年里，戴维斯把注意力转向了一个充满机遇的新领域——公路工程。他是最早看到私家车巨大发展前景的土木工程师之一。当时，私家车仅仅是富人的昂贵玩具和稀罕玩意儿。戴维斯参与了许多公路项目。他设计了伊利诺伊州的林肯公路，这是美国第一条高架公路。他也设计了当时备受称赞的旋转（环形）交叉路，今天在很多地方仍然可以见到，比如新英格兰地区的乡间。不久后，戴维斯开始投身于公众宣传和政府游说，以期建设一套安全可靠的汽车旅行道路系统。大约20年后，当戴维斯在俄亥俄州遇到阿尔弗雷德·阿德勒的时候，这项工作已经成为他毕生的事业。

大约在1907年，42岁的戴维斯离开了工程部门，转而从事行政管理工作。正是在这一时期，他做出了他一生中最重要也最有价值的商业决策。虽然民众对汽车的兴趣明显在增长，但大多数缺乏经验的制造商却对汽车定价太高。除了有钱人，没人买得起。尽管如此，戴维斯却认为汽车的价格可以降到合理的区间，而且会大受市场欢迎。戴维斯具体是如何认识亨利·福特（Henry Ford）的，我们不得而知，但拥有先见之明的戴维斯向这位底特律的青年发明家提出了一条绝妙的商业建议。由于了解煤炭对汽车制造业的重要性，戴维斯主动提出把他的肯特尼亚矿区整体租给福特，由福特公司自行开采。这样一来，福特的汽车生产就能免受煤炭价格波动和外部工人罢工的影响，从而得到稳定的保障。

作为回报，戴维斯要求得到较低的煤炭坑口价，外加从福特公司生产的每辆汽车中抽成。经过漫长的谈判，戴维斯终于得到了一份到期可续签的长期合同。单单与亨利·福特这一笔交易，戴维斯就获得了青少年时期的他所无法想象的财富。

1912年，戴维斯首度登上了美国政治舞台。戴维斯支持好战的前总统西奥多·罗斯福代表新组建的进步党参选总统，并很快成为一名重要金主和筹款人，继而成为该党全国筹款委员会成员。在1912年的总统竞选中，戴维斯成功地在推动联邦政府支持公路建设的竞选纲领中加入了这样一条原则："我们发现，拥有好用的道路是极其重要的。而且我们保证，我们的党将以各种适当方式推进道路建设。还有，我们赞成早日建设国家公路。我们也赞成扩大乡村免费邮递系统。"

此前不久，戴维斯已经认定了他在未来多年的使命。戴维斯与他的朋友、同为矿主的科尔曼·杜邦（Coleman du Pont）（杜邦公司总裁，后来成为美国参议员）在华盛顿特区成立了一家游说组织——国家公路协会（National Highways Association）。凭借巨额财富与丰富的政治资源，戴维斯成为后来被称为"好路运动"的代表人物。他成功地把国家公路协会塑造为一个具有改革意识、为所有人谋求利益的公民团体。毕竟，谁不想要既安全又好用的公路呢？于是，戴维斯使许多著名的自由主义者和社会主义者成为了国家公路协会的成员，例如尤金·德布斯（Eugene Debs）、马克斯·伊斯门（Max Eastman）和海伦·凯勒（Helen Keller）。

当然，并非所有支持建设高质量公路的人都认可查尔斯·"卡尔"·戴维斯[1]，诸如林肯公路协会（Lincoln Highway Association）等公民团体尤其不愿与他合作，因为他的组织与道路施工企业及其个人利益关系密切。从某种程度上说，这一批评是有道理的，因为戴维斯总想对他所青睐的项目进行温和但却彻底的控制。他的一位近亲属回忆道："夸张时，事事都要以他为中心。他在自己产业的河对面买下了一处室外游泳场，并且立了一块牌子，上面写着特别能代表'卡尔表哥'的一句话：私人河滩，但欢迎公众——换句话说，欢迎大家来使用河滩，但不要忘了那是我的。"

也有人简练地评论道："他总想帮助民众，但通常只肯用他自己的方式，于是到了最后，那些民众不仅不感激他，反而埋怨他。这点他不理解。"

但是，戴维斯并不理会外界对其个性和做事方式的批评。他总是认为，他所做的事情在道义上是正确的，所以他也很少深刻反思。在这一方面，他与创立了个体心理学的那个爱与人争辩的维也纳人有许多共同之处，后者后来成为了他的治疗师和亲密朋友。在1920年代，戴维斯继续积极运作国家公路协会。他的主要目标是推动美国联邦政府立法，修建15万英里（约合24万公里）的联邦公路。这是一个包括州、县和乡镇公路在内的四级公路系统。最后，为了表彰戴维斯在协助建立联邦公路系统方面所付出的努力，他被任命为位于华盛顿特区的公路运输研究所（Institutes for Highway Transportation）的名誉主席。

身材健硕的戴维斯在穿着上总是十分考究。中年的他几近秃顶，蓄着浓密的胡须。他总是开着一辆崭新的哈德逊车，喜欢以每小时50~60英里（约合80~100公里）的速度行驶。如果因超速被警察抓到，戴维斯就会亮出纽约市曾经授予他的名誉警察局长徽章，希望对方通融放行。

---

[1] 查尔斯·亨利·戴维斯又名卡尔·亨利·戴维斯。——译者注

人生的动力

　　历史并未明确记载阿德勒与戴维斯初次见面于哪一年，但这位大慈善家确实对《理解人性》一书印象深刻，并决定与阿德勒见面。戴维斯住在曼哈顿公园大道东31街的一栋高档住宅里。1929年冬，他可能在附近的社区教堂听过阿德勒的演讲，也可能在距离市中心几个街区的新学院听过他的演讲。

　　两人相差5岁，阿德勒稍小，时年59岁。戴维斯对心理学感兴趣不只是为了求知，还因为他20多岁的大女儿海伦患有严重的抑郁症，他决心找到医治的办法。由于阿德勒在演讲中所表现出的学识和个性给戴维斯留下了深刻的印象，于是戴维斯私下找到阿德勒，请求他为海伦治疗。治疗结果似乎非常理想，以至于戴维斯很快就打算参加阿德勒的所有演讲活动，并尽其所能推广个体心理学。到1929年春天，阿德勒已经得到了戴维斯极大的关注。戴维斯联系了他的母校哥伦比亚大学，以便为阿德勒设置一个合适的职位。他慷慨解囊，不仅为阿德勒的就职，还为他的儿童指导诊所于1930年2月开业提供了资金支持。由于阿德勒主要讲进修课而非常规课，所以哥伦比亚大学对戴维斯的回应似乎相当仓促。在未来的几年当中，戴维斯一直都是阿德勒非常信赖的朋友，他不仅为支持阿德勒活动的私人基金会提供资金，同时还担任阿德勒的商务经理和著作代理人。此外，他还出资在长岛医学院（Long Island College of Medicine）为阿德勒设置了一个为期5年的教职。

　　为何阿德勒会如此吸引戴维斯这样一位文化背景迥异的富商和贵格会慈善家呢？莫非查尔斯·戴维斯没有弟弟，而阿德勒刚好填充了这一空缺？

　　一方面，阿德勒亲切的诊疗态度和精湛的医术一直在帮他赢得忠实的追随者。然而也许更为重要的是，他的社会乐观主义及其对教育改革的支持与曾经是进步党筹款人的戴维斯产生了强烈的共鸣。从某种程度上说，阿德勒对作为个体心理健康状况重要评价标准的社会兴趣的强调几乎与戴维斯对公民进步主义、仁政与科学进步的执着信仰完全吻合。

同样毋庸置疑的是，阿德勒坚信，人在投身某项事业时最幸福。因为戴维斯的几位友人日后回忆，在阿德勒的帮助下，戴维斯体会到了更多的放松与满足。阿德勒送给他一句话："小事一桩，没什么大不了。"这句话与后来流行的"10年后回头看似乎就没那么重要了"的箴言异曲同工。阿德勒这么说，是为了劝说他的美国朋友戴维斯不要把自己看得太重。有一次，他还非常尖锐地指出："卡尔，你就像一个在街上奔跑的小男孩，身后拖着一长串叮当作响的金属罐。你希望所有人都关注你。可是有时候，安静一点会更好。"

另一个关键问题是，戴维斯到底对他的这位新朋友和个体心理学的推广产生了怎样的影响。在1926年底首次赴美之前，阿德勒已经不再为奥地利的社会主义报纸撰稿，同时也对阶级斗争的概念表示了反感。然而尽管如此，他还是赞扬了马克思和恩格斯对社会的洞察，并且在倡导妇女权益方面超越了他的社会民主党朋友。阿德勒移居美国后，不仅他的社会批判将变得温和许多，他反对资本主义的言论也将难觅踪影。因此，阿德勒有可能是为了迁就他的资助者戴维斯才有意无意地在发表公开言论时保持克制。

不过，这些都是后来的事。此刻在中欧，为了迎接戴维斯为他准备的新生活，阿德勒正在夏日里积极筹划。

第16章
移居纽约

> 个体心理学所主张的社会是一个目标、一个理想,虽然总是遥不可及,却也总能指明方向。
>
> ——阿尔弗雷德·阿德勒

1929年夏,回到维也纳不久的阿德勒开始计划永久移居纽约。他非常珍惜在哥伦比亚大学担任教授的机会。尽管几十年来,他一直在表达一名社会主义者对学术界之象牙塔的不屑,但只要后者给予他认可,他个人都十分珍视。即便不是什么了不起的名头,比如俄亥俄州威顿堡大学授予他的荣誉博士学位,阿德勒也在第一时间把它印到了自己的名片上。能够在哥伦比亚大学这样一所蜚声世界的大学任教,阿德勒感到非常兴奋。

也许正是由于这一原因,以及推广个体心理学的大好时机突然降临,阿德勒才甘心离开家人、朋友和长期共事的同事。没错,他将作为成人教育的兼职教员授课,但哥伦比亚大学医学院也同意他担任客座教授来介绍他的学说。而且,阿德勒可能也希望最终获得哥伦比亚大学的终身教职。凭借查尔斯·戴维斯的丰富人脉和惊人财富,这样的结果并非不可能实现。

然而,赖莎并不愿意跟随阿尔弗雷德一起迁居纽约。虽然反映他们这一时期关系的文字非常稀少,但在1920年代末,赖莎显然正在帮助托洛茨基对抗斯大林,以便使他掌握全球共产主义运动的领导权。从赖莎与他人的积极通信中可以看出，她正在努力加强托洛茨基派在奥地利和德国的势力，这是托洛茨基希望能够对抗斯大林日益巩固的领导地位的两个重要国家。

在落款于7月初的一封信里，赖莎用肯定的口吻安抚流亡于土耳其的托洛茨基："我丈夫说，他非常感谢你的来信。他很快会写信给你，详细说明他对共产国际的立场。他相当肯定，他的书很快会被（斯大林）禁掉。"

虽然阿德勒的传记作者后来试图模糊赖莎在政治方面的活动与主张，但她仍然是奥地利共产党的一位重要人物。仅仅几个月后，她的丈夫就将移居纽约，在哥伦比亚大学就职。而赖莎也将给苏联共产党中央委员会发去一封言辞激烈且慷慨激昂的信。此前，该委员会指责她为宣传托洛茨基主义而同情反革命。

"奥地利的革命形势非常严峻，"赖莎在1930年1月公然宣称，"最重要的是苏联的建立。……党，特别是中央委员会，可以从托洛茨基将军的著作，特别是他讨论'奥地利危机'的小册子里学到很多东西。……的确，同志们，我赞成把党内的一切机会主义、官僚主义分子彻底肃清。而且，因为我对此是认真的，所以我完全赞同左派（托洛茨基）的反对主张。因为它能带领共产国际走出机会主义的泥沼，使他们走上无产阶级革命斗争的伟大历史道路。"

抱着这样的政治信念，赖莎似乎绝不可能愿意与她丈夫的新朋友、亿万富翁戴维斯交往。戴维斯或许是进步党的筹款人和一名真正的自由主义者，但在赖莎这样的马克思主义者看来，他只是一名剥削劳工的资本家，他的财富建立在工人的痛苦之上。作为一名老资格的女权主义者，赖莎可能也自豪于自己拒绝为了丈夫的事业而跟随他去遥远的异国。她在维也纳有许多朋友，也有长大成人的孩子，她完全不愿陪阿德勒去哥伦比亚大学就职。

他们在这个问题上进行了多么激烈的争吵，我们不得而知。

亚历山德拉和库尔特日后都表示，他们的父母是友好分居,而且，在随后数年，他们的父亲确实都会在每年夏天回到赖莎身边，并至少待上几周。直到1935年，赖莎才首次前往美国与阿德勒团聚。她这样做的原因之一是，奥地利此前发生了法西斯政变。多年来，阿德勒一直用亲切的口吻与赖莎通信，但赖莎很少回复，这让他非常失望。没有记录表明，两人中有谁在分居期间找了情人。回头看去，阿德勒的一些美国朋友认为他在此期间非常孤独，也非常想念妻子。

为了准备移居纽约，阿德勒切断了他在工作上与维也纳的所有联系。他辞去了弗朗茨-约瑟夫诊所（Franz-Joseph Ambulatorium）精神科创始主任一职，并安排医生兼动物学家莉迪娅·西歇尔（Lydia Sicher）接任，同时由弗朗茨·普莱瓦（Franz Plewa）担任她的助理。阿德勒还放弃了他在教育学院的职务，并成功说服改革派教育家、同事费迪南德·比恩鲍姆（Ferdinand Birnbaum）接任。阿德勒也安排西歇尔担任维也纳个体心理学会会长。后者将担任这一职务9年，直到1938年纳粹接管奥地利。

西歇尔1923年加入个体心理学会，并很快因学术能力出众而成为学会的重要成员。西歇尔早年关注阿德勒心理学，并曾因自己的一名患者向阿德勒求教。在1920年代末的维也纳，西歇尔对阿德勒越来越重要，因为阿德勒的维也纳支持者中很少有鲁道夫·德雷克斯这样的执业医师。有传言说，在阿德勒的所有同事中，莉迪娅·西歇尔是唯一没有接受过阿德勒精神分析的人，因为阿德勒认为这么做没有必要。与阿德勒及其大多数同事一样，西歇尔也更喜欢讲课和临床指导，而非孤身一人写作。很多人希望她能写一篇有关个体心理学的权威文章，但她一直没有动笔。

人生的动力

初秋，阿德勒住进了他的新住所，那是位于曼哈顿西区大道和第92街的温德米尔酒店（Windermere Hotel）里的一间套房。这里环境极佳，附近有中央公园、自然历史博物馆和海顿天文馆，步行即可到达。住在这里也非常近便，乘坐出租车北行10分钟即可到达位于莫宁赛德的哥伦比亚大学校园。只是，时年59岁的阿德勒已经没有闲心在公园里边散步。除偶尔与同事共进晚餐外，他很少允许自己放松下来。他真正的消遣几乎只剩观看好莱坞喜剧，特别是由查理·卓别林（Charlie Chaplin）和马克思兄弟（Marx Brothers）主演的喜剧。阿德勒不仅在哥伦比亚大学著名的医学院专心讲课，他也在这所大学的成人教育学院和纽约市的多个公众场所倾情讲授。

深秋，阿德勒在曼哈顿中心富丽堂皇的以马内利会堂（Temple Emanuel）（属犹太教改革派）做了9场演讲，每周一次，题目有"个体心理学的教育观""家庭生活""母亲在家庭和社会生活中的重要性"和"父亲的影响"等等。在第一次演讲中，阿德勒面对2800名听众宣称："个体心理学的首要贡献在于正确理解了人类对合作的需求以及发现了实现合作的途径。生命的意义必须由每个人自己创造，而且对我们来说，这意味着，我们要在合作中生活，不论现在还是将来都是如此。这世上的美德无不来自合作。……个体心理学找到了错误的根源，并且指引人们找到补救之策。"

尽管在25年前，阿德勒就已决然放弃犹太教信仰，但他却在纽约等地的犹太改革会堂做了一名常任讲师。几个月后，他将在曼哈顿的美国犹太会堂讲道坛发表演讲，倡导在所有公立学校推行教育咨询。1929年秋，阿德勒还在社区教堂（一个富人云集的一位论派教堂）进行了一系列类似的晚间讲座。他从前在那里做过演讲，然而他的此轮演讲引发了异常热烈的反响，以至于美国公民自由联盟（American Civil Liberties Union）与全国有色人种进步协会（National Association for the Advancement of Colored People）的创始人、著名牧师约翰·海恩斯·霍姆斯（John Haynes Holmes）在他的圣诞布道上讲了"阿德勒心理学的宗教意义"。在随后数年，几位欧洲新教神学家将吸取他的思想重新看待人类的潜能，阿德勒本人也将与一位路德教牧师协力做此尝试。

没人愿意被动面对生活，阿德勒很快就开始利用他在哥伦比亚的身份做起了文章。为此，他专门印制了新的名片（替换了头衔为威顿堡大学荣誉博士的名片），并开始联系出版商威廉·沃德·诺顿（William Warder Norton）出版图书。几个月前，阿德勒的德语作品《问题学童的心灵》（*Die Seele des schwererziehbaren Schulkindes*）刚刚面世，他非常希望出版这本书的美国版本。这本书的内容来自阿德勒在维也纳的课程记录。当时，他在课程中访谈了存在心理问题的儿童和他们的家人。显然，这本书的目标读者是教师。可能是因为阿德勒名为《生活模式》的类似作品已经计划于当年稍后在美国出版，所以诺顿没有接受这一提议。直到近三十五年后，这本书的英文版《问题儿童》（*The Problem Child*）才得以面世。

在向美国读者展示自己的作品方面，阿德勒无疑是高效的。在那个忙碌的秋天，格林伯格出版社出版了他的《生活的科学》（*The Science of Living*）一书，他对此感到非常高兴。这是他在三年里面向英语读者推出的第三本大众图书，而讨巧的书名确实也暗合了读者的普遍心态，即，科学（而非宗教）现在可以为人类提供关于幸福与自我实现的真知灼见。格林伯格对书名的选择可谓颇有见地，然而他却不是一位正派的出版商。虽然医生本杰明·金兹伯格（Benjamin Ginzburg）编辑并翻译了阿德勒的著作，但他的名字却没有出现在这本书中。更糟的是，格林伯格将

人生的动力

一年前出版于英国的、由菲利普·梅雷所写的《阿德勒心理学入门》中的大量内容置于《生活的科学》前言中。他不仅没有征得梅雷的同意，后者甚至完全不知此事。由于国际版权法对此类行为比较宽松，格林伯格便毫无顾忌地使出了这种下三滥的手段。对于此种做法，我们不知道阿德勒做出了怎样的反应，但他很快便不再为格林伯格出版社撰稿。

《生活的科学》的内容分作12章，章节标题有"个体心理学原理""自卑与优越情结""生活风格""早期记忆""梦与理解"和"爱情与婚姻"等等。这些主题与阿德勒此前在新学院的讲座高度重叠。很有可能，金兹伯格所编辑的材料即来源于此。虽然阿德勒未能提供什么像样的新材料，但《生活的科学》首次使用了"生活风格"（life-style）这一术语，以此来取代先前的"指导意象"（guiding image）、"指导思想"（guiding line），特别是"生活计划"（life-plan）等表述。"生活风格"一词最早由德国社会学家马克斯·韦伯（Max Weber）提出，借以表示人在不同亚文化下所展现的不同生活方式。这一词汇终将在英语里广泛使用，成为反主流文化的流行语。

《生活的科学》的基本主张是，成人的性格大体形成于4~5岁时。根据特定的教养方式与家庭动力学（重点是"权力"而非"性"），每个人都会形成一种特定的生活风格，其性质、功能与目标是帮助我们获得稳定的自我掌控与自尊感。"由于人有自己的生活风格，所以有时仅仅通过与他交谈并让他回答问题就可以预测他的未来。这就像是在看戏剧的第五幕，所有的谜团都解开了。"阿德勒一如既往地认为，儿童或成人在生活风格上所表现出的失调是由外部因素造成的。"这些情结并非来自遗传物质或血液，而是来自个体的经历及其所处社会环境的变迁。"

阿德勒非常看重环境（而非遗传）的影响，他眼中的教育"无论家庭教育还是学校教育，……都是我们当前社会生活中最重要的问题"。他描述了专制学校正在被另一些学校所取代的稳步进展。在前者,"孩子们必须安静地坐着,两只手放在大腿上"。在后者,"孩子们是老师的朋友。他们不再被权力所强迫……只是服从,而是可以更加自由地成长"。

然而,阿德勒也宣称(可能比先前作品中的态度更为明确),他的方法如今旨在影响更多的教育者,而非父母,后者常常"严重受缚于传统,以至于不愿理解我们"。阿德勒强调,他只希望干预问题孩子,而非"正常儿童,如果存在这类孩子的话"。他解释说:"最好的切入点是我们的学校。首先,那里有很多孩子;其次,在学校,孩子在生活风格上所犯的错误比在家里更明显;第三,老师应当了解孩子的问题。"

《生活的科学》一书受到了读者的好评。《纽约时报》引述了梅雷对作者的称赞,说他是"西方的孔子"。该报还评论:"维也纳著名医生、心理学家、维也纳教育学院教授阿德勒博士对阿德勒心理学的基本原理做了十分清晰和简明的论述。"

1929年,与《生活的科学》一起出版的还有《神经症问题》一书,这是他面向英语读者推出的第四本大众读物。该书最初由声誉卓著的劳特利奇与基根·保罗公司(Routledge & Kegan Paul)在英国出版,精神病医生弗朗西斯·克鲁克香克(阿德勒在英国的首席医学代表)为之撰写了长篇序言。这部新作或许不如《理解人性》和《生活的科学》成功,但它意在展现个体心理学对于成人心理问题的观点。

阿德勒提出了许多关于人格改变与治疗的有趣做法。他表示,他经常会问患者:"假如我现在就能治好你的病,那么你接下来打算做什么?"以此来快速揭示患者对改善病情的真实抗拒。阿德勒表示:"讨论中总能听到各种'如果'。如果……我就结婚,如果……我就重新开始工作,等等。神经症患者总是搜罗一些貌似合理的理由来为自己辩护,但他没有意识到这究竟是怎么回事。"

在阿德勒看来，许多习惯性的常见情绪模式，如长期的愤怒、暴躁和嫉妒，都是"无谓地追求优越感和试图压制他人的表现"。也就是说，人会把这种内心状态（甚至悲伤）作为支配他人或获得特别关注的有效方式。阿德勒借用维也纳狂欢节上一个卖艺者的例子打了个有趣的比方："在一家流行音乐厅里，有个'壮汉'小心翼翼而又非常吃力地举起了一个巨大的重物。然后，在观众热烈的掌声中，一个孩子走进去，只用一只手就拿掉了所谓的重物，把骗局揭露了出来。很多神经症患者就是在用这样的重物欺骗我们，而且他们表演得非常逼真。虽然他们像肩上扛着地球的阿特拉斯一样摇摇晃晃，但他们其实能扛着他们的'重物'跳舞。"

《神经症问题》一书也对治疗提出了自己的见解（如今正在得到越来越多的经验证据的支持），即，我们在成年后所关注的主要事项与我们的早期记忆有关。"当然，我们并不认为所有的早期记忆都符合事实。或许，大部分早期记忆都已在日后的生活中被篡改或歪曲。但是一般来说，它们并不会因为这一点而变得不重要，"阿德勒解释说，"受到歪曲或纯粹臆造的早期记忆也反映了患者的目标，并且为解释患者（在4~5岁前）的生活模式为何在日后呈现出特定的样貌提供了有益的启示。"

虽然《神经症问题》一书提出了许多有价值的观点，但结构并不清晰。甚至于，书中的每一章都没有标题。这说明，梅雷所受命编辑的这些来自阿德勒的通常相当简略的笔记非常杂乱。不过，每一章内容的前面却有十几个互不相关的小标题。而且，书中的具体病例也没有标题，而相邻病例之间甚至没有明确的界限。不过尽管如此，当《神经症问题》一书在美国出版时，它的市场反响还是不错的。《纽约时报》在简要总结其内容后评论道："通过讲课与写作，阿德勒博士在美国已经鼎鼎有名。本书特别吸引普通读者，因为他选取的病例特别贴近我们的个人体验。"

虽然《生活的科学》与《神经症问题》在那年秋天同时出

版，而且过去两年还有另外两本英语作品问世，但阿德勒雄心勃勃的出版计划并没有停下脚步。格林伯格出版社正在为他出版另外3部作品，而且就在1929年的这个秋天，阿德勒又成功地找到波士顿的利特尔与布朗（Little & Brown）出版社为他出版另一本大众图书。由于阿德勒的热心资助者与推广者戴维斯现在也担任他的著作代理人，阿德勒因此获得了950美元的预付款。现在，阿德勒还需聘请一位拥有心理学背景的自由编辑（精神病医生沃尔夫可能太忙）。不久后，他决定聘请艾伦·波特（Alan Porter）。

作家、学者波特是《伦敦观察家》（*London Spectator*）杂志的文学编辑。他还在多家著名英国期刊发表论文和书评，例如《泰晤士报文学增刊》（*Times Literary Supplement*）、《标准》（*The Criterion*）和《新政治家》（*New Statesman*）。此外，波特还编辑了几本书，例如备受称赞的《牛津诗歌》（*Oxford Poetry*）。

与梅雷等伦敦布卢姆斯伯里文化圈的许多知识分子一样，波特也对来自奥地利的新心理学充满了兴趣。阿德勒强调社会兴趣是心理健康的重要标志，这令心怀希望世界更美好的理想主义的波特尤其感兴趣。于维也纳拜访阿德勒之后，波特与梅雷、米特里诺维奇共同创办了国际个体心理学会伦敦分会，并经常就阿德勒的理论举办讲座。1929年移居纽约后，他在社会研究新学院和兰德学校获得了教职，同时继续宣扬阿德勒的学说。

1930年初，阿德勒请波特编辑他将在利特尔与布朗出版社出版的新作。首先，波特对个体心理学非常感兴趣。其次，大萧条刚刚开始，波特作为一名青年自由学者显然需要资金，于是他似乎毫不犹豫地接受了这一提议。两人相处非常融洽，波特还帮阿德勒在哥伦比亚大学讲了几次课。不久后，波特还作为阿德勒的主要代笔者撰写了大量通俗文章。在落款为4月30日的一封信中，他坦诚地对戴维斯说道：

从昨日起，我已开始全心编写关于阿德勒博士的美国讲座一书。我与阿德勒博士讨论了这件事，我说整个过程需要3个月，并提议每月预付我300美元。他同意了我的提议，并要求我征得你的同意。所以我写了这封信，想知道你是否同意这一安排。

在同一封信中，波特接着详细介绍了他为阿德勒编辑和翻译的其他项目。其中包括3篇已经完成的长文：《七个人与一间屋——自卑情结研究》（Seven Men and a House: A Study of the Inferiority Complex）、《爱与婚姻》（Love and Marriage）和《犯罪生活模式》（Criminal Pattern of Life）。波特只要求每千词付给他10美元。他还介绍道："我手头的其他文章有另外两篇关于犯罪讲座的文章，3篇关于爱与婚姻的文章，3篇关于学校咨询委员会（School Advisory Councils）的文章。我建议这些文章和书分别计算稿费，因为材料在文章和书中的呈现方式不同。"

对阿德勒来说，同时发表如此多的心理学书籍和通俗文章可能令他感到吃惊，但即使在美国大萧条进一步加深的1930年代初，他对育儿、教育和社会福利的乐观看法也颇受欢迎。除最终从美国心理学界淡出的约翰·华生之外，实际上没有谁能够像阿德勒那样同时受到专业人员与普通大众的青睐。1930年，阿德勒面向监狱与监狱劳工全国委员会（National Committee on Prisons and Prison Labor）发表了一篇题为"罪犯及其治疗"（The Individual Criminal and His Cure）的重要演讲，并就育儿话题接受了《好管家》的采访。在弗洛伊德眼中，阿德勒只是一个浅薄的叛徒。对于他的广受欢迎，弗洛伊德无疑会愤愤不平。

也许是因为长期积极参与刑罚改革的戴维斯的鼓励,阿德勒也开始在讲座中谈到犯罪学的话题。这不是他首次对犯罪学感兴趣。在战后的奥地利,阿德勒也曾参与治疗青少年罪犯。此外,在3年前阿德勒首次赴美巡回讲学时,他就对美国人虽然总体富有却犯罪率高企的现象充满了兴趣。现在,他试图运用个体心理学来在公开演讲及其发表于《警察杂志》(*Police Journal*)等专业期刊的文章中解释这一现象。

对阿德勒来说,犯罪行为总是由幼年时的某种错误生活风格所引起。阿德勒不认可把"犯罪人格"主要归因于遗传的流行理论,他认为,这个问题是由社会造成的。他强调了这样一个事实,即,很多罪犯都成长于生活贫困、动荡不安的家庭,并且不受父母重视。"不难理解,为何在贫富差距非常明显的大城市……数字如此之高。"但是,根据后来的研究,阿德勒相当准确地指出,大多数罪犯(不论其社会经济背景如何)都存在严重的自卑感,同时缺乏社会兴趣。阿德勒强调,归根结底,他们是怀有"低级优越情结"的懦夫,凭借不择手段、出其不意、以强凌弱或仅仅是人多势众来胜过他们的受害者。

阿德勒相当乐观地声称,他的方法可以"改变所有罪犯"。但他同时也承认,这一目标并不现实。特别是因为,"我们发现,在经济不景气时,罪犯的人数总是增多"。不过,他还是提出了一些具体的建议来预防犯罪问题进一步加重。这些建议包括开展职业培训以减少失业,减少"可能刺激犯罪"的财富炫耀,以及为监狱囚犯提供团体咨询,以此来增强他们的自尊与社会兴趣。有趣的是,阿德勒还建议大众媒体"不要提及罪犯的名字,也不要对他们大肆宣传",他还说:"我们不能幻想罪犯可能会在想到死刑时却步,有时候,想到死刑只会令他们更加兴奋。"

1930年1月，在哥伦比亚大学寒假期间，阿德勒首次去往密歇根州巡回讲学。这次讲学主要面向教育工作者。此时，阿德勒的朋友戴维斯已经创建了个体心理学基金会（Foundation of Individual Psychology），以此来支持阿德勒在美国的各种活动，如出版、讲学和开办诊所。在阿德勒抵达密歇根州前夕，《底特律教育公报》（Detroit Educational Bulletin）报道有人赢得了一份1000美元的征文大奖，征文题目是《新成立的个体心理学新基金该如何支配1000万美元的资金》。虽然戴维斯确实印制了该私人基金会的专用公文纸，但是能够证明其存在的合法文件目前还没有找到。尽管戴维斯会持续不断地资助阿德勒，但上面提到的1000万美元这一数字似乎是不可信的。

在密歇根州，民众热切期盼阿德勒的来访，特别是在《底特律新闻》的一篇报道发表后。这篇发表于他到达10天前的报道是这样写的：

自从10年前，"自卑情结"一词进入公众视野以来，教师和学生群体就成了这一流行概念的重灾区。

在家长会、教育论坛和毕业典礼等场合，发言的学生也不时把教师从饮酒到奇装异服的种种乱象统统归咎于同一个原因。

所以，如果作为读者的你曾咬牙切齿地说："别让我见到这个炮制了自卑情结概念的人！"（然而谁没有这样做过呢？）那么你无疑会原谅底特律教师和学生的类似情绪表现。

曾经追随弗洛伊德的阿德勒博士并不像前者那样看重性，于是在哲学上与其分道扬镳。他认为，有两种性格倾向影响着人对人生三大使命——爱、工作与社会——的完成,一是社会兴趣,二是人对主宰一切的渴望。

在1月13日晚的首场正式演讲中,阿德勒向底特律的教师们概要地介绍了个体心理学的主张。他强调了帮助孩子培养社会兴趣的重要性,并表示:"我希望你们都能彻底抛弃遗传论。在无法解释孩子的行为时,我们很容易怪罪所谓的'遗传影响'。我们在孩子当中发现的巨大差异怪不到遗传头上,特别是当这些孩子来自同一个家庭时。"随后,他又调侃了一句:"只有大活人(而非遗传)才可能制造这么多问题行为。"

阿德勒强调,教师应该"始终懂得如何深入孩子内心,这样才能看到、听到和感受到他们的世界"。在课堂上,惩罚和责骂没有用,只有副作用。"在教育实践中,你们应当运用共情,这样你们起码就会有这样的意识,'如果我跟他智力相同,过一样的生活,那么我也会遇到同样的问题,而且我也很可能会作出相似的反应'。要站在他们的角度考虑问题。"最后,面对这座正在经历经济衰退的城市的听众,阿德勒表达了他的乐观态度:"我们不知道一个人的极限在哪里,但我们确信,大多数人都可以做得更好。"

阿德勒随后的日程安排包括在底特律师范学院(Detroit Teachers College)开办为期3周的课程,以及演示儿童指导诊所的诊疗工作。这些活动得到了报刊的广泛报道,也获得了几家热心公益基金会的共同赞助。在一堂课上,一位听讲者提问,在培养孩子的社会兴趣或勇气时,父母几乎不可能做到分毫不差,那我们是否还要冒着使孩子变得过于软弱或强势的风险来尝试?

阿德勒带着浓重的奥地利口音微笑着回答说:"如果孩子们变得过于妄自尊大,生活自然会教训他们。但如果他们灰心丧气,生活是不会让他们振作起来的。维也纳的马戏团里有一句老话:'驯服狮子并不是那么难,但是谁能让小羊羔学会狮吼?'"

毫无疑问，阿德勒圆满的密歇根之行首先要归功于玛丽·拉塞（Marie Rasey）。虽然身材瘦小，她在性格上却更像阿德勒口中的狮子，而非温顺的小羊羔。作为底特律师范学院（后与韦恩州立大学合并）的一名研究副教授，她已经开始在工作中崭露头角。

1887年，拉塞出生于密歇根州乡间的一个理发师家庭。十几岁时，她开始投身教育事业。她是家乡第二位获得大学学位的女性。在密歇根大学，为了维持自己的生活，她兼职管理一幢拥有17张床位的公寓。完成底特律公立学校的高中教学与研究等工作后，拉塞于1921年成为底特律师范学院的研究主任。也许就是在此之前，她第一次接触到了阿德勒的作品。阿德勒在儿童发展与教育方面的务实主张使拉塞大受启发，于是她开始进一步阅读阿德勒的所有作品。

1928年，拉塞赶赴维也纳，为自己所写的一本关于教育心理学的作品而求助。日后，她在自传《这需要时间》（*It Takes Time*）中回忆，就在她的朋友们把注意力都放在当时的舒伯特音乐节的时候，她与阿德勒见了面。阿德勒热情地推荐了很多书籍和文章，接着向一脸惊讶的拉塞说："现在你就待在这里吧，我们一起来写这本书！"拉塞很快调整了她的计划，并在接下来的几周里与阿德勒展开了紧密的合作。她多次参加了弗朗茨-约瑟夫诊所（Franz-Josef Ambulatorium）的查房工作和医务人员会议，并在阿德勒的诊室协助访谈患者（特别是儿童患者）。

拉塞后来回忆："那年夏天结束时，我接受了一次长时间的、语言为德语的精神病学口试，令我非常惊讶的是，国际个体心理学会接纳了我。"1929年春，拉塞重返维也纳，并在夏季的数月中再度与阿德勒合作。当时，拉塞正在研究识别儿童用手偏好的具体方法，她还自豪地介绍了她找到的8种方法。对此，阿德勒却强调，识别用手偏好没有意义，除非你知道特定的孩子如何看待自身的这一偏好。

回到底特律后,拉塞开始积极效法阿德勒的儿童指导工作和相关活动。除在1930年及之后帮助阿德勒安排演讲之外,拉塞还为对心理问题感兴趣的父母和教师讲授了一系列颇有新意的课程。受阿德勒思想启发,她还创建了性格科学研究协会(Society for the Science Study of Character),以此来帮助儿童在家中和学校展现出更多道德行为。因其教育心理学的人本主义取向,拉塞一生都备受赞誉。

1月底,阿德勒回到纽约,重新恢复了往日繁忙的工作。他不仅每天(周日除外)指导哥伦比亚医学院儿童指导诊所的工作,每周还给医学生讲课。他还参与其他教学活动,比如为哥伦比亚大学的心理学研究生讲30次课,以及为该校艺术与科学研究所(Institute of Arts and Sciences)赞助的两门课程授课,一门安排在上午,共7次课,一门安排在下午,共14次课。此外,阿德勒还做了一系列向公众开放的关于犯罪、爱情和婚姻等热门话题的专题讲座。2月下旬,阿德勒再次获得了国家级通讯社的报道,这一次是因为他对纸牌游戏心理的看法。美联社的新闻简报这样写道:

> 阿尔弗雷德·阿德勒博士认为,把大部分时间花在桥牌上的人都有自卑情结。这位来自维也纳的心理学家在哥伦比亚大学的讲座上说:"桥牌是一项伟大的发明。其中一小部分是放松,但很大一部分已经成为一种心理习惯,一种对优越感的追求。它提供了征服他人的机会。如果你看到有人赢了牌,你就会发现他脸上洋溢着满满的优越感。

人生的动力

　　通过这些讲座和课程，阿德勒在心理学及相关领域吸引了更多的年轻仰慕者，其中之一便是海因茨·安斯巴赫。他于1924年从法兰克福移居美国，最初几年在华尔街从事经纪工作，但并不成功，而一场爱情长跑的悲剧收场更使他痛苦万分。"绝望之时，我向阿尔弗雷德·阿德勒寻求帮助。他的演讲深深地吸引了我，"安斯巴赫日后回忆道，"我还保留着当时的笔记。……他带给我的是一种纯粹的人文主义心理学，其中人的概念是自主的（比人们通常所认为的程度更深）、面向未来的，并且以价值观和目标为导向的。"大约两年后，安斯巴赫接受了阿德勒的治疗，并在其建议下决定以心理学为业。此外，在1930年代初，安斯巴赫还通过阿德勒发达的社交圈遇到了他未来的妻子罗伊娜（Rowena）。在其后几十年里，安斯巴赫将成为向美国学术界推广阿德勒心理学的最重要的心理学家。

　　在从密歇根州回到纽约的那个冬天，阿德勒就几个可能的出版项目与威廉·沃德·诺顿恢复了通信，其中就有拉塞关于儿童心理学的新手稿。诺顿的回复我们不得而知，但显然他对此不感兴趣。2月下旬，阿德勒在信中感谢了这位出版商最初对他的关注，并将注意力转投其他事项。

　　这些事情的其中之一就是，他开始越来越关注自己的生活与事业。全国儿童福利协会（National Child Welfare Association）希望阿德勒能发表一篇关于他的简短自传，而阿德勒尽管一直不愿透露自己的私生活，他还是为那些好奇自己童年和与弗洛伊德决裂前的生活的美国人做了当时最细致的描绘。在介绍发表于《童年与性格》（*Childhood and Character*）杂志的这篇简短自传时，编辑这样写道："阿德勒博士坚定信仰这样一种心理学，它鼓励人，而非用悲观主义的哲学来打击人。对脱离弗洛伊德并创立了自己的'个体心理学'的阿德勒博士来说，弗洛伊德太过强调性了。"

　　虽然阿德勒很高兴美国读者终于了解了他与弗洛伊德发生分

歧的真相，但以往的争斗显然并没有完结，并且很可能是他在美国遭遇到当时为止最为重大的挫折的元凶。哥伦比亚大学神经学研究所主任弗雷德里克·蒂尔尼（Frederick Tilney）教授曾经向该校医学院推荐阿德勒担任终身教职。事前，他并未与阿德勒协商。虽然大学的文件记录已不复存在，但该提议似乎很快便遭到否决。根据当时的传言，这一决定源自任教于哥伦比亚大学医学院的多位精神分析学者的强烈要求。他们不想与弗洛伊德的宿敌有任何瓜葛，甚至不允许他在那里担任教职。

回到纽约后的阿德勒深感羞辱，随即在2月5日关闭了他的儿童指导诊所，并且辞去了他在哥伦比亚大学的教职。显然，这一事件的新闻价值足以令《纽约时报》追踪报道数天，不过该报并未夸大其词。听闻阿德勒辞去教职，蒂尔尼表示十分震惊。阿德勒对这一变故守口如瓶。而且，那年春天的课程结束后，他便与哥伦比亚大学永久切断了联系。6周后，纽约社区教堂备受尊敬的约翰·海恩斯·霍姆斯牧师宣布，阿德勒的个体心理学咨询委员会（诊所名称）"已经由教会接管，成了教会的例行社区服务项目"。这年初秋，阿德勒的老同事沃尔特·贝兰·沃尔夫将成为该诊所的新任负责人。

第17章
新作迭出与大众政治

> 要拯救世界，最重要的显然是要把人类提升至这样一种水平，即，他们不再像玩耍上膛手枪的孩子一样，时刻冒着冷不防就会打死自己的危险。如果这种教育不是来自新心理学，那么我们很难看到它还能来自何处。
>
> ——阿尔弗雷德·阿德勒

如果阿德勒对其在哥伦比亚大学的遭遇感到非常不快的话，那么他的情绪可能很快就出现了好转，因为在1930年春天，他出版了3本新书。这3本书基本都是大众读物，包括《生活模式》、《儿童指导》（Guiding the Child）和《儿童教育》。它们几乎同时在美国出版，这清楚地表明，阿德勒已经把他的工作重心从欧洲转移到了美国。

《生活模式》一书取材于阿德勒两年前在新学院示范诊疗过程的讲座，其中有12名学童的病例，涉及品行障碍或极度羞怯等各类心理问题。这些孩子很多都来自1920年代常见于纽约市的移民家庭（有意大利人、犹太人和斯拉夫人），社会地位低，经济条件差。不过，与阿德勒在这一时期出版的其他著作一样，《生活模式》基本也没有论及可能对这些学童有影响的文化与经济因素。该书由青年精神病医生沃尔特·贝兰·沃尔夫编辑，他在书中也简要介绍了个体心理学。

《生活模式》中呈现了阿德勒对每名病例的看法以及他在课上对孩子父母的简短访谈。虽然这本书反映了阿德勒对特定类型童年失调的解释模式，但如果它能更加深入地阐述阿德勒对各种心理障碍的见解，那么对专业人士来说，它的价值就会大大增加。阿德勒的有趣评论往往过于简短，这无疑是因为，这本书的内容来自课堂记录。

《生活模式》获得的评论大体是正面的。《纽约时报》简要地评论道："通常，阿德勒只根据病例的间接证据就能正确推断出儿童问题行为背后的家庭状况。然后，孩子的父母会进入课堂，接受询问与建议。最后，孩子本人也会进入课堂。阿德勒所分析的孩子有各种类型，如过于温顺、叛逆、神经质、意志薄弱，以及家中由母亲做主。"

《展望与独立周刊》的评论较为负面，它认为，阿德勒对治疗所抱有的强烈乐观并不现实。"沃尔夫博士在序言里揭示了阿德勒心理学的一些特征，这些特征使一些学者把阿德勒心理学归于了宗教而非科学领域，"该周刊的评论者讽刺道，"从本质上看，这还是换汤不换药的自由意志。因为个体心理学的潜台词是'谁都能做任何事'。它宣称，遗传的决定作用、环境的限制、社会的影响并非个体造福社会不可逾越的障碍。个体要了解他的生活模式，如果他做的事没有价值，他的目标没有意义并且只考虑自己，那么他就要通过转向正确的方向来掌握自己的命运。"

在大萧条之后的几年里，许多美国学者也将发现，阿德勒对个体自主能力的乐观自信过于简单化。从这个意义上说，他在第一次世界大战后所强烈主张的社会主义世界观逐渐转向了一种关于更宽泛的社会力量如何影响个体的模糊得多的观点。即使在富兰克林·罗斯福总统的新政立法期间，阿德勒也很少提出切实改善美国社会的具体建议。相反，接近晚年的他却似乎满足于提供许多人所认为的道德说教，而非实证发现。因此，《展望与独立周刊》断言，阿德勒心理学已经开始具有某些宗教特征。"也许这就是他的追随者称赞他是一位先知而不是一位心理学家的原因。德国有位著名的耶稣会牧师说过，如果阿德勒继续宣扬他的社会理想，他就会首先创立基督教心理学，尽管他是犹太人。"

阿德勒于1930年春出版的第二部新作是《儿童指导——关于个体心理学的原则》（*Guiding the Child: On the Principles of Individual Psychology*），这本书的说教语气减弱了许多。它是由格林伯格出版社出版的一本选集，其中收录了维也纳的阿德勒心理学主要实践者所撰写的21篇文章。这本书的翻译者是医生本杰明·金兹伯格，他曾经组织和编辑了阿德勒出版于一年前的《生活的科学》一书。阿德勒只为这本选集贡献了一篇文章——《来自指导实践的病例》（A Case from Guidance Practice），而他的女儿亚历山德拉（阿莉）却贡献了两篇。当时，初出茅庐的她已经成为一名致力于个体心理学的维也纳精神病医生。这本书的其他撰稿者有费迪南德·比恩鲍姆、阿莉塞·弗里德曼、阿图尔·霍卢布（Arthur Holub）、玛尔塔·霍卢布（Martha Holub）、奥尔加·克诺普夫、亚历山大·穆勒（Alexander Müller）、亚历山大·诺伊尔、雷吉娜·赛德勒、莉迪娅·舍尔（Lydia Scher）、奥斯卡·施皮尔和埃尔温·韦克斯伯格。连同阿莉，他们都是在维也纳实践与传播阿德勒心理学的最重要的临床医生。

当然，《儿童指导》一书面向的是美国专业读者，而非普通大众。一年前，其互为补充的不同章节曾作为单独的文章发表于阿德勒的期刊。这些文章大多只是简单描述，而非理论分析，它们具体说明了个体心理学治疗师对适应不良学龄儿童的诊断与治疗。书中的病例大多来自阿德勒的同事在1920年代末为维也纳公立学校所做的儿童指导和教师培训项目。

《儿童指导》一书中大多是奥地利下层或工人家庭的孩子。许多孩子只有一位父母，另一位父母有的去世，有的弃家而去。

他们的健康状况往往也颇为不堪。在疏于管教的情形下，这些青少年发生很多性行为，多个病例还涉及卖淫与怀孕。然而奇怪的是，《儿童指导》的多位作者都没有讨论诸如贫困或人口过剩等社会经济因素对这些学童生活的影响。

不过尽管如此，阿德勒的同事们还是就早期适应不良提出了一种进步的观点。他们坚决反对当时仍然存在的看法，即，这些孩子来自与特定族群相关联的"遗传劣势群体"。相反，阿德勒的拥护者们乐观地强调，此类病例几乎都可以借助现代心理学原理成功医治。他们强调建立自尊，而非强制服从。他们尤其反对体罚，认为这是对待儿童的过时做法。不过，由于奥地利的父母和学校教师对教育的认识日益开明，阿德勒的合作者们大都对此表示满意。

《儿童指导》以其客观理性和清晰具体而得到多数美国评论家的积极评价。《纽约时报》如此赞许道，这本书"显示了如今已遍布维也纳各个学区的免费儿童指导诊所所运用的理念是如何使儿童重新适应学校与家庭生活的。起初，大约十年前，儿童指导诊所的主要推动者是家长协会和教师协会。此外，公立学校教师也在其中发挥了部分作用"。

这一年春天，阿德勒又写了一本新书，这本书可能创下了当时美国出版界图书发行量的最高纪录。《儿童教育》是他在短短3年内为格林伯格出版社完成的第四部作品，也是他为英语读者创作的第六部作品。与他短短几年间出版的所有其他作品一样，《儿童教育》主要也是对讲座资料进行深度编辑以实现条理性和可读性的结果。阿德勒在奥地利的同事弗里德里希·詹森（Friedrich Jensen）和埃莉诺·詹森（Eleanor Jensen）夫妇完成了这一艰巨的编辑与德语翻译任务。他们的工作非常出色，因为这本书很可能是阿德勒自《理解人性》以来最清晰简明的一部作品。与《神经症问题》《生活模式》甚至《儿童指导》都不相同的是，书中详细介绍了阿德勒对个性发育的看法。这本书对大多数父母来说显得过于专业，所以更受已经知晓阿德勒名字的专业人士欢迎。

阿德勒认为，所有孩子都有自卑感。他把早期行为问题归因于儿童想要获得尊重与权力的强烈欲望。如同他过去一直强调的那样，大多数儿童心理疾病并非根源于性，而是源自对掌控感的追求。在阿德勒眼里，许多问题行为在本质上是一种策略，儿童不自觉地使用这些策略来对抗更加高大、拥有更多权力的家庭成员。比如，父母可能会因为孩子不睡觉、不吃饭或总是弄脏床单而感到无奈或愤怒。

"这些武器可能可以比作大自然赐予动物保护自身的武器，比如锋利的爪和角。我们很容易发现，首先孩子是弱小的，其次如果没有这样的外部机制，他们就不会有信心应对生活，所以他们才有了这样的武器。而且非常明显的是，没有多少东西可以充当这一武器。对一些孩子来说，唯一可以利用的就是他们对大小便的控制不善。"

阿德勒建议，在面对这类问题时，父母要做到温柔与体谅，而非严厉对待孩子。恐吓和惩罚最终都无济于事，只会让问题更加严重。"重要的是，我们要从孩子的视角来看待他的处境，并且根据他自己的错误判断来理解这一处境。我们不仅不能期待孩子的行为合乎逻辑，即符合成年人的常识，我们还要主动认识到，孩子会在理解方面犯错。"例如，一个母亲上夜班的5岁女孩可能会患上睡眠障碍。这可能是因为孩子害怕被抛弃，所以十分想亲眼看到母亲走进家门。

《儿童教育》一书中还包含阿德勒对父母该如何对儿童展开性教育的详细阐述。他谨慎地表示："很多人对这一问题的看法缺乏理性……不管孩子多大都要（进行这样方面的教育），还夸大不这样做的危险。可是，回想我们自己和别人小时候，他们所想象的这些巨大困难和危险并不存在。"阿德勒一如既往地强调，父母应该根据孩子的兴趣和智力水平来解释性。

作为其早期著作的特点之一，阿德勒强调了学校教育对促进孩子心理发育的重要作用。"教育工作者最重要的任务（几乎可以说是他们的神圣职责）是确保不让一名儿童的自信在学校受到打击，以及确保自信受损的儿童能够通过他的学校和老师重新找回自信。这一点与教育者的使命密不可分，因为如果孩子不能满怀希望与快乐展望未来，教育就不会有任何作用。"阿德勒乐观地认为，心理进步是社会进步的关键，于是他在书的结尾处得意扬扬地写道："我们正在迈入一个为儿童教育带来新理念、新方法和新认识的时代。科学正在涤除陈规陋习。"

虽然《儿童教育》一书颇有洞见，但是对熟悉个体心理学的美国人来说，这本书却了无新意，很多话题都是他在先前的多部作品中详细谈过的。对于起初非常认可阿德勒作品的许多评论家来说，他出书显然太过匆忙，出的书似乎也太多。《纽约时报》相当严厉地评论道："读者能够在这本书中发现很多真知灼见，很多观点都非常启发人，并且能够从个人的经验中得到印证，但它的形式减损了它的价值。这本书写得非常散漫，主题也相当零乱。即便调整各章节的标题，结果也不会有什么两样。这本书是描述性的、主观理解性的，而非通过科学来客观解释。在指导教育者方面，这本书也不够实际。"

虽然这本书的基调更为乐观，但哪怕是支持阿德勒的《展望与独立周刊》也无法继续无视其近期作品的大量重复了。该刊评论者带着明显的讽刺意味恭维道："阿尔弗雷德·阿德勒的新书像爆豆子一样从印刷机上快速产生出来。《儿童教育》已经是他近几个月出版的第3本书了。但我们不同意有些人所说的应该建议阿德勒博士少写书。即使他反复述说同样的话，重复也是一种众所周知的教育方式。"

同年，颇有影响力的美国精神病学会前主席威廉·阿兰森·怀特非常刻薄地写道："虽然我渐渐发现，阿德勒的著作正变得越来越缺少新意，但现在我已经确信，他的书越写越差了。……我试图容忍，体谅，尽量去发现其中的优点，但我不得不痛苦地承认，我必须说一些批评的话了。对于他刚刚出版的这本书，我只能说：'够了！'"

为什么60岁的阿德勒要不顾自己的名声而招致这种不必要的批评呢？答案并不完全清楚。显然，授权出版这些作品并不能赚到很多钱。格林伯格出版社的预付款不多，而且自《理解人性》以后，阿德勒的作品还没有哪一本获得过可观的销量。另外，到这个时候，阿德勒也不再需要得到业界的认可，他的学说已经为全世界的同行所熟知。从他委托他人编辑（甚至添油加醋）其作品的这种几乎可以说是毫不审慎的行事风格来看，这些作品似乎很难成为他自我满足的寄托。

可能的原因是，在阿德勒看来，迅速出版大众普及读物是扩大个体心理学影响力的最有效的方式。从这个角度看，或许在他眼中，《儿童教育》等作品只是他十余年前始自战后维也纳的一套看似成功做法的延续。通过在人民学院面向非专业听众做大量讲座，以及向所有人开放其学会的讨论，他不是已经极大地拓展了个体心理学的影响范围了吗？阿德勒的大部分职业生涯都游离于学术界之外，而且作为一名骨子里的社会民主党人，他一直拒斥维也纳大学医学院在其眼中所长期象征的知识精英主义，并以此为荣。

然而，阿德勒可能没有意识到，由于他坚持不懈地推广自己的心理学体系，他竟然会如此地疏远曾经支持他的美国同行。儿科医生艾拉·怀尔等人或许认可他本身，但他们还是远离了个体心理学，只把它看作一种值得特别研究的独特方法。

1930年夏，阿德勒回到维也纳，继续忙于一系列专业活动。由于阿德勒在一年前辞去了他在教育学院和弗朗茨–约瑟夫诊所的职位，因而与过去相比，此时的他更多地专注于咨询工作。不过，他几乎没有职责减少后的寥落感。在近期发源于美国并迅速蔓延至整个欧洲的经济危机中，奥地利的失业率稳步上升。随着该国的奢侈品和旅游业收入大幅下滑，越来越多的奥地利人丢掉了工作。

经济危机的结果之一是，维也纳的学校发现，很多儿童都遭到了粗暴的对待，包括被忽视和虐待。对此，阿德勒和他的同事们并不感到惊讶。与往常一样，阿德勒的支持者们继续向父母和教师免费开放他们的指导诊所。在奥地利恶劣的经济形势下，他们的努力尤其有益。

为了表彰阿德勒的人道主义贡献，维也纳市议会决定在一次公开仪式上授予他"维也纳公民"（Citizen of Vienna）的称号。这一荣誉是为了"表彰他在科学领域取得的巨大成绩，以及庆祝他的60岁寿辰"。由于阿德勒一直渴望外界认可其个体心理学，所以他对此感到非常兴奋。不幸的是，维也纳市长、社会民主党人卡尔·塞茨（Karl Seitz）却对儿童指导和心理健康知之甚少。在一众要人面前，他极其错误地将阿德勒介绍为"弗洛伊德当之无愧的学生"。

虽然塞茨显然并无恶意，但他的话却深深地刺痛了阿德勒。他后来承认，他宁愿市长是蓄意为之。正如我们在前面所提到的那样，平常和蔼可亲的阿德勒心中一直有个痛处——绝对不能容忍有人提到，甚至暗示他曾经是弗洛伊德的学生。即便他们的断然决裂已经过去了近二十年，两人依旧是不共戴天的仇敌。

在几周后的9月中旬，第五届国际个体心理学大会在柏林召开。借此机会，阿德勒在来自奥地利、德国等欧洲国家的千余名支持者面前抨击了他的宿敌。到会者大多是专业人士，除听阿德勒演讲外，他们也将参加关于儿童指导、心理学、精神病学和教育学主题的多场报告。

作为主讲人，阿德勒以一篇许多人多年后依然记忆犹新的激昂演讲拉开了柏林大会的序幕。除鼓励其支持者继续致力于发展个体心理学之外，他还试图驳斥弗洛伊德在新近出版的《文明与缺憾》（Civilization and its Discontents）一书中所传达的悲观论调。多年来，作为一名社会主义者，阿德勒一直厌恶弗洛伊德在政治上的保守态度。他不仅在世纪之交、二人合作的那些年里有这种感觉。弗洛伊德公开为瓦格纳-尧雷格在战争期间的医疗暴行辩护只是他激怒阿德勒的众多事例之一。不过，阿德勒也认为，弗洛伊德这本讨论文明的新书中所透出的超然态度和政治进步主义已经远超其先前的著作。

在出版于1927年的《一个幻觉的未来》（The Future of an Illusion）一书中，弗洛伊德同样表达了悲观的论调。不过，与他相同的是，早已抛弃犹太教信仰的阿德勒也不信任制度性宗教和有神论。虽然阿德勒远比弗洛伊德更看重《圣经》的智慧，但他同样认为，科学终将取代宗教。弗洛伊德对科学的发展充满了信心，他的一句话很好地表达了阿德勒作为一个自豪的理性主义者的观点："这一过程没有回旋的余地；知识宝藏越多地惠及于人，对宗教信仰的背叛就会越普遍。"

对阿德勒来说，《文明与缺憾》一书的问题要大得多，但也并非在所有方面都是如此。弗洛伊德反对神秘主义，认为它是对婴儿意识的回归。对此，阿德勒应该不会介意，因为他同样对神秘主义抱有强烈的怀疑态度，无论是同时代荣格等人所说的神秘主义，还是古代神学家的神秘主义。阿德勒也不反对弗洛伊德把人对慈爱上帝和来世的信仰归因于孩子在面对一个无情而冷漠的世界时的无助感。

对《文明与缺憾》一书，阿德勒真正感到不满的是其中所传达的近乎宿命论的绝望情绪。弗洛伊德似乎坚持认为，在"快乐原则"之外，我们的所有行为都可以归结为对生理满足的本能追逐，以及服务于这一冲动的积极进取。因此，他试图否定这样一种观点，即人有工作、审美和社会兴趣等更高级的动机。弗洛伊德尖锐地讽刺了古代"爱你的邻居"的宗教道德，他简洁地评论道："这个陌生人一般不仅不值得我去爱，我必须承认，我还应该去反对，仇恨他。"

以人类几千年来的相互残杀为证，弗洛伊德强调，我们需要文明来控制自身与生俱来的攻击性。他认为，通过宗教或哲学来迎合我们并不存在的"高级本性"就是在思想上停留在孩童状态。"现在，我们每个人都必须抛弃我们年少时对他人的期待，这是一种幻象。我们或许能意识到，来自他们的恶意给我们的生活平添了多少烦恼和痛苦。"

然而，弗洛伊德也强调，文明同时也压抑了我们对肉体欢愉的天然冲动。我们对自己本能的感觉感到愧疚，"负罪感是文明发展过程中最重要的问题。……我们为文明的发展所付出的代价是，负罪感的加强导致了快乐的减损"。

弗洛伊德极其强调人类的攻击性（"它是人与人之间一切涉及爱的关系的基础，也许只有母子关系例外"），他认为人类永远都无法从中挣脱。社会主义者和共产主义者们天真地把民众的苦难归结于私有财产的存在。然而即使家庭制度被废除，性自由完全放开，我们与生俱来的攻击性仍然"坚不可摧"。

对阿德勒来说，这样的观点几乎就是针对他个人的。在过去十年里，他将个体心理学建基于个体拥有社会兴趣的可能性之上。在无数次的演讲和他的大量著作中，他都在想方设法帮助父母、教育工作者和专业人士增进儿童的身心健康。最终，这么做有可能创造出一个理想社会。因此在柏林大会上，阿德勒对参会者强调，"生命的意义"来自帮助他人，以及借此为后人留下永恒的遗产。在教育和儿童指导等领域，有太多工作需要做，而且可以做。抱怨人性的弱点是自私和不成熟的表现。

尽管阿德勒的演讲在拥挤的会议厅里博了个满堂彩，但柏林市和广阔的乡间却笼罩在一片阴郁之中。在美国股市崩盘后的一年里，德国社会越来越动荡，政治也越走越极端。街头暴力和反犹口号已经司空见惯，甚至连象牙塔也遭受了这一情绪的影响。6月，慕尼黑大学曾因暴民冲击一名国际法教授的课堂而暂时关闭。在海德堡大学，一位主张和平主义的著名教员也经历了类似的遭遇。

更让大会听众感到不安的是，德国民众在当月早些时候参加了投票，使阿道夫·希特勒领导的国家社会主义工人党（National Socialist Workers Party）获得了创纪录的选票。纳粹党已经不再是拙劣的笑话。在短短两年间，他们的支持者人数已经从81万上升到了650万，他们在国民议会中所占据的席位也从区区12席增加到了107席。纳粹党已经成为德国的第二大政党。

增加的选票主要来自未能参加1928年选举的新选民。他们有的对先前的候选人不满，有的年龄不够，因而没有投票权。纳粹党的新支持者中也有先前支持中产阶级自由主义及保守主义政党的选民。在1930年9月的这次选举中，天主教政党的实力略有增强，而阿德勒所支持的社会民主党则失去了支持（主要输给了共产党）。然而，德国大选的首要意义无疑在于，纳粹党终于在政治上实现了他们觊觎已久的突破。

"我跟迪米特里耶·米特里诺维奇、瓦莱丽·库珀（Valerie Cooper）和我们伦敦分会的另一名成员在维也纳待了一周。其间，我们去阿德勒家里拜访了他，"作家菲利普·梅雷后来回忆道，"然后，我去德国拜访了一些朋友。在那里，我立即意识到，纳粹革命已经迫在眉睫——你能感受到那种心理氛围，像一股恶臭。……后来，我和罗伯博士（Dr. Robb）作为代表参加了在柏林举行的国际个体心理学大会。……大会举行于该市最大的礼堂之一，每场会议都座无虚席。你会以为阿德勒已经登上'世界之巅'。但是，在最后招待代表的晚宴上，人们都感觉得到，即将到来的纳粹革命已经提前瓦解了德国的个体心理学运动，就像它瓦解和破坏了许多其他国际行动一样。"

虽然阿德勒在德国的主要同事之一莱昂哈德·赛夫将顺从地把他的精神科诊所保留在纳粹治下，但支持希特勒的参会者可能并不多。阿德勒的一些忠实支持者在大会上表示，个体心理学的发展良机已经丧失。马内斯·施佩贝尔和阿莉塞·吕勒-格斯特尔等活跃在德国政坛左翼的阿德勒支持者认为，留给阿德勒的时间已经所剩无几——如果他不公开承认自己是共产主义者，那么他就会放任希特勒获益。以上就是他的选择，再讲和平民主变革已经无益。想要在欧洲等地即将到来的抗击资本主义法西斯的斗争中生存，个体心理学就必须立即与斯大林结盟。

施佩贝尔或许是阿德勒最坚定的支持者之一。自从两年前离开维也纳以来，他在柏林的德国共产党中越来越活跃。1929年，他在那里遇到了威廉·赖希，后者正在以他自己的方式，通过综合弗洛伊德与马克思主义的思想来鼓动德国的年轻人。"威廉·赖希是个壮实的人，谈到兴奋处，他那张大红脸似乎涨得更大了，"施佩贝尔日后回忆道，"他可能看上去有点咄咄逼人，因为他深信自己的观点非常有说服力，不容辩驳，所以别人不能不听，或者不应该不听。……他的结论是，只有在性方面得到满足的人才可能拥有健康的心理。"

与施佩贝尔一样，赖希也在共产党创办的马克思主义工人学校教课。在学校的政治框架内，他带领了多个研究小组，专门研究他所谓的"性政治"。他与施佩贝尔经常就阿德勒与弗洛伊德的学说发生交锋，尤其是在性满足对个体和社会幸福的重要性方面。

阿德勒认为，施佩贝尔在宣传共产主义的同时夹带个体心理学的做法是对个体心理学的玷污。在柏林大会上，他愤怒地告知一脸惊愕的施佩贝尔，要他停止宣传共产主义，他不想与这种走入歧途的活动有任何瓜葛。然而，这里的问题并不只是马克思主义的意识形态。直到1931年，阿德勒还在《个体心理学杂志》上发表了妻子赖莎的一篇全盘支持苏联的文章，文章的依据是她在国际个体心理学会维也纳分会发表的一篇演讲。虽然自十月革命以来，赖莎就没有回到过她的祖国，而且她一直是托洛茨基的忠实信徒，但她仍然十分推崇苏联的教育理念，并说它是其他国家效法的榜样。

"整个……体系自成一体，从摇篮到幼儿园，从小学到大学，"赖莎在引述苏联官方政策时赞许道，"必须特别强调它的目标——培养'为工人阶级理想而奋斗的忠诚战士和共产主义社会的自觉建设者'，因为这样的教育目标在其他任何国家都找不到。"作为例证，赖莎介绍了苏联政府通过鼓励孩子告发父母来改变传统家长制的做法。赖莎热情地表示，有了这样的措施，一个崭新的社会真的就要到来了。

由于阿德勒长期以来一直反对布尔什维克主义，所以他准许刊发这篇文章的原因十分令人费解。最合理的解释或许是，他认为布尔什维克主义至少可以激发思考。此外，这篇文章也没有提及把个体心理学置于共产主义的大旗之下。所以，在阿德勒眼中，年轻的施佩贝尔或许只是一个性急的麻烦制造者。最终，施佩贝尔和他的支持者将因为感觉遭到背叛而展开报复。

他们以柏林为基地成立了辩证马克思主义心理学专家组，并在两年后出版了一本名为《心理学的危机与危机的心理学》（*Krise der Psychologie – Psychologie der Krise*）的文集。在一篇题为《心理学在社会剧变中的角色》（The Role of Psychology In The Social Upheaval）的文章中，吕勒-格斯特尔将谴责阿德勒在希特勒日益浓重的阴影下寻求左翼与右翼间的政治中立。"如今，一个心理学流派宣称自己'中立'，并对社会现实视而不见，这已不再可行。"

在同一本薄薄的小书中，施佩贝尔发表了一篇敌意满满的文章，题为《心理学的现状》（The Present State of Psychology）。几年前，他曾在一部传记作品中称赞阿德勒的远见卓识和渊博学问。此时，施佩贝尔却诋毁他先前的导师为原始法西斯主义者（protofascist）：

> 以下是一些值得思考的事情：实际上，阿德勒的个体心理学曾经是资产阶级/小资产阶级心理学的左翼分支。弗洛伊德在《精神分析运动史》一书中认为，阿德勒的观点来自其社会主义的世界观。事实上，阿德勒早先是在马克思和恩格斯那里为他的观点寻找基础。但是，正如社会民主党的领导在过去十年里逐渐转变为无产阶级最大的危险和无产阶级革命最可怕的敌人，正统的阿德勒个体心理学也越来越成为一种社会法西斯学说，社会是部分表现，法西斯是本质——实际上鼓吹和支持法西斯主义。

在后来的几十年里，施佩贝尔将在他的文章和著作中多次痛苦地表示，他景仰的阿德勒如何将他无情地逐出了个体心理学运动。然而，他的上述言辞却很难支持这一解释。更确切地说，到1930年代初，施佩贝尔似乎已经明确否定了阿德勒心理学，转而支持斯大林主义。

当然，1930年柏林大会的参会者并非都关心国际政治，许多人来参会是为了改进涉及儿童的专业工作，其中有一位干劲十足的青年教育家名叫奥斯卡·施皮尔。当时，施皮尔已经在研读弗洛伊德的著作。他也听了一年的精神分析讲座，并且感到越来越失望。"作为一名教师，我找不到任何可以应用于实际的东西，"施皮尔后来回忆道，"弗洛伊德的理论太过复杂，学生理解不了。而且即便他们能理解，这些理论也在道德上行不通，因此对孩子们毫无用处。"读过弗里茨·孔克尔（Fritz Kunkel）和阿图尔·克龙费尔德（Arthur Kronfeld）两位阿德勒支持者发表在过去几期《国际个体心理学杂志》中的文章后，施皮尔感到很受启发，于是决定参加柏林大会。

事实证明，这是一个正确的决定。"一听到阿德勒要公开演讲的消息，我就意识到，我找到了解决问题的路子。这就是我需要的东西。当然，我在维也纳也经常听别人说起阿德勒的儿童指导诊所，"施皮尔回忆道，"但我以前觉得，他的心理学只能帮助有问题的孩子。我没有意识到，阿德勒理论的适用范围很广，或者说，没有意识到它们能够用于所有的孩子和教师。这……对我来说是一大发现。我知道，从今以后，我也要成为阿德勒心理学的追随者，把所有精力都放在掌握这门新科学上。"

回到维也纳后，施皮尔兴奋地与另一位教育家费迪南德·比恩鲍姆谈及了他的感受。在人民学院听了阿德勒的演讲后，两人开始以阿德勒关于学生民主和自我表达的理念为基础，在维也纳开办了一所特殊的实验学校。最终，这所学校将因为阿德勒的合作者们及其教育理念而享誉国际。当然，对施皮尔来说，此类创新实践远比把个体心理学推向危险的政党政治来得重要。

≡

虽然在1920年代后期，阿德勒心理学在奥地利和美国遍地开花，但是在英国，情况却截然不同。在那里，个体心理学运动越来越多地卷入了不相干的社会政治事件和派系斗争中。为了推动个体心理学在那里的发展，阿德勒决定在1931年1月特别访问英国。

人生的动力

当然，阿德勒明白，不列颠群岛的心理健康服务仍然落后于美国和他的祖国奥地利。直到1927年，英国的儿童治疗专业工作者才第一次有了自己的组织。那一年，伦敦新成立的儿童指导委员会（Child Guidance Council）派了一批人到美国学习最新的跨学科疗法。两年后，伦敦经济学院为英国的社会工作者开设了第一门心理健康课程。同样，英国的第一家儿童指导诊所和儿童研究中心也成立于这一时期。

阿德勒可能认为英国的医生并不熟悉他的理论，于是他给英国皇家医师学会（Royal Academy of Physicians）的精神病医生们做了一场相当基础的讲座。不久后，阿德勒的《神经症的结构》（the Structure of Neurosis）一文发表在英国医学杂志《柳叶刀》（Lancet）上。这是一篇正式的报告，其中强调了兼具社会兴趣与合作意识是心理健康的重要组成部分。在讲座中，阿德勒总结了他长久以来对人格发展的看法。他写道，在进入学校之前，我们所有人都形成了旨在帮助我们应对周遭环境的独特生活风格。"在观念、知觉、感觉、行为和思想方面，没有哪两个个体是完全相同的，"他宣称，"这些都属于人在儿童期形成的生活风格。"

阿德勒解释道，经历多次失败后，儿童会产生自卑感，并在日后与人相处方面发生困难。尽管他承认善于合作的特质可能有遗传因素，但他强调，这一特质"并非根深蒂固，必须像历史或地理那样讲授……从幼儿园开始"。与其先前在《理解人性》等著作中的观点类似，阿德勒如此敦促道，心理疾病的预防要"从学校抓起，教师要注意不良的生活风格和社会兴趣的减弱"。

在随后的简短问答中，阿德勒谈论了犯罪行为及其与贫困的可能联系、报复性自杀和传统英语教育的价值等话题。最后一名提问者略带幽默地质疑道："我们的半理智状态到什么程度会变成神经症？"

阿德勒温和地回答说："没有一定之规，因为每个人都不一样。社会兴趣的多少是判断神经症严重程度的最佳指标。"

两天后，阿德勒在国际个体心理学会伦敦分会发表了他的下一场重要演讲。该分会是4年前由迪米特里耶·米特里诺维奇和他的知识分子、艺术家和作家朋友在高尔街（Gower Street）创立的兴趣团体。虽然他们一开始只专注于阿德勒心理学，但后来却逐渐沉浸在米特里诺维奇的神秘主义研究和对泛欧洲基尔特社会主义的宣扬当中。因此，当阿德勒以"生命的意义"（The Meaning of Life）为题发表正式演讲时，他们一定感到有些不自在。不久后，演讲内容发表在《柳叶刀》杂志上，并在后来成为阿德勒广受好评的著作《自卑与超越》（What Life Should Mean to You）的核心内容。

与他在英国皇家医师学会的演讲不同，阿德勒的此次演讲更富哲理，也更有说服力。"我今晚要讨论的是一个非常古老的疑问。也许人类总是在问这样的问题：'人活着是为了什么？''生命的意义是什么？'人们或许也说过，生命根本没有意义。到了今天，你仍然能听到有人这么说。"

阿德勒特别抨击了弗洛伊德对人性的悲观论调。虽然阿德勒甚至一次也未提及弗洛伊德的名字和他所写的《文明与缺憾》一书，但他仍然宣称："人们常说，人类受'快乐原则'支配。但很多心理学家和精神病医生确信事实并非如此。"阿德勒坚持认为，所有心理健康的人都"为他人的幸福而努力，这才是具有社会兴趣的人的真正的快乐原则"。相反，追求物质满足的是"只对自己感兴趣而不关心他人的人"。

随后，阿德勒指出了健康心理与神经质的区别。他认为后者倾向于悲观而不是乐观，追求短暂快乐而非持久幸福，自私自利而非与他人合作。阿德勒强调，那些带着此类消极人生观长大的人"没有为生活做好准备。……他们总是感到烦躁不安，因为他们没有在这世上充分生活"。

如何让更多的人具有真正的社会兴趣？对这一点的强调越早越好。"我们认为，合作的能力能够培养，而且必须培养。……在所有方面，我们都可以证明，生命的意义在很大程度上必然是合作。现在，我们必须让合作继续下去。"

翌日晚间，阿德勒又做了内容迥异的第三次演讲。这次演讲由个体心理学医学会（Medical Society of Individual Psychology）赞助，其部分内容也很快刊登在了《英国医学杂志》（*British Medical Journal*）上。同年晚些时候，阿德勒在英国的医生支持者们将他的这一报告单独成书并出版，书名即《A夫人的病例》（*The Case of Mrs. A*）。

为了生动展示其人格诊断过程，阿德勒采用了一种不同寻常甚至颇为夸张的形式。经过事先安排，他在讲台上拿到的是完全不熟悉的病例。接着，他一边逐句大声读出病例信息，一边即席对这名病例的生活、态度和人际关系做出具体的推断——仅凭他30年的临床经验。

从某种程度上说，这一形式类似于阿德勒出版于1929年的《R小姐的病例》。然而，他此刻是把这一形式用作教学手段，以此来即席解释病例材料。从更广泛的层面说，在揭示个体的基本性格时，阿德勒喜欢就细微的线索做大侦探福尔摩斯式的分析，并且他很早就在这样做了。事实上，阿德勒后来承认，他非常推崇阿瑟·柯南·道尔（Arthur Conan Doyle）关于福尔摩斯的系列作品。

A夫人是一名31岁的已婚妇女，有两个年幼的孩子。她在一个工人家庭长大，父亲不仅酗酒，而且在身体上虐待她。A夫人的丈夫很有事业心，然而由于在战争中伤残，于是只能在工厂里做粗活。A先生感到沮丧和痛苦，并曾通过不断欺凌家人来满足他的控制欲。A夫人对他没有多少同情。事实上，在过去18个月里，她自己也一直受困于各种各样的恐惧、焦虑和充满暴力的强迫思维，包括自杀和杀害两个年幼的孩子。因此，A先生不得不经常待在家里，时刻保持警惕，以免他的妻子或孩子遭受身体上的伤害。

从阿德勒非常现代的视角看，这一病例最适合从权力的家庭动力学角度来理解。他宣称，A夫人的生活风格是充满创造力的"杰作"，因为她的一系列看似严重的复杂症状最终使她在家中真正掌握了权力。阿德勒解释说："由于她有神经症，她的丈夫就不得不听她的话。他成了一个受妻子支配的丈夫。他必须为她承担起责任，而她则可以利用和使唤他。"阿德勒一针见血地总结道："通过这条奇特的管道，她已经征服并且控制了她的丈夫。"

阿德勒的听众对他精妙的病例分析感到折服，于是也想了解他将如何医治这一棘手的病例。无奈天色已晚，阿德勒很快就离开了。几天后，阿德勒去德国巡回演讲。然而，此时他还没有就国际个体心理学会英国分会的人事安排做出果断调整。对于这件事，阿德勒一直放心不下。

毫无疑问，问题主要出在迪米特里耶·米特里诺维奇身上。就在4年多前，这位意气风发的塞尔维亚哲学家给阿德勒留下了深刻的印象。1926年11月，两人初次谋面，随即就历史、哲学和人类行为等话题热烈地讨论了好几个小时。跟阿德勒一样，米特里诺维奇似乎也试图通过理解人类思维来致力于世界的和平与发展。虽然他对个体心理学一无所知，但他在这方面的兴趣却十分浓厚，并且很有悟性，于是阿德勒提议帮他在伦敦创建学会的分会。随后，米特里诺维奇去维也纳拜访了阿德勒，这似乎意味着两人相当契合。没过多久，米特里诺维奇就成功地在布卢姆斯伯里他的追随者们当中筹集了资金，确定了一处舒适的活动场所，并积极地担任起了阿德勒心理学的英国分会负责人。

回头看去，阿德勒几乎必定要对这一决定感到后悔。但是在1926年，他刚刚开始走出奥地利，寻找外国合作者，而且他在英

人生的动力

语世界的支持者也相对较少。然而几年以来，米特里诺维奇越来越倾向于一种政治导向的奇特哲学体系，其核心是欧洲泛民族主义。不久前，他创建了新欧洲体（New Europe Group），该组织的宏伟目标是将包括英国在内的整个欧洲统一为一个联邦。

大萧条来临后，米特里诺维奇及其支持者开始宣扬一种激进的政治纲领，内容包括货币改革和废除英国议会。当时经济困难，而且米特里诺维奇的一些仰慕者非常有影响力，如《新英语周刊》编辑菲利普·梅雷和工党青年议员约翰·斯特雷奇（John Strachey）。斯特雷奇后来出版的著作颇有影响力，如《为权力而战》（The Coming Struggle for Power）和《资本主义危机的本质》（The Nature of the Capitalist Crisis）。在意识形态上更加难以预测的是，米特里诺维奇已经开始强烈呼吁雅利安人、基督教和社会主义三位一体，即"雅利安人意志之信仰、道成肉身[①]之科学和纯洁社会主义之生活"。在他提出的制度中，英国议会将被三个政治议院所取代，后者代表了各种中世纪风格的行会和工人委员会。现今的制度性宗教也将被一种神秘主义的基督教所取代。

比这些非正统观念更糟糕的是，在阿德勒心理学大旗的掩护下，米特里诺维奇一直在坚定地拥护种族主义、反犹太主义和威权主义思想。早在1920年，在一份名为《新时代》的先锋派英语期刊上，米特里诺维奇就提议建立"制度性的欧洲参议院或白人委员会"，以此来指导全世界非白人种族的进步。几年后，他这样写道："黑色、棕色和黄色人种是……发育完全的人类——白种人——的胚胎形式。"

米特里诺维奇的反犹太主义思想尤其邪恶。他在1920年表示："对犹太人来说，这个世界没有直接的用处。犹太教已经被定罪。"接下来，他又表示："我们希望公平对待犹太人。加诸其身的'惩罚'是巨大的。"但是到了20年代末，米特里诺维奇

[①]《约翰福音》认为耶稣基督是基督教之道（Logos）的化身。——译者注

内容散漫的作品又常常像是德国魏玛共和国时期的纳粹街头小册子。1928年末，他在一篇颇具代表性的文章中指出："犹太人的思维方式到处制造问题，所以犹太种族本身就是问题中的问题。他们有什么奥秘？他们强大的根源是什么？"

似乎是为了回答上述问题，第二年秋天，米特里诺维奇在伦敦分会做了3场公开演讲。当然，他那些引人注目的演讲题目是没有问题的，它们是"弗洛伊德与阿德勒"（Freud versus Adler）、"荣格的意义"（The Significance of Jung）和"作为阿德勒历史背景的马克思与尼采》"（Marx and Nietzsche as the Historic Background of Adler）。在这些刺耳演讲的第一场中，米特里诺维奇把年迈的弗洛伊德描绘成了"一头怪物，而非一个来自西方世界的人。他是闪米特人……带着他能够通灵般的邪恶思想来惊吓和打击我们……他就是那个震惊了基督教世界、欧洲和白人的魔鬼诅咒者"。

米特里诺维奇以近似的风格表达了他对阿德勒的看法。"如今，就在弗洛伊德带着这样的想法和……摧毁西方文化的意图而出现的同时，另一个闪米特人阿德勒出现了。他来这里制约弗洛伊德，并且教给我们乐观和谦逊。"

在他的第二场讲座中，米特里诺维奇把荣格描绘成了一个有灵知的思想家。他认为，荣格的种族观念或许有助于西方文化摆脱目前的束缚。米特里诺维奇警告："在人类理解之前，以色列仍将是这世上领先的种族。他们将用铁杖治理，他们将控制金融。列宁和托洛茨基将管理、毁灭和重建人类社会。"米特里诺维奇敦促听众在面对敌人时心存希望，他宣称："没有什么能穿透美国和这个人口稠密的英格兰岛的潜意识……只有这个怪异犹太人天才的这柄刀，这个犹太人就是弗洛伊德。"

在最后一场演讲中，米特里诺维奇试图将个体心理学与马克思主义融合到一个更加宏大的思想体系中。当然，阿德勒也被其德国左翼门徒马内斯·施佩贝尔和阿莉塞·吕勒–格斯特尔的相同做法所激怒。"阿德勒的个体心理学不过是马克思的理论在个体人格方面的应用,"米特里诺维奇断言,"如同作为经济学家与哲学家的马克思不过是阿德勒出现的预兆。马克思的理论是广义的个体心理学,是资本主义社会整体的个体心理学,是对资本主义阶级的精神分析。"

在这3场系列演讲的最后,米特里诺维奇提出了一个可疑的论断,并明显暗指了尼采:"阿德勒的贡献证明,人格的灵魂是上帝,拥有自由意志的人能够创造任何愿景,能够激发自身的全部力量。"

当然,我们不能因为米特里诺维奇荒谬的胡言乱语而责怪阿德勒。但是,在国际个体心理学会的伦敦分会中,这位塞尔维亚哲学家并不是唯一一位支持带有反犹太色彩的深奥政治观点的人。前不久编辑了阿德勒的《神经症问题》一书,并负责伦敦分会社会学部的菲利普·梅雷也有自己的宏大计划。1929年10月,他发表了题为"未来家庭"(The Family of the Future)的公开演讲。

通过数次夸赞米特里诺维奇和阿德勒,梅雷宣称,西方文明被一种对资本主义和唯物主义的危险厌恶所主导。他把人口规划这一新领域看作当代衰落的重要标志,并呼吁让世界人口大幅增加,以此来实现相互关联的现代世界所揭示的人类光辉目标。"似乎在突然之间,整个世界对人类开放了。所有宗教融为一体,像是相互抵消了。我们必须找到新的理念,并在此基础上建立面对未来的全新方式。"

梅雷谴责犹太人让世界染上了"金融寄生病",并呼吁用一种取代物质主义的新视角来指引人类。"必须找到这样的理念,而个体心理学必须在这当中发挥重要作用。"

访问英国后,阿德勒决然地切断了他与伦敦分会的联系。考虑到阿德勒决心让个体心理学保持"纯粹",不被更大的政治或社会目标(尤其是带有专制性质的这类目标)所影响,他做出这样的举动并不令人意外。由于阿德勒马不停蹄地奔走于美国、奥地利和德国之间,所以他先前很可能完全不了解伦敦分会的状况。

米特里诺维奇的伦敦分会对阿德勒的举动反应冷淡。梅雷后来回忆说:"迪米特里耶本来可以把他的追随者们从阿德勒身边带走……即使分会没有被解散。他另有要事在手。……他现在会让他的追随者们做任何他们认为对他或他们自身最有益的事情。"而这些事情将包括米特里诺维奇这位塞尔维亚思想家对神秘的政治乌托邦主义越来越难以理解的追求。

总之,1931年,阿德勒将国际个体心理学会伦敦分会的领导权移交给了一位声誉卓著的医生弗朗西斯·克鲁克香克。当时,这似乎是明智之选,因为与米特里诺维奇不同的是,克鲁克香克是一名医生,而非哲学家。他关心的是治疗,而非政治弥赛亚主义。作为个体心理学医学会的负责人,克鲁克香克在1926年末就认识了阿德勒,并在后者的英国同事中享有不错的口碑。

克鲁克香克出生于温布尔登,比阿德勒小3岁。1895年,他以优异的成绩从伦敦大学学院(University College London)毕业,专业是法医学。第二年,他获得了医学博士学位,同时也将该校的金质奖章收入囊中。从普通全科到精神科,克鲁克香克先后在多家医院的多个部门任职,如担任医疗隔离和法医部门的负责人。战争爆发后,他的兴趣明显转向了临床医学,并曾就职于威尔士亲王综合医院(Prince of Wales General Hospital)。

与阿德勒等交战双方的许多医生一样,克鲁克香克也做过军医。他曾在法国北部服役,并担任卡昂英国军事医院(English

Military Hospital）的医务主任。克鲁克香克精通法语和德语，所以在与他人协作和治疗战俘时得心应手。1918年，他成为首先报告某种奇特脑病的医生之一，这种疾病就是后来的昏睡性脑炎（流行性甲型脑炎）。

克鲁克香克的从军经历对他影响很大。摆脱诺曼底战役的恐怖气氛并回到英国后，他对生活有了不同的看法。用他自己的话说，他经历了一次精神上的蜕变，这一蜕变使他放弃了过去的医学取向，即"由唯物主义中的不可知论所造就的心身平行论（Psychophysical parallelism）"。经过大量的阅读与哲学思考，克鲁克香克形成了一种强烈的信念，认为人类的心智（特别是意志）能够全面影响有关疾病与健康的所有方面。从这一新的哲学立场出发，克鲁克香克进行了大量的创作。在战争爆发前，他曾经撰写与编辑过多篇持传统立场的医学文章。但从1920年开始，他的医学取向就因这一坚定的哲学立场而变得惊世骇俗，进而产生了很大的影响。

正如《英国医学杂志》后来所褒扬的那样："对他来说，一名患者从来都不是'某种或某几种疾病的明确病例'，而是一个患了病的个体，其病态的躯体体现了病态的心智。这是一系列复杂因素相互作用的结果。这些因素有的源自个体的过往和当下，有的源自各种环境因素。今天，这种'全人'（the whole man）式视角正在得到越来越多的认可，并且被称作希波克拉底传统的复兴。在这一进程中，克鲁克香克走在了时代的前面。"

1922年，克鲁克香克的首部著作问世。这部被英国《柳叶刀》杂志称作"非同寻常"的著作从多个角度分析了流感这一危险的疾病。同年，克鲁克香克也开始频繁参加医学会议，在医学期刊发表文章，并出版医学著作。1926年，他写了《偏头痛与其他常见神经症》（Migraine and other Common Neuroses）一书。时值中年的克鲁克香克雄辩而博学，他通过一系列讲座赢得了"打破传统"的名声，比如1926年他在伦敦皇家内科医学院（Royal College of Physicians）所做的题为"诊断理论"（Theory of Diagnosis）的演讲。他热情洋溢地强调，医学需要在哲学层面做出改变。不过在他的同行们看来，这一点有时却稍嫌抽象。正如《柳叶刀》杂志后来所描述的那样："在辩论中，克鲁克香克总是责怪听众不理解他的意思，然而他根本就没有解释清楚。"

当年末在伦敦与阿德勒会面后，克鲁克香克的写作开始转向个体心理学，以此展开新的思考。在阿德勒的鼓励下，克鲁克香克在英国建立了关注个体心理学的医学会，并且与米特里诺维奇带领的非专业分会保持了距离（这么做或许是明智的）。1929年，克鲁克香克为阿德勒的《神经症问题》一书撰写了一篇简明的序言。第二年，他写了《个体诊断》（Individual Diagnosis）一书，该书明显带有阿德勒思想的印记。

跟阿德勒的美国儿科医生朋友艾拉·怀尔一样，克鲁克香克也看重个体心理学的人文取向及其对专业人员的实用性。尽管他非常执着，也常常喜好争辩，但他在政治和社会议题上却并不激进。大体上说，克鲁克香克只想在英国保守的医疗机构中传播阿德勒的学说，并以此来改良社会。当然，在社会价值观方面，他要比米特里诺维奇和梅雷身边那些布卢姆斯伯里派作家、艺术家和知识分子群体保守得多。

1929年末，在面向米特里诺维奇等人的以"个体心理学与青少年和成人生活中的性问题"（Individual Psychology and the Sexual Problems of Adolescence and Adult Life）为题的一系列代表性演讲中，克鲁克香克宣称，健康的性生活对"个体功能的充分发挥"至关重要。但与阿德勒及其大多数中欧同行所青睐的做法相比，他的做法明显带有更多的维多利亚风格。例如，克鲁克香克建议青少年通过游泳来避免手淫。

与阿德勒类似，克鲁克香克也称赞婚姻和一夫一妻制是人类合作的最高形式。在此系列讲座中，克鲁克香克也谴责不忠是严重的"违约行为"。他认为，不受约束的性表达不是人类实现满足的一种有意义的方式。在这些方面，他的看法与阿德勒非常相似。

克鲁克香克嘲讽地争辩道："因此，我的那些改革派朋友的信条是无政府主义的，不过让我感到欣慰的是，他们会发现，正如所有其他无政府主义者所发现的那样，在一致同意进入无政府状态的同时，他们也消除了无政府状态，并代之以政府。……当我们的朋友们有权自由漫步伦敦海德公园，想做什么就做什么的时候，他们将会发现，为了确保自由，他们只能理智而审慎地行事。"

这一保守立场不大可能使克鲁克香克得到布卢姆斯伯里派阿德勒支持者的喜爱，而他自己的医学会也与后者缺乏接触。克鲁克香克更有代表性的一场演讲是于1930年2月在约克医学会进行的，并在当年以"人格类型"（Types of Personality）为题发表。这场演讲强调了使诊断更加人性化的重要性。"医学不应是对我们称为疾病的错误对象的研究，而应当是人类学的一个分支——对人的研究。……我们真正的任务是理解患者的个性。"

克鲁克香克善于解释这一令人信服的观点，这使他看起来非常有资格领导个体心理学在英国的活动。上世纪30年代初的大萧条使阿德勒迫切想要防止个体心理学被更广泛的政治与社会议题所瓦解。那么，在不列颠群岛，还有谁能比这位德高望重、头脑清醒的医学同仁更好地推进他的心理学体系呢？然而不幸的是，要不了几年，阿德勒的此番选择还将让他再次身陷困扰。

第18章
大萧条中的高歌猛进

他是孩子们的"罗斯福新政"。

——《克利夫兰老实人报》

1931年初的伦敦之行结束后,阿德勒在年底前花费了大量时间在丹麦、荷兰、瑞典和瑞士等多个欧洲国家演讲和咨询。不过,他的大部分工作时间都花在了德国的儿童指导工作上。他给身在维也纳的女儿阿莉(亚历山德拉)写信道:"我一直很忙。有时,我晚上会去看电影。如果我有时间,并且能让自己过得舒服一点,我就可能会继续待在这里。"秋天,阿德勒的大女儿瓦伦丁因为换工作到一家苏联出版社而搬到了柏林。能与瓦伦丁团聚,阿德勒感到非常高兴。瓦伦丁时年33岁,已经准备好成家立业。很快,她就会遇到一位名叫久洛·绍什(Gyula Sas)的匈牙利记者,并与他结为夫妻。当时,绍什正在一家苏联通讯社从事驻外工作。

在维也纳,不像过去那么匆忙的阿德勒花费了相当多的时间陪伴朋友和家人。虽然他很少去他1926年购置于维也纳近郊沙曼多夫的乡间别墅居住,但那里的宽敞花园一直让他念念不忘。那里有个有趣的园丁名叫弗里茨(Fritz),是一个德国人。他自小认识希特勒,说他是一个让人讨厌的孩子。自从购置这处房产后，阿德勒发现自己总是没有时间打理它的花园，而赖莎也不喜欢做耗时的体力活。这肯定是个问题，然而有一天，一个陌生人来见阿德勒，说他不久前因盗窃坐牢，其间在监狱的图书室里读了他的书，于是想来见他。

两人聊过后，弗里茨的诚恳给阿德勒留下了深刻的印象，于是阿德勒请他为自己打理花园，弗里茨当即表示同意。几天后，弗里茨去当地的花房买东西，用很少的钱买回了大量的绿植。阿德勒意识到不对劲，于是严肃地对他说："把那些没付钱的绿植还给花房。"弗里茨立即照他的吩咐去做了。后来证明，弗里茨是一名可以信赖的雇工。

几年后，库尔特与他青梅竹马的恋人伦妮·格伦伯格（Renée Grunberg）结婚，阿德勒的乡间别墅就成了他们的新房。因为库尔特还是个20多岁的大学生，没有独立收入，于是他的父母就慷慨地把乡下的房子让给了这对新婚夫妇。多年后，库尔特回忆说，他非常感激父母的这一帮助。此外，他也感谢其名声在外的父亲从未主动提供建议来干涉他最终未能长久的"少年"婚姻。

此时，长着一头红发的科尔内莉娅（内莉）也结婚了，她嫁给了维也纳一名学法律的学生海因茨·施特恩贝格（Heinz Sternberg）。在阿德勒的4个孩子当中，只有内莉没有选择学术道路，她决定做一名演员。她与赖莎的关系一度非常紧张，原因可能就在于此。身在奥地利之外的阿德勒经常写信给内莉，同时努力提升她的自信。在10月中旬的一封生日祝福信中，阿德勒以肯定的语气告诉内莉："到目前为止，你还没有遇到过什么困难，而且我相信，我们将来也能一起经历很多快乐。愿你永远充满魅力、热心友善、善于合作。永远不要停止挖掘你出众的天分。"

1931年秋的数月间，阿德勒继续在维也纳专心医治精神疾病患者。这时，他身边有一位青年医生名叫鲁道夫·德雷克斯，他是阿德勒的众多追随者之一。后来，德雷克斯移居美国，成为著名的阿德勒支持者，并经常忆及阿德勒的精湛医术。据他所说，他曾经请阿德勒帮忙诊断一名老年患者，这名患者因为存在明显的抑郁症状而被收入了当地的疗养院。当着很多医生和护士的面，阿德勒开始了他的问诊。

阿德勒问了几个一般性的问题，患者也开始缓慢作答，临床抑郁症患者大多是这样的反应。"然后，不同寻常的事情发生了，"德雷克斯回忆道，"问完一个问题后，没等患者答完，阿德勒紧接着又问了一个问题。然后，再次没等患者答完，他又问了下一个问题。"

阿德勒这种看似草率的问话方式令德雷克斯感到非常尴尬。"但阿德勒继续安静地提问，不给患者充分的时间回答。谁知，这位患者的语速竟然突然加快起来。接下来，"德雷克斯回忆道，"阿德勒与患者进行了相当正常的交谈。阿德勒不接受抑郁症患者必定说话慢的成见。"

1930年代初，阿莉完成了她在维也纳大学的精神病学学业。与德雷克斯一样，她也开始积极参与父亲的工作。父女二人经常一起讨论理论，分析病例。于是阿莉也耳濡目染地学到了父亲温和、幽默的诊病方式。阿莉后来回忆道，一天，一名年轻患者告诉阿德勒："我自慰时感到非常羞愧。"

阿德勒注视着这个忧心忡忡的年轻人，关切地回答说："你是说，你自慰，同时还感到羞愧？那没必要。这两件事做一件就够了，要么自慰，要么羞愧，同时做就没必要了。"

据阿莉日后回忆，还有一次，另一名医生找她的父亲为一名患有精神分裂症的女孩做咨询。当着阿德勒的面，这名主治医生对女孩焦虑不安的父母说，孩子的病"没希望了"。这一悲观的预言深深地刺痛了主张关心患者的阿德勒，他立即对这名医生说："我们怎么能说这样的话呢？我们真的知道接下来会发生什么事吗？"

人生的动力

阿德勒也花时间察看了他的工作对奥地利学校教育所产生的影响。虽然维也纳在全球大萧条期间饱受冲击，但其社会民主党主导的行政当局仍然支持教育改革。1931年9月中旬，教育家奥斯卡·施皮尔及其同事费迪南德·比恩鲍姆、弗朗茨·沙尔默（Franz Scharmer）获准开办了他们的个体心理学实验学校（Individual Psychology Experimental School）。从表面看，这所学校并没有什么特别之处。校园位于维也纳贫困的第20区，校舍也非常破旧。在冬季，这所上了年头的高中供暖不佳，学生们经常遭遇饥饿与寒冷的侵袭。然而从一开始，这所不同寻常的学校就因其独特的教学方法而引发了全世界的关注。根据阿德勒的理念，创造力与自我表达在现代教育中至关重要，于是学校为学生营造了与过去完全不同的学习环境。为了方便交流，原本整齐划一的课桌被摆成了半圆形。作为课程的补充，先前光秃秃的墙壁也装饰了花花绿绿的图表、贴画和照片。当然，这所学校最重要的特征是新型的人际互动。为了帮助学生成长，特别是培养他们的合作能力，赞同阿德勒心理学的校方创设了5种不同的"社区"，包括日常群组学习、自治、小组讨论、学生间相互辅导，以及通过旅行等户外活动分享生活经验。

实验学校非常重视社交技能的培养。在阿德勒看来，大多数父母都没能在孩子身上培养足够的社会兴趣，于是这些青少年就会出现很多问题，将来成年后亦是如此。如果通过学校教育，每个人都能掌握高超的社交技能，特别是共情能力与合作精神，那么我们的整个社会就将受益无穷。这一信念激励着投身实验学校的每一个人。

阿德勒非常繁忙，无法亲身参与学校事务。然而在某学年即将结束的一个春日里，他决定对学校做一次暗访。在没有事先知会的情况下，他静静地坐在了一间教室的后面，看眼前的高中生们兴致勃勃地讨论他新近出版的一本书。讨论的主题是"生命的意义",教师比恩鲍姆不时会做出引导。最后,孩子们得出结论,认为生命的意义在于创造一个关爱他人的社会。尽管这些学生的父母经济拮据,他们自己的生活也非常艰难,可他们的眼里却充满了希望。讨论结束后,阿德勒显然深受感动,在满脸惊愕的学生们面前,他无声地拥抱了他们的老师。

———

个体心理学在奥地利的发展令阿德勒感到振奋,但同样让他笑逐颜开的是他于1932年1月重返纽约。他的住处是他所熟悉的格拉梅西公园酒店,这里距离戴维斯在曼哈顿的住处仅有几个街区,不远处就是社会研究新学院。阿德勒停止在新学院授课后的3年以来,这所别开生面的大学已经有了长足的发展。过去一年,新学院搬到了格林威治村附近的西12街。附近的书店、艺术家们的阁楼和工作室,以及价格亲民的餐厅和酒吧为新学院的新颖课程营造了波希米亚式的反传统氛围。在接下来的几年里,这所大学在见多识广的纽约人心中逐渐成了格林威治村真正的思想中心,远胜附近的纽约大学和库珀联盟学院。

阿德勒的课程名为"个体心理学概述",安排在周五晚间,共18节。这门课强调人性、文化与教育,也重视其他议题,如对优越感的追求,自卑与优越情结,职业对心理的影响,爱情、婚姻与家庭生活,先天缺陷的影响,以及诸如娇生惯养或缺乏关心等源自家庭养育的问题。

在此期间,阿德勒在奥地利的同事奥尔加·克诺普夫加入了新学院。她生于1888年,曾于维也纳攻读医学。她最初选择学习妇科学,但后来对精神病学产生了兴趣,特别是阿德勒心理学。在1920年代,克诺普夫是阿德勒维也纳圈子中的活跃成员。1931年,她首次在美国演讲。第二年,利特尔与布朗出版社出版了她的新书《做女人的艺术》（*The Art of Being a Woman*）。几十年后，克诺普夫将感谢阿德勒帮她在纽约立足。她这样回忆道："否则，我肯定会在纳粹占领奥地利后死在集中营里。"

正当阿德勒在新学院重新开课之际，他的新书《自卑与超越》碰巧也在那时出版。这本由艾伦·波特编辑的作品所面向的显然是普通大众，而非专业读者。与阿德勒早先为英语读者创作的几部作品相比，这本书写得更好，它融合了心理学与道德训诫。对阿德勒来说，社会兴趣显然是完成婚姻、养育子女、求学甚至哲思等所有重要生活事项的关键。于是，在第一章"生命的意义"里，阿德勒几近虔诚地表示："所有人都在追寻意义。但是，如果人们没有意识到，他们的全部意义必须来自他们对他人生活的贡献，那么他们最终总是会犯错。"

这本书是自5年前《理解人性》出版以来阿德勒最易读的作品。阿德勒在其中谈到了成年人常有的关于学业、工作和家庭的各种问题。作者的基本观点是，我们对待生活的态度来自我们的幼年生活，它不可避免地会影响我们与父母、子女、爱人和朋友，甚至邻居和同事的交往方式。在当时的美国，离婚并不常见。阿德勒这样写道："在我们今日的文明社会，人们往往没有做好合作的准备。我们所接受的教育太过强调个人的成功。……在结婚之前，大多数人都不习惯了解别人的兴趣、目标、愿望和志向。他们没有为共同完成某件事而做好准备。"

这本书以描述而非说明为主。阿德勒表达了他对犯罪行为、学习问题、职业困境等在他看来属于社会失调的各种现象的看法。与他先前的作品一样，《自卑与超越》也不承认遗传因素对个性的影响。阿德勒建议重振公共教育，以此来培养更具社会兴趣的新一代民众。

对于《自卑与超越》，各方褒贬不一。《纽约时报》这样赞赏道："虽然阿德勒是全世界最杰出的心理学家之一，但他对心理学的描述却浅显易懂，鲜有术语，这一点无人能及。"而《新共和》、《星期六文学评论》和《展望与独立周刊》等其他消息来源则批评阿德勒试图将关于人类心灵的复杂话题简单化、庸俗化。《新共和》宣称："这本书写得振振有词，而且很有说服力。但是，一套说辞并不等同于科学，情绪分析本身也不足以治愈自然与社会所造成的伤害。"

一些评论家认为，阿德勒在婚姻、离婚和子女养育方面的道德观十分不堪。在他们看来，在1930年代，一个自称科学家的人似乎不该评判那些不愿遵循一夫一妻制或生养后代的人。从更广泛的意义上说，他们认为阿德勒的观点是天真且自私的。因为于他而言，"在这个世界的所有伟大运动中，人类一直在努力增进社会兴趣，宗教就是这样的伟大努力。个体心理学以科学的方式得出了同样的结论，它拥有一套科学方法"。

不过从总体上说，《自卑与超越》所得到的回应是积极的。那年晚些时候，利特尔与布朗出版社再次委托阿德勒撰写一本新书，暂定名为《从出生到六岁的孩子》（*The Child from Birth Up to Six Years of Age*）。这本书将以通俗文体写作，主要面向父母读者，并且从个体心理学的角度提供实用建议。出版商认为，这本书拥有数量庞大的潜在读者。然而不幸的是，阿德勒却久久没有动笔，这可能要归咎于他的课程排得太满。最终，这部有趣的作品从未面世。

为了帮助阿德勒管理他的收入，1932年5月中旬，戴维斯和他的女儿安娜莉（Annalee）受托以阿德勒的名义开立了一个专用银行账户。由于阿德勒出版了近十本书，美国和欧洲的多家出版商都在向他支付版税，所以他一定很感谢他们的帮助。然而，67岁的戴维斯随后对阿德勒的帮助将远远超出他的想象。

那年春天，戴维斯联系了长岛医学院董事会，表示有兴趣为阿德勒捐赠一个教授职位。长岛医学院就是今天的纽约州下州医学院。这所位于布鲁克林的独立学院成立于1858年，曾长期隶属于长岛学院医院（Long Island College Hospital）。1929年，两家机构在法律上分离，并各自拥有了独立的董事会。1931年3月，长岛医学院获得了新的州特许状。转年，詹姆斯·埃格伯特（James C. Egbert）出任了首任校长。

毫无疑问，戴维斯知晓阿德勒期望在一家学术机构任职，但我们不清楚戴维斯是否还联系过其他更有名的医学院。或许，他根本没有费那么多心。在赴任长岛医学院之前，埃格伯特是哥伦比亚大学扩建项目的一名主要负责人，阿德勒在哥伦比亚大学的课程给他留下了极为深刻的印象。一份关于长岛医学院董事会6月2日会议的记录这样写道：

> 教育委员会提议考虑聘用阿尔弗雷德·阿德勒博士为医学心理学教授。该职位的赞助者是一位叫作戴维斯的先生，他将保证支付8500美元的年薪，为期5年。条件是阿德勒博士获得聘用并在任。此事已交由教育委员会做进一步研究与报告。

随后数周，戴维斯与学院的董事们进行了大量的友好商讨。到7月初，主要事项已大部敲定。不久后，随着阿德勒的就职，所有问题都得到了圆满的解决。阿德勒被聘任为医学心理学客座教授，任期5年，所有经费均由戴维斯担负。戴维斯所提供的薪酬相当优厚，但也并不过分。在这所大学，拥有医学学位的讲师起薪约为每年3000美元。

此外，阿德勒也将受命管理学院的一家教学诊所。同样，所有行政、临床与办公费用均由戴维斯担负。9月末，教育委员会向学院董事会报告了他们"关于戴维斯先生及其对学院的可能考虑的全部讨论"。

显然，这是阿德勒职业生涯中最重要的学术任命。他最初对此做何反应，我们不得而知。入夏，阿德勒回到了维也纳的同事身边，随行的外国访客中有年轻的罗洛·梅。此外，阿德勒还在欧洲各地巡回演讲并咨询。毫无疑问，对于戴维斯慷慨的重要帮助，阿德勒感到非常欣喜。然而奇怪的是，阿德勒包括菲莉丝·博顿在内的所有传记作者都没有证实这位贵格会慈善家在帮助其获取长岛医学院教授职位的过程中所发挥的关键作用。或许，他们认为这是一件尴尬的事，因为这一任命出自一名美国富商的安排，而非校方主动提议。

不管怎样，阿德勒已经开启了他获得美国公民身份的漫长过程。而赖莎似乎仍然无意与丈夫一起从维也纳移居美国。而且，她也很可能对这位如此执着地推广个体心理学的千万富翁心存疑虑。在赖莎眼里，她在奥地利所从事的马克思列宁主义运动或许是更为重要的事业。小说家博顿后来回忆道，1934年中她在维也纳参加阿德勒的一场演讲时，有人介绍她认识了赖莎。

"她身材矮小结实，约莫60岁左右，一头银发。她蓝色的双眼中透出坚定，虽满是赤诚，却果决无比。握手时，赖莎没有对我微笑。于我而言，这是一个不同寻常的时刻，我可能跟她说起了这一点。当时，我正在就阿德勒对我的教诲表达真诚的谢意。"

然而，赖莎的迅速回应却令我深感不安。"对于阿德勒所讲的东西，我并不完全赞同，"她态度明确地说，"我并不反对他的个体心理学的主要原则，但我认为，这些原则存在某种经济基础，所以应当通过政治途径解决，而我的丈夫并不这么认为。"

尽管赖莎作如是观，阿德勒在医学院任职的消息还是传遍了美国。10月10日《时代周刊》中一篇题为《长岛上的"我"》（I on Long Island）的文章这样写道：

阿尔弗雷德·阿德勒是自卑情结的提出者。过去每

人生的动力

一年，喜好争辩的他都会在美国待上几个月，期间开展演讲，为儿童心理学家提供建议，并将自己展示给意欲吸引他加入其中的学术机构。到今夏为止，尚无机构达成此愿。但自下周起，阿德勒博士将开始为长岛医学院的学生讲授医学心理学。这一任命为期5年，同时也将大写的"我"树立在了长岛上。因为，阿德勒博士是研究自我的科学家。

现年62岁的阿德勒虽然头发花白，但精力依然旺盛。讲课时，他喜欢在讲台上迈着大步踱来踱去，同时使劲地皱着鼻子，让眼镜抖个不停。他讲一口奥地利口音的英语。他的面孔里透着一种稚气，一种潜藏在他的明亮双眼和幽默神情背后的东西。

从一开始，阿德勒就非常喜欢给美国的医学生讲课。对他个人来说，讲授这门医学心理学必修课并不费力。每周，他只需给医学院的三年级学生上一次课。一般来说，阿德勒会通过具体话题概要地介绍个体心理学，同时也会强调常见的心理障碍，如失眠、尿床和口吃。从相关的文字记录看，阿德勒在课上并没有讲什么新的东西。显然，阿德勒并不认为他的学生已经对个体心理学有所了解。根据长岛医学院教育委员会在本学年稍后的报告，阿德勒的教学诊所树立了良好的声誉。但是，来自同事的嫉妒似乎占了上风，因为他失望地获悉，他的同事没有同意他的提议来在诊所中引入某种非教学模式并治疗患者。

1933年4月，正当阿德勒在长岛医学院和新学院忙得不可开交的时候，德国的形势却急转直下。1月30日，阿道夫·希特勒成为德国总理。纳粹分子加紧巩固权力，消灭所有潜在敌人。4月7日，希特勒政权颁布法律，在德国全境重新建立了专业公务员制度。这一法律特别废止了包括大学在内的所有"非雅利安人"的公务员职位。4天后,"非雅利安人"一词在法律上被定义为至少有一名祖父母为非雅利安族裔的人。几乎与此同时,德国许多著名医生和学者开始计划移居他国。

此时,新学院的校长阿尔文·约翰逊看到了学校所面临的前所未有的机遇。经过6个月的积极努力,他成功地筹集了足够的资金,把十几位,接着是二十几位欧洲最杰出的流亡学者请进了新学院。为了任用他们,约翰逊在新学院内创建了一所自治的研究机构,名为"流亡大学"(University in Exile)。如此,他实现了十多年前的承诺,把新学院建成了社会科学思想的重镇。

最初的12名流亡学者分别于1933年和1934年来到新学院,他们为这所流亡大学赋予了独特的品性。与阿德勒相同,他们几乎都是具有世俗犹太背景的德语使用者(其中一名为女性)。同样,他们也都以实证研究为导向,而非"纯粹的"哲学家。在政治上,他们反对法西斯主义,并在不同程度上属于中间偏左的派别。在这些流亡学者中,唯一的心理学家是马克斯·韦特海默(Max Wertheimer),他曾任教于法兰克福大学(University of Frankfurt)。不久后,他过去的同事埃里克·弗罗姆(Erich Fromm)也将以政治难民的身份抵达纽约,同行的还有库尔特·戈尔茨坦(Kurt Goldstein)、库尔特·科夫卡(Kurt Koffka)和沃尔夫冈·科勒(Wolfgang Kohler)等著名心理学家。

在1930年代中期,阿德勒似乎很少与这些欧洲流亡者接触。他们在美国打拼多年,却往往无法重新建立自己的社会地位。与他们当中的许多人不同的是,阿德勒赴美并非出于政治迫害。他这样做不仅出于自愿,甚至充满热情。此外,由于有富商资助,阿德勒也在纽约拥有相对稳定的全职教职。还有,阿德勒也拥有无数能够获得高额回报的演讲机会。也许正是因为这个原因,这些流亡学者从未走近阿德勒,而阿德勒也继续维系着他在美国学界和商界的朋友圈子。

人生的动力

═══

在德国纳粹上台的这一年里,阿德勒看到了自己的两本德语新作的出版。《生命的意义》(*Der Sinn des Lebens*)一书包含15个联系松散的章节,内容分别涉及童年记忆、梦、神经症和自卑与优越情结等读者熟悉的话题。这本书的美国版本名为《社会兴趣》(*Social Interest*),5年后才得以出版,并且几乎没有为英语读者提供新鲜的内容。

阿德勒更具创新性的作品是他与路德教牧师埃内斯特·雅恩(Ernest Jahn)合写的《宗教与个体心理学》(*Religion and Individual Psychology*)。雅恩对心理学充满兴趣,但他对弗洛伊德浸透无神论思想的《一个幻觉的未来》感到十分失望。1927年,雅恩在《精神分析的方法与局限》(*The Ways and Limits of Psychoanalysis*)一书中反驳了弗洛伊德的观点。"我认为尤其有害的是,弗洛伊德断言宗教是一种神经症、一种幻觉,充其量是一种'万能感',"雅恩后来回忆道,"我确实发现,很多人在设定目标时受到了自我中心与寻求认可的干扰。于是,我开始阅读阿尔弗雷德·阿德勒的作品。"

雅恩发现,阿德勒所强调的社会兴趣(而非性压抑)是对夫妻和家庭进行宗教咨询的关键因素,他认为这一点非常重要。于是在1931年,雅恩出版了另一本书《权力意志与自卑感》(*The Will to Power and the feeling of Inferiority*)。不久后,雅恩与阿德勒进行了热烈的讨论。

"我一直忘不了阿德勒的样子,"雅恩回忆道,"他是一个完全沉浸在自己想法里的人,而且没有一丝忧伤,但他对知识充满了渴望。在他的建议下,我们合写了一本书,各自介绍治疗中分别属于神学与医学−个体心理学领域的内容。"

《宗教与个体心理学》包含两大章,作者分别为雅恩与阿德勒。阿德勒显然对神秘主义和启示体验不感兴趣。与弗洛伊德相同，阿德勒也不相信主流科学所无法轻易解释的任何现象。事实上，就在几年前，阿德勒刚刚与他在德国的门生弗里茨·孔克尔断绝了关系，因为后者支持关于"高级"无意识的荣格式观点。此外，阿德勒也跟弗洛伊德一样对制度化宗教持怀疑态度，原因就在于这种宗教的"权力机制"及其"并非罕见的滥用"。实际上，阿德勒也反对雅恩的神学观点，即爱是一切治愈的关键，并且表示："治愈的过程要困难得多。否则，只要我们用爱来包围所有的问题孩子，不管是神经质，还是酗酒……他们就都能被治愈了。"

不过，阿德勒也重视宗教的某些方面。他把对上帝的信仰称为"信仰的礼物"，并赞赏宗教理想主义对社会兴趣的强调。对他来说，鼓励人们无私地互相关心是宗教最大的价值和意义。阿德勒似乎有些沾沾自喜地总结道："雅恩强调，个体心理学再次发现了基督教的指引作用，但我并不认为这是一种褒奖。我一直在努力证明，个体心理学是一切以人类福祉为目标的伟大运动的继承者。"

成功地帮助阿德勒在大学谋得教授职位后，1933年初的戴维斯无疑感到深受鼓舞。于是，他又开始大力推动阿德勒新作在美国的出版，其一是阿德勒与他人合著的论述宗教的德语作品，其二是阿德勒在长岛医学院的课程讲稿。然而，事情的进展突然遭遇了变故。5月中旬，利特尔与布朗出版社的编辑斯图尔特·罗斯（Stuart Rose）发出了一封亲切友好的退稿信。第二天，收到戴维斯内容很可能是再次要求出版的信后，罗斯立即把阿德勒在长岛医学院的讲稿退还给了戴维斯。罗斯在简短的附信中表示："在我们看来，这些稿件可能还需要整理一番才适合出版。稿件无疑有很多优点，但除非能整理得更成形些，否则我们基本不会考虑出版。"

但是，戴维斯并不轻易言败。他毫不气馁，继续于7月中旬提交了阿德勒的德语新作《宗教与个体心理学》，但再度遭到退稿。7月31日，罗斯这样回应道："这本书内容偏少，而且作者要求预付750美元，我们觉得太高了。"由于阿德勒和雅恩尚未成为美国公民，所以没有法律追索权。这本书终究未能在美国出版。

阿德勒大概并不觉得失望。从紧张的欧洲大陆巡回演讲之旅返回后，他在初秋正式递交了美国永久居民申请。他提供了各种个人信息，还附上了一张自己的照片，同时确认妻子赖莎和他们的4个孩子都住在维也纳。最后，他把自己的种族填写为"日耳曼"，并称他目前住在格拉梅西公园酒店。

那年秋天，除在长岛医学院授课和演示临床工作外，阿德勒还在为纽约公众讲授两门独立的课程。尽管他在出版新作时突然遇到了困难，但总体来说，个体心理学在美国的发展势头似乎依旧良好。

然而，个体心理学在英国的发展却不尽如人意。11月中旬，国际个体心理学会备受尊崇的伦敦分会遭遇了一场灾难，弗朗西斯·克鲁克香克自杀身亡。此前数年，这位著作颇丰的中年精神病医生多次拒绝了阿德勒和赛夫提出的由他们当中的一人为他做心理治疗的建议。

尽管一桩可能涉性的丑闻似乎是这起事件的导火索，但克鲁克香克自杀的确切原因至今仍不清楚。几年后，博顿相当隐晦地写道："克鲁克香克博士的悲剧……是因为，虽然他从学者的角度接受了个体心理学的发现，但他却没能接受它的道德观。……随着他的离世，阿德勒心理学在英国最有力和最清晰的宣讲者也不复存在。"

博顿并没有夸大其词，因为克鲁克香克的离世给阿德勒心理学在英国的发展留下了一个永远无法填补的空缺。尽管那里的许多执业精神病医生仍然对个体心理学抱有好感,但他们都没有足够的动力去投入巨大精力传播阿德勒心理学。

━━━

虽然个体心理学在英国可能过早地遭遇了衰退,但是在阿德勒的第二故乡,个体心理学却在继续发展。在1930年代,阿德勒结识了新英格兰地区的另一位慈善商人爱德华·阿尔伯特·法林(Edward Albert Filene)。跟戴维斯一样,法林也积极参与公共事务,并且拥有开明的见解。他以创立美国商会(the United States Chamber of Commerce)、国际商会(the International Chamber of Commerce)和二十世纪基金会(the Twentieth Century Fund)而闻名。他的朋友中有著名的美国最高法院大法官路易斯·布兰代斯(Louis Brandeis)和记者林肯·斯蒂芬斯(Lincoln Steffens)。在频繁的跨国之旅中,他结识了乔治·克里孟梭、内维尔·张伯伦(Neville Chamberlin)、莫罕达斯·甘地(Mohandas Gandhi)和美国总统伍德罗·威尔逊、赫伯特·胡佛(Herbert Hoover)、富兰克林·罗斯福等世界名人。

爱德华·法林也是一位富商。事实上,在向阿德勒寻求治疗时,法林在波士顿市中心的服装配饰店已经是世界上规模最大的此类商店,拥有3000名员工。然而,他一直认为获取物质财富只是实现更高目标的一种手段。终其一生,慷慨的法林都在寻找合适的捐赠对象。战前,他已经是波士顿进步派中的杰出人物。在"耙粪记者"斯蒂芬斯和最高法院大法官布兰代斯的帮助下,他付出了极大的努力根除官员腐败。59岁时,仍旧单身的法林通过一家将在他过世后解散的不可撤销信托基金将其在威廉·法林之子公司(William Filene Son's Company)的普通股捐赠给了二十世纪基金会。后来，出售这些股票所得的大约1000万美元成为该基金的主要捐款。

1920年代末，在美国经济的繁荣年代，法林也在国外受到了关注。虽然他算不上是什么革命者，但他确实追求利他并钟情公益事业。1927年，法林是得到苏联政府访问邀请的少数美国商人之一。与负责消费品分配的苏联官员会面后，他认为，共产主义将长期存在，但最终会拥抱资本主义。由于他把苏联温和地称赞为一项有趣的"实验"，结果受到了同情共产主义的指责。

法林没有被这些批评所吓倒，他随即写了很多本书来宣扬他的理念——以现代营销与分销为基础的开明资本主义有助于改变世界。1928年，法林在纽约州立大学的毕业典礼演讲中宣称："归根结底，美是这个世界最伟大的目标。但我们无法向饥饿的民众有效传达精神领域的真理。要在这世上创造更多的美，最佳途径之一就是让维持生计……成为方便而省时的事，这样我们才有时间从事兴趣爱好。……我们可以通过减少浪费、促进经济公平、推动发明创造、优化组织生产与分配和大力培训工人和管理者来实现这一点。"

1931年，法林发表了他最具哲理的著作《成功地生活在机器时代》(Successful Living in this Machine Age)。怀抱科技有能力解决人类问题的乐观态度，法林在书中表达了与阿德勒相同的观点，认为理性与科学是改善世界的关键。尽管从全球来看，数以百万计的失业工人正在有史以来最严重的经济危机中饱受苦难，但法林仍然对科学管理与规划充满信心。在大批量生产的新流程下（他视亨利·福特为英雄），"人类将拥有亘古未见的大量闲暇。这一趋势正在显现，比如工人的八小时工作制和五天工作周。……我们生活在一个全新的世界。……大批量生产无疑是对人类的解放"。

在随后几年里，法林获得了进入罗斯福政府的重要机会。

在与他拥有同样财富或社会地位的人群中，支持新政的人寥寥无几，于是他们得到了高度的重视。随着法林与阿德勒的友情越来越深厚，他逐渐把教育和心理学，而非大众营销，视作改善社会的重要工具。他钦佩阿德勒的理想主义情怀，认同其"心理健康的人拥有强烈社会兴趣"的理念。与富商查尔斯·戴维斯一样，法林也从阿德勒那里得到了一种能赋予他解脱感的确认——金钱与地位并非罪恶，即便是在形势最为严峻的大萧条年代，它们也可以作为帮助他人的手段而得到珍视。

1934年2月6日，阿德勒在美国度过了极其愉快的一天。为了庆祝他的64岁生日，包括儿科医生艾拉·怀尔和纽约市立大学（City College of New York）校长弗雷德里克·罗宾逊（Frederick Robinson）在内的约200名祝福者在他常向公众发表演讲的罗利其博物馆（Roerich Museum）举行了盛大的宴会。对阿德勒来说，这个值得纪念的时刻一定勾起了他在维也纳与朋友和同事欢聚一堂的美好回忆。

然而，阿德勒生活过的奥地利很快就将永远成为历史。阿德勒的生日宴会结束6天后，他的祖国爆发了内战。数天后，奥地利总理恩格尔伯特·陶尔斐斯（Engelbert Dollfuss）实施了宗教法西斯式的残酷镇压。对于这场短暂的内乱，当地政治观察人士并非完全没有预见。陶尔斐斯身材矮小，但野心很大，于是无论敌友都戏称其为"小梅特涅"（Millimetternich）。1932年，奥地利议会政府遭遇危机，随后陶尔斐斯成为奥地利总理。在议会里，基督教社会党仅凭一票优势获得多数席位，而31岁的农业部部长陶尔斐斯是唯一有意出任总理的基督教社会党内阁成员。

陶尔斐斯政权从一开始就遭到了左翼社会民主党和迅速壮大

的右翼奥地利国家社会主义工人党（纳粹党）的激烈反对。1933年1月就任德国总理后，希特勒开始向奥地利的纳粹盟友输送更多武器和资金。近五周后，陶尔斐斯抓住机会，在墨索里尼支持的准军事组织保安团（Heimwehr）的帮助下策划了一场政变。

这起事件起自陶尔斐斯对全国铁路工人大罢工的不当处理。3月7日，当议会的3名领导者（分别来自基督教社会党、社会民主党和日耳曼民族党）因微不足道的理由而尽数辞职时，陶尔斐斯宣布议会"暂停运作"，并援引紧急权力法案维持秩序。在墨索里尼和保安团指挥官恩斯特·施塔尔亨贝格（Ernst Starhember）王子的敦促下，陶尔斐斯宣布社会民主党非法。社会民主党的领导者提出抗议，然而令普通民众感到不解的是，他们并未采取进一步的行动。

6月，陶尔斐斯进一步宣布日益壮大的奥地利纳粹党非法。作为报复，希特勒下令对所有去往或途经奥地利的德国公民征收高额税款。这项强有力的措施旨在摧毁依赖德国游客的奥地利旅游业，特别是阿尔卑斯地区。后来，随着纳粹党在奥地利的恐怖主义和反犹太活动逐步升级，陶尔斐斯与施塔尔亨贝格创建了名为"祖国阵线"（Fatherland Front）的联盟组织，以此来团结所有意图使奥地利独立于纳粹德国的奥地利人，其中包括许多犹太人。

起初，陶尔斐斯几乎没有表现出明显的反犹太倾向，但其祖国阵线包含必定憎恨奥地利犹太人的基督教社会党人和神职人员。因此，1934年，基督教社会党领袖、国家教育部部长埃德蒙·切尔马克（Edmund Czermak）出版了一本关于当代犹太人的书。"我们日耳曼人非常乐意充分尊重犹太人和他们的民族宗教，"切尔马克宽宏大量地表示，但他又补充道，"在我们的民族文化中，他们不能享有任何发言权，只能当客人。"他主张，犹太人"真正的家园在巴勒斯坦，他们只倾注给客居之地以有限的爱"。而且，切尔马克还特别仇恨主张同化的犹太人，他宣称："信奉宗教的日耳曼人必须坚决反对犹太人把洗礼作为入场券。"

墨索里尼向保安团提供了大量的资金援助。在其持续数月的压力下，陶尔斐斯终于决定彻底肃清整个社会民主运动，而后者的大本营显然在维也纳。另一方面，社会民主党长期以来一直在寻求与基督教社会党温和派结盟，以此来推翻陶尔斐斯的统治。1934年2月，整个局势到了紧要关头。

2月11日晚，社会民主党领袖鲍尔在一家电影院与他人秘密会面，策划可能的行动。然而他并不知晓，林茨的激进工人已经在实施他们自己的计划了。2月12日上午，维也纳的电力工人举行了罢工，发出了所有工人举行大罢工以推翻陶尔斐斯政权的信号弹。不幸的是，在这些激进的电力工人展开非法行动的时候，鲍尔的组织还没有来得及印刷宣布大罢工的大量海报。由于电力中断导致印刷机停止运转，许多支持罢工的奥地利工人自始至终都没能收到总罢工的消息，而其他工人则已开始与政府军激战。

在随后4天里，奥地利各地的工人开始武装抵抗陶尔斐斯的军队。但是，由于领导不力以及大萧条对民众情绪的消极影响，这一反法西斯运动未能得到充分的动员以推翻政府。无疑，社会民主党治下建于1920年代的维也纳大型住宅区中的抵抗最为强烈。奥地利政府军和保安团民兵猛烈地围攻了名为"卡尔-马克思-霍夫"（Karl-Marx-Hof）的公寓大楼，他们的炮击最终迫使抵抗者投降。随后是一场大屠杀，因为少数能够得到武器的社会民主党人要么拒绝加入工人队伍，要么在战斗开始前就已经被抓获。根据库尔特·阿德勒后来的回忆，他的母亲通过为共产党的急救部门提供帮助而间接参与了这一行动。

陶尔斐斯对社会民主党的绞杀出乎意料地迅速和彻底。在内战的第一天，几名奥地利社会民主党代表被捕，包括备受爱戴的奥托·格洛克尔（维也纳教育委员会主席）和维也纳区议会的几位议长。陶尔斐斯立即绞死了11名社会民主党人，并计划执行更多的死刑，直到英国大使说服他停止这样做。

人生的动力

鲍尔和另外几位社会民主党领导人已经逃离了奥地利，陶尔斐斯乘势摧毁了他们所吹嘘的对红色维也纳长达14年的统治。事实上，他粉碎社会民主党的主要目标之一就是坚决撤销他们在教育和社会福利方面影响深远的举措。几乎所有接受过阿德勒帮助的教育改革家都被赶下了台，包括他的密友菲尔特米勒。菲尔特米勒的妻子阿利妮也被逮捕并监禁数月。这可能是因为她有俄国血统，并且从事政治工作（她此前在维也纳议会任职）。

所有实践阿德勒理念的儿童指导诊所、育儿与教师培训项目和课程创新都被关闭和取消。正如陶尔斐斯任命的一位官员所讽刺的那样："我们暂时不需要这么多创新了。"此外，由受到阿德勒赞赏的比恩鲍姆、沙尔默和施皮尔所创办的蛰声国际的实验高中也同样遭到关闭。

3月底，陶尔斐斯政府废除了由菲尔特米勒参与制定并颁布于1927年的《国家教育法》。新上台的法西斯宗教政府不仅完全废止了社会民主党的教育改革，他们还更进一步，让奥地利的学校倒退回了1908年基本改革之前的状态。不久后，格洛克尔和他的社会民主党狱友们被从奥地利中央警察监狱转移到了维伦多夫（Willendorf）。这里有一个条件更为恶劣的拘留营，此前用于关押纳粹罪犯。

5月1日，奥地利新宪法生效。第一条废除了过去"宪法文本的任何修改都必须经全民投票同意"的规定。第二条认可了已经采用的威权宪法。社会民主党被取缔，其盟友自由工会（the Free Trade Unions）也被解散。社会民主党人当即被逐出所有立法机构、行政机构，以及所有市、镇、村议会。维也纳长期赞同阿德勒支持者的学校委员会也遭废除。

7月下旬，奥地利纳粹党试图通过武力夺取政权。目前尚不清楚希特勒在多大程度上参与了这场蓄谋已久的行动，但在政变失败之前，几支训练有素的突击队还是成功地击毙了陶尔斐斯和100

多名警察。随后，奥地利司法部部长库尔特·冯·舒施尼格（Kurt von Schuschnigg）成为奥地利的新任总理。在仅仅6周后的9月初，奥地利教育部颁布了一项法令，并做了大张旗鼓的宣传。这部法令旨在建立"种族"隔离的学校制度，所有犹太学生只能接受改信基督教的犹太人或退休基督教教师的教导。自1848年正式取消维也纳犹太人居住区以来，奥地利政府从未如此大张旗鼓地恢复这一制度。事实上，即便是此时的纳粹德国也不敢对自己的犹太公民采取同样的行动。

不过，奥地利距离真正的极权主义还相当遥远。阿德勒的许多朋友和同行（包括他的女儿阿莉）虽然无法参与法西斯与宗教双重控制下的公立学校事务，但仍被允许在精神病学及相关领域开展私人执业。由于无法像阿德勒一样成功移居他国，他们只能留在维也纳，企望诸事顺遂。

第19章
美国与欧洲的变迁

> 勇气、乐观、常识与内心的安宁,将使我们能够同样坚定地面对顺境与逆境。
>
> ——阿尔弗雷德·阿德勒

1934年初,奥地利的民主政治在暴力中湮灭。阿德勒对此十分痛心,但也并不觉得意外。在墨索里尼的统治下,法西斯主义已经在意大利大行其道十余年。奥地利的邻国匈牙利也已经被一个极其残暴的法西斯政权所控制,而德国正在被纳粹党转变为一个极权国家。虽然奥地利步其后尘是可以预料的事,但是跟很多人一样,阿德勒也认为,真正的问题在于,他的祖国能否长久地抵御希特勒的野心。

阿德勒也非常担心家人。赖莎是左翼活动的积极参与者,所以在新政权下面临着巨大的危险。事实上,正如库尔特(当时他正在维也纳读研究生)后来所回忆的那样,她后来因参与共产党的急救组织而被捕并入狱数天。虽然没有受到伤害,但赖莎可能已经开始认真考虑阿尔弗雷德要她移居美国的事。作为一名在维也纳执业的精神病医生,阿莉积极参与父亲的儿童指导运动,于是自然受制于独裁专制的政权,但她并不认为自己身处险境。

希特勒夺取政权后,瓦伦丁和丈夫久洛离开了德国。他们起初住在斯德哥尔摩,后来又移居莫斯科。阿德勒4个孩子中最小的一个、24岁的内莉仍然在维也纳追寻她的演员梦。她与做律师的丈夫海因茨（Heinz）均未卷入政治，因而没有危险。可是不久后，海因茨信奉社会主义的父亲却将作为陶尔斐斯政府的敌人而入狱。

法西斯分子暴力夺取奥地利政权后仅两周，阿德勒就急匆匆地给内莉和海因茨写信道："如果你们两个都能来纽约和我一起住，那就太好了。除去你们自己的收入外，我会照顾你们的生活，为你们提供一切必要的帮助。我希望你们都能拿到移民签证，我保证会在必要的时候帮助你们。"

但是，阿德勒的家人都对移居美国不感兴趣。在整个春季，阿德勒都忙于授课和四处演讲。与往常一样，他在育儿与教育方面的言论再度引发了媒体的关注。4月中旬，在克利夫兰市健康与家长教育协会（Health and Parent Education Association）的资助下，阿德勒做了两场讲座并回答了听众的问题。《克利夫兰老实人报》（Cleveland Plain-Dealer）报道："阿德勒身材不高，却给人留下高大的印象。"由于阿德勒积极倡导儿童权益，该报于是称呼他为"孩子们的'罗斯福新政'"。还报称，他回答问题"时而简短，时而详细，但始终和蔼可亲"。

对于在管教中使用体罚，阿德勒强调："我永远都不会体罚孩子。这是一条通则，放在哪里都适用。……这是挫败的表现。孩子知道你无能为力，知道你已经无计可施。"

在回答"被宠坏的孩子"的表现时，阿德勒简要地解释道，他们"邋遢，挑食，大多胆小，怕见人，很难交到朋友"。

其他问题涉及是否应该给孩子零花钱（阿德勒赞成这一做法），是否应该让孩子上主日学校（阿德勒表示支持，"只要这么做能让孩子更好地适应社会"），或者是否应该培养孩子的节俭意识（阿德勒建议教孩子节俭而非吝啬）。毫无疑问，对于这类问题，他过去已经回答过几千遍，但他没有流露出丝毫的厌烦。库尔特后来回忆道："特别是奥地利法西斯上台后，美国就成了他心目中传播个体心理学的首要之地。就此而言，为美国各地的父母做讲座是非常有益的做法。"

不过，阿德勒偶尔也会在这样的场合中发点脾气。有一次，阿德勒在纽约市发表公开演讲后，几个人把讲台上的阿德勒团团围住，同时反复抛出他刚才已经向所有听众解答过的问题。阿德勒从里面挤了出来，随即低声对一个朋友说："他们浪费了他们的时间，我可不想浪费我的时间。"

还有一次，讲座结束后，就在阿德勒挪着步子走出拥挤的讲堂，走向街边一辆待客的出租车途中，一名妇女紧紧跟在他身边，一刻不停地向他提问。阿德勒进入出租车后，这名妇女仍然紧随不舍，继续追问。在众人惊讶的目光中，阿德勒一把抓住那名妇女，猛地将她推出了出租车。而后，汽车才缓缓驶入了曼哈顿的车流中。

不过，这种事在阿德勒身上极为罕见。他非常喜欢讲课，甚至面对愚蠢的问题也往往能待之以和蔼与宽容。实际上，到1930年代中期，身在美国的阿德勒已经把大部分精力投向公众演讲，同时放心地把他的出版事务托付给了查尔斯·戴维斯。然而，尽管这位贵格会慈善家不乏财富与影响力，但他在帮助阿德勒出版著作这件事上却时运不佳。

在一封落款为5月10日的信中，心情沮丧的戴维斯写道："向利特尔与布朗出版社介绍了很多作品……作者是阿尔弗雷德·阿德勒博士，他想出版这些书，但都被利特尔与布朗出版社拒绝了……这告诉我们，阿德勒博士已经没有任何道义或法律义务来提交更多的作品了。……介绍了那么多作品，但都被拒绝了，所以继续提交似乎也没什么用处。"由于计划当周稍后启程前往欧洲，戴维斯要求对方立即书面确认，阿德勒提交新作品的法律义务现已履行。

人生的动力

在一封落款为1934年5月14日的信中,利特尔与布朗出版社的编辑罗斯略显傲慢地回应道:

> 我已收到你关于阿德勒博士出版著作的来信。我们感觉,从《自卑与超越》以来,目前还没有值得我们出版的书。我记得你提供了几本德文作品供我们参考,但没有一本是新的,而且不是全部就是部分地复制了阿德勒已经用英文出版的内容。此外,值得一提的是,当我们委托阿德勒写一本我们认为绝对值得一读的书时,他却发现自己无法完成。
>
> 虽然我们在这件事上没有法律权利,但我们当然很高兴看到阿德勒博士现在能够为美国读者写点什么。显然,阿德勒博士的出版事务非常混乱,因为他的许多作品原本是写给德国或奥地利读者的,可随后却提交给了我们这样的外国出版商。所以,试图重新出版这些作品的英文版本是不明智的选择。

在随后一周里,阿德勒和戴维斯,连同后者的大女儿海伦(Helen)和女友玛格丽特·德纳姆(Margaret Denham)一同前往欧洲。阿德勒计划去瑞士进行一次重要的咨询,并策划几篇新文章,但他还是花了一些时间来放松。德纳姆后来回忆说,这艘客轮有一间公共游戏室,里面有一种类似微型高尔夫球的游戏,但用的是一只花球、一只母球和一根球杆。最初的几个洞非常容易,但最后一个洞难度极大。游戏者需要精确控制母球的击球位置,以便在它撞击花球后使后者穿过一个狭窄的入口落入洞中。

数次尝试后,所有人都乐呵呵地停止了努力,转而到甲板上散步,只有阿德勒除外,他似乎想通过尝试各种可能的角度来找到其中的诀窍。大约一小时后,海伦和玛格丽特回到游戏室,看他是否能够有所进展。阿德勒嘴里叼着一支香烟,目光几乎没有离开游戏场地。他轻声说:"现在,我想我已经可以做到了。"她们屏住呼吸,满怀期待地看着他小心地瞄准并轻推母球。母球慢慢滚向花球,撞击后者,然后,花球不偏不倚地刚好滚进了洞里。阿德勒笑着站了起来,把球杆收好,随后离开。在后面的航程里,他再也没有玩这个游戏。

5月下旬,阿德勒抵达瑞士,见到了著名芭蕾舞演员瓦茨拉夫·尼金斯基(Vaslav Nijinsky)。1890年,尼金斯基出生在基辅一个舞蹈世家。后来,他以非凡的舞技和对角色的深刻理解谱写了一段传奇。

1909年,尼金斯基加入了谢尔盖·佳吉列夫(Sergey Diaghilev)的巡回芭蕾舞团——俄国芭蕾舞团(the Ballets Russes),并立即成了那里的首席舞者。在那年春天的巴黎演出季里,俄国芭蕾舞团获得了如潮的好评,尼金斯基的表演尤其精彩绝伦。他舞姿优雅,舞技精湛,甚至还有一手仿佛可以摆脱地心引力的跳跃绝活儿。在1907~1912年间,尼金斯基与舞团编舞米克尔·福基涅(Michel Fokine)合作,为自己创造了多个著名芭蕾舞角色。后来,尼金斯基独立编舞,并在欧洲、美国和南美各地演出,直到1917年。一次,一位仰慕者问他:"你怎么能在空中待那么久呢?"尼金斯基诙谐地回答:"问题是,我为什么要下来?"

1913年,尼金斯基与女伯爵罗摩拉·德普尔斯基·卢波西-塞尔法娃(Romola de Pulszky Lubocy-Cselfalva)结婚。不久后战争爆发,尼金斯基作为俄国人被拘禁在了匈牙利。此后不久,29岁的尼金斯基就因最初被称作精神崩溃的病症而被迫退休。15年后,步入中年的尼金斯基仍旧在疗养院接受治疗,完全无法正常工作。罗摩拉请阿德勒来为她的丈夫做咨询,看是否可能治愈。阿德勒回答说,一个富有的美国人(可能是指戴维斯)和其他捐助者准备资助尼金斯基的治疗。他的计划是将这位著名舞蹈家转移到维也纳的一处私人住所,然后安排一名接受过个体心理学训练的精神病医生为他治疗。阿德勒还认为,音乐疗法可能有助于改善尼金斯基的病情,特别是学习弹钢琴。

阿德勒走进疗养院,尼金斯基的医生告诉他,尼金斯基总是沉默不语,无法交谈,连罗摩拉也无法让他开口。在咨询中,阿德勒发现尼金斯基营养状况良好,对来客也有兴趣,只是一言不发。阿德勒乐观地向他解释后续的治疗安排,并希望他能"自愿"前往维也纳。然而,正如尼金斯基的医生所回忆的那样,这位舞蹈大师"偶尔微笑一下,其余时刻则延续他一贯的僵硬表情"。最终,他表示"他不去"。随后,罗摩拉与阿德勒一同离开。

然而,阿德勒与尼金斯基唯一的一次会面很可能对后者产生了积极的影响。几周过后,尼金斯基第一次对古典音乐流露出了正面的情感,这是很久以来绝无仅有的事情。在被问及是否可能完全治愈时,阿德勒没有违心地表达乐观态度。事实上,其他治疗师均未能改善尼金斯基的病情。尽管尼金斯基的生命还将延续16年,但他的病情却从未发生明显的好转。最后,阿德勒写道:"对于这种疾病——精神分裂症,一切都取决于医生与患者能否建立起积极的联系。首先必须确认,这种联系是可能建立的,因为治疗发生在两个个体之间。两者的能力都要考虑,因为这是一件需要合作的事情,在讲科学之外还要讲艺术。"

阿德勒强调,心理治疗是一门艺术,这一点对他的朋友菲莉丝·博顿产生了积极的影响,并最终助力了她的成功。身为一名小说家,博顿一直对这世上丰富多彩的个性着迷。而且在1930年代初,阿德勒在德国的重要助手莱昂哈德·赛夫还为她做过精神分析。赛夫体型健硕,性格强势,起初是弗洛伊德派的精神分析学者。战争结束后不久，赛夫开始研究个体心理学，并且在阿德勒的热心支持下成为享誉世界的精神分析学者。他住在慕尼黑，同时也在欧洲大陆等地四处演讲。赛夫拥有日耳曼式的严肃，不像阿德勒那样喜欢与患者拉家常，开玩笑。不过尽管如此，博顿却很为他所折服。

1934年，博顿的小说《私密情话儿》（*Private Worlds*）在英国出版，并在美国迅速走红。这部献给"莱昂哈德·赛夫和慕尼黑的个体心理学者，以及我的咨询师和朋友们"的作品可能是第一部斩获畅销书头衔的心理主题小说。小说讲述了一家精神病院的精神科女医生与其上司之间的一段恋情。尽管以今天的眼光看，这一情节似乎有些生硬，但这部小说引发了极大反响。第二年，它甚至被拍成了一部由查尔斯·博耶（Charles Boyer）和克劳黛·考尔白（Claudette Colbert）主演的好莱坞电影。

对于这部小说，大众与专业刊物都给出了很高的评价。例如，《纽约时报》这样写道："毫无疑问，菲莉丝·博顿非常善于讲故事，《私密情话儿》是一部非常值得一读的小说，作者讲述了一个复杂的新世界中的生活。"阿德勒的儿科医生朋友艾拉·怀尔在《全景透视》（*Survey Graphic*）杂志中写道："她坦率地承认自己得益于阿德勒的个体心理学，并巧妙地描述了其笔下人物在基本驱力驱使下对权力的争夺。对于这些基本驱力，自卑与无助起了决定性的作用。……所有从事过这一领域的人，无论是精神病医生、心理学家还是社会工作者都会发现，这部描写了人类对安全感与幸福的追求的酣畅淋漓的优秀作品充满趣味，并且往往令人难以忘怀。"

1934年秋，博顿来到美国，在纽约一家演讲机构的安排下与各地读者见面。对于自己近期获得的成功与赞誉，博顿感到不知所措，于是她不失时机地向阿德勒求助。她不知道自己应该把精力投入公开演讲，还是应该继续写作。阿德勒建议她两者兼顾，这时博顿显露出了"担忧和不敢相信"的神情,阿德勒于是建议说:"我发现生活里只有一种危险,而且它确实存在,(那就是)你可能担忧过度了。"

对于自己建议患者做的事,阿德勒一般都身体力行,60多岁的他并不害怕德国和奥地利日益强大的法西斯主义。虽然这些国家的独裁政权摧毁了个体心理学的组织,但是从几年前开始,他就已经在很有预见性地把个体心理学的大本营迁往美国了。库尔特·阿德勒后来回忆道:"我父亲当然对欧洲发生的事情感到不安,但他无意放弃毕生的事业。"因此,在1934年底,阿德勒开始与芝加哥的几位支持者讨论创办一份新的、以英文出版的国际期刊。

当时,这份期刊得到了广告商悉尼·罗思(Sydney Roth)的慷慨资助。几年前,他拜访了当时正在纽约巡回演讲的阿德勒,寻求治疗他多年的口吃症,这一疾患似乎源自他幼时因无关口吃的原因而住院的经历。以今天的视角看,这一语言障碍通常不属于精神与心理问题,而是一种因压力而加重的先天性神经系统疾病。阿德勒花了几周的时间提升罗思的自信,并似乎在讲话方面给了他很大的帮助。几十年后,罗思如此忆及来自阿德勒的使他深受鼓舞的建议:"悉尼,如果你控制不了口吃,那就顺其自然口吃吧。只是不要因为这一点而放弃你打算做的任何事情。"

1935年2月中旬,阿德勒与罗思及其两位同事埃迪思·门瑟(Edyth Menser)和本·申克尔(Ben Schenker)签署了一项法律协议,担任他们在芝加哥新出版的《国际个体心理学杂志》(*International Journal of Individual Psychology*)的无薪主编。协议明确规定,这份刊物将以阿德勒耕耘多年的德文版期刊为蓝本。然而不幸的是,罗思的努力并没有持续多久,而这份刊物也从未取得与德文版期刊相匹敌的影响力。

一方面,罗思及其合作者并不熟悉学术出版,他们所刊载的文章往往缺少脚注和参考文献。更大的问题是，阿德勒在奥地利的同事们几乎没有贡献新的内容，因为他们的儿童指导诊所和其他教育项目已经被法西斯政府于1934年2月关闭。当然，在纳粹德国，情况还要糟糕得多，阿莉塞·吕勒-格斯特尔和马内斯·施佩贝尔等拥有犹太背景的阿德勒支持者早已逃离该国，过着流离失所的难民生活。

在吸引美国或英国的投稿人方面，新创办的《国际个体心理学杂志》也从未在专业人士中引发多少兴趣。因此，它几乎从一开始就严重依赖阿德勒及其维也纳合作者（如德雷克斯、施皮尔、韦克斯伯格）从前发表过的德语文章的译文。此外，这份刊物也重新刊载来自讲英语的临床医生（如最近去世的克鲁克香克），甚至非学术人士（如本杰明·富兰克林和赫伯特·乔治·威尔斯）的早期作品。由于缺乏知名学术机构的支持，而且版面过大，整本刊物散发出一股浓浓的业余气息，因此对个体心理学的推广作用甚微。

阿德勒的身体情况或许能够为这份刊物所遭遇的困境提供另一种解释。在与罗思签署法律协议两周后，阿德勒因颈部皮肤感染而被迫紧急住院治疗并接受手术。阿德勒一直希望疮口能自行愈合，但未能如愿。3月2日，他写信给赖莎说："我即将从一场非常严重的疾病中康复。……这对我来说是一个巨大的打击，因为我从来没有想过自己会生病。"两天后，阿德勒写信给亚历山德拉："今天的手术做得非常好。我不疼了，也不发烧了。你完全可以放心，我三四天就能回家，然后接着做以前的事情。"

阿德勒的习惯性乐观有点不切实际，因为在手术过后，他的恢复远没有他想象中顺利。就在突然之间，伤口出现了新的感染。在抗生素尚未诞生的年代，65岁阿德勒的情况很快就变得非常危险。3月16日，被现实教训过的阿德勒通知赖莎，他的病情"非常严重，但应该会在8天内治好"。然而，即便是这样的估计也被证明是不现实的，因为直到4月中旬，他的健康状况才恢复到可以出院的程度。

在住院的7周里，阿德勒给阿莉和赖莎写了许多封信。他语气中透出的焦急明白无误地表示，对于日复一日躺在病床上缓慢恢复的现状，他内心感到非常折磨。对他来说，被动接受现实简直比登天还难。此外，阿德勒也担心一系列即将实施的重大计划。他在沙曼多夫的房子刚刚卖出，并将于8月腾空，负责此事的是他的两个兄弟里夏德和西格蒙德。阿莉将于9月开始在哈佛医学院担任教职，库尔特预计将于同一时期在纽约与父母团聚。库尔特离婚不久，刚刚获得物理学博士学位，正考虑转到美国读医学。至于阿德勒的另外两个孩子，经济学家瓦伦丁和她的丈夫久洛住在斯德哥尔摩，而女演员内莉仍然打算与海因茨一起住在维也纳。

阿德勒夫妇住了很久的位于多明我会城堡街10号的公寓也将于近期腾空，关于打包和海外邮寄的很多细节都必须确定下来。部分出自经济上的考虑，阿德勒已经计划在接下来的几个月里赶赴欧洲进行多场巡回演讲。在他雄心勃勃的计划里，赖莎要立即移居纽约，为他们寻找新的公寓，并在他秋季再次于长岛医学院开课前基本适应美国的新生活。

然而，与往常一样，赖莎还是非常有主见。她不愿意立即移居美国，希望能够在维也纳待到9月初。因此，赖莎没有理会阿尔弗雷德写于3月2日、要她去见他在纽约和波士顿的好友（分别为戴维斯和法林）的亲笔信。3月15日，更加不耐烦的阿德勒将戴维斯邀请他们去往其科德角庄园的事转告给了赖莎。"你将在那里度过一个美好的暑假，并且提高你的英语。如果你不答应这样的安排，"阿德勒警告，"你就会把以上的所有好处全部糟蹋掉。"

显然，自从阿德勒住院以来，赖莎一直没有给他发过电报或写过信，因为就在第二天，阿德勒又忍不住在信里写道："犹豫来犹豫去是没有用的……你必须尽快来纽约，原因我在以前给你的信里都说过了。……所有的困难都是因为你的计划总是跟我的安排背道而驰。……我因为皮肤感染住院已经16天了，你肯定早就收到了我通知你的关于那件事的信。我今天会发电报给你，来帮你转变犹豫不决的态度。"

最后，阿德勒夫妇达成了妥协。赖莎同意立即与阿莉离开几周，但阿尔弗雷德也要跟她一起回维也纳过夏天。很明显，她不喜欢跟她丈夫的朋友们交往，也不喜欢在最终离开奥地利之前努力练习英语。实际上，她唯一的孙女玛戈后来回忆说，赖莎"从未学会说一口流利的英语，她跟家人通常只说德语"。

4月15日，阿莉从波士顿寄出一封信。信中，她这样告知内莉和海因茨："爸爸身体很好，他认为船上的医生可以给他换绷带。你可能已经知道最新的消息了，妈妈要跟他一起回欧洲，她的意愿达成了。我觉得这很好，尤其考虑到爸爸的身体状况。……我现在经常和外国人在一起，即使有什么事情让我很生气，我也总是比较克制。我还没有自己的住处，现在一直住在斯塔特勒酒店（Statler Hotel），直到我找到公寓为止。现在，请把写给我的信寄到波士顿城市医院（Boston City Hospital）。"

━━━

那年夏天，阿尔弗雷德和赖莎一起回到了维也纳，住在时髦的雷吉娜酒店（Hotel Regina）内的一套总统套间里。这家酒店坐落在韦灵格大街（Währinger Strasse）一隅，对面是沃蒂夫教堂（Votivkirche），不远处就是阿德勒在韦灵度过童年的地方。不过，此时的他正忙于讲课，并且为永远离开奥地利做最后的安排，因而无心回望远去的童年时光。

显然，奥地利的色彩已经暗淡很多。去年夏天，纳粹发动政变并杀害了陶尔斐斯，但政变最终失败。在那之后，任何文化乐观主义的火花都已荡然无存。1935年，奥地利的许多著名艺术家和知识分子都已移居他国，其中包括阿诺尔德·勋伯格、路德维希·维特根斯坦（Ludwig Wittgenstein）和斯蒂芬·茨威格。尽管宗教法西斯主义的奥地利并不像纳粹德国那样残暴、极权，但民主与包容已无迹可寻。

此类表现无处不在。1934年2月的内战爆发后不久，陶尔斐斯政权接管了维也纳市政府，并解雇了政府雇用的58名社会民主党医生，其中只有两人不是犹太人。很快，申请实习的医学院毕业生被要求出示出生证明和洗礼证明。这一做法有效地阻止了犹太人进入医院接受培训，只有罗斯柴尔德医院（Rothschild hospital）除外，而这家医院每年只接收几名实习生。结果，维也纳的犹太医生比例在半个多世纪以来首次低于了50%。越来越多的犹太人被从教育、卫生和医疗等市政和公共服务岗位解雇。大多数犹太记者只能报道文化与体育活动，不能报道重大新闻。奥地利的祖国阵线背后有政府支持，其领导人公开抵制犹太商人。而半官方的《德意志邮报》（Reichpost）则开辟专版用于刊登"基督教企业的广告"。

在阿德勒非常熟悉的公共教育领域，形势也迅速恶化。在大学里，教授和他们的博士生所写的许多著作都在介绍犹太人及其所谓的危险特征。其中一些著作引用了臭名昭著的《锡安长老会纪要》（Protocols of the Elders of Zion）作为学术参考。中小学的情况也好不到哪里去。实际上，阿德勒在教育改革方面的所有同仁——比恩鲍姆、菲尔特米勒、沙尔默和施皮尔——都目睹了他们的努力付诸乌有。更糟的是，影响巨大的教师协会已经完全倾向于法西斯主义和反犹太主义，其刊物称："犹太人的影响完全是道德败坏和腐化堕落的，这些影响必然源自犹太种族的道德与思想特征。"

尽管如此，奥地利总理舒施尼格并不像希特勒那样妄自尊大。实际上，他结交了好几位著名的奥地利犹太人，以此在政治上谋求权宜。他的理由是，这些犹太人能吸引外国访问者和他们所带来的有用的资金，同时也能提高奥地利这个小国的国际声望。更重要的是，这些杰出的犹太人几乎可以在全世界任何地方自由定居，如果他们愿意留在奥地利，那就表明他们认为奥地利有能力独立于纳粹德国。因此，舒施尼格可能并非只因爱好古典音乐才邀请布鲁诺·瓦尔特（Bruno Walter）入主维也纳歌剧院，也并非只因崇尚科学才在弗洛伊德的生日对其致以问候。但是，由于害怕纳粹党利用这些事情大做文章，舒施尼格的教育部长警告媒体，任何报道甚至提及这些事情的报纸都将遭到没收。

"1935年的维也纳已经不是我们自1920年起生活了3年的那座城了，"几年后，博顿痛苦地回忆道，"那时生活很苦，食不果腹，但心中总是充满了对未来生活的向往。……1935年，这座美丽而辉煌的城市似乎只剩下一个空壳。陶尔斐斯已经被谋杀。他毁掉的模范工人住宅的废墟是他的纪念碑。然而杀害陶尔斐斯的是纳粹分子，不是社会主义者。而即将毁掉舒施尼格的又是纳粹分子。……空气中弥漫着失败的气息，热爱维也纳的阿德勒……看到，这座城将再次被征服。'我再也不回维也纳了，'他平静地对我们说，'它已经是一座死城了，我们必须让死去的死去。我们要做的是和活人打交道。'"

阿德勒不仅仅是在打比方。7月23日，奥托·格洛克尔因心力衰竭去世，享年61岁。这一天距离他从陶尔斐斯的拘留营获释还不满一年。一年多前，健康状况恶劣的格洛克尔在没有受到任何正式指控的情况下被关进了关押纳粹恐怖分子的拘留营。8个月后，格洛克尔获释，这是赫伯特·乔治·威尔斯等著名人士在国际上持续抗议才取得的结果。身为重要的教育改革家和创新者，格洛克尔几十年来一直受到众多维也纳民众的尊敬。

尽管警方发出警告，但仍有5000多名哀悼者参加了他的葬礼。这些哀悼者大多与被宣布为非法的社会民主党有关。由于将红色康乃馨扔进棺材的"罪行",数名哀悼者很快被警方逮捕。在离开教堂墓地时,更多哀悼者遭到粗暴对待,一名14岁的少年被挥舞警棍的警察殴打至不省人事。当愤怒的群众开始高喊"法西斯暴行滚开!"时,数十名警察冲进人群,挥舞警棍,不分青红皂白地逮捕哀悼者,并将他们关进监狱。

在随后一周里,维也纳迎来了国际知名的萨尔茨堡音乐节。"自1933年来第一次,"《伦敦时报》(*London Times*)嘲讽道,"在萨尔茨堡音乐节上,一边是纯净的旋律,一边是炸弹的爆炸声和招展的非法万字旗,还有从入侵的德国飞机上撒下的纸质纳粹党徽和传单。"《伦敦时报》承认:"在过去12个月里,总理舒施尼格已经证明,他是陶尔斐斯政治遗产最忠实的继承者,这是陶尔斐斯的朋友和敌人所始料不及的。"不过《伦敦时报》也认为:"现在还没有丝毫迹象表明,他能够或者期望修正陶尔斐斯博士的致命错误——压制伟大的社会主义运动。对所有意图战胜纳粹主义的政权来说,社会主义者注定都是最强大的盟友。"

尽管长期以来,阿德勒一直认同社会民主党在教育方面的努力,但他似乎不大可能去参加格洛克尔的葬礼,因为这种事很容易引起注意,因此非常危险。但几乎可以肯定的是,看到发生在葬礼和奥地利各地的一系列令人沮丧的事件,此时被禁止参与公立学校事务的阿德勒一定感到非常懊恼。他难过地向朋友们吐露,他永远都不想回奥地利了。他的主要公开活动只是在过去开讨论会的西勒咖啡馆讲授两门课,一门面向医科学生,一门面向普通大众。

在面向普通大众的课上,阿德勒强调了幼年记忆与当下梦境对揭示我们个性的重要性。听众会在纸条上匿名写下他们的梦境或早期记忆,然后交给阿德勒即席解读。不少人后来表示,他们对阿德勒的临床判断感到惊讶甚至敬畏。

此外，他还为前来旅游的美国和英国大学生讲了几场关于个体心理学的讲座。在解释"四种人格类型"这一概念时，阿德勒说，我们每个人都包含四种人格类型，分别为好斗者或称独裁者、受虐者或称寄生者、忧郁者或称退缩者、关心社会者或称勇敢者。据博顿回忆，为了跟阿德勒住得近一些，她与丈夫在格林津（Grinzing）租了一间公寓。一天晚上，一个在英国大学任教的朋友带着她班上的同学私下拜访阿德勒，并一起喝葡萄酒。这些学生围坐在酒馆葡萄架下的一张大桌子旁。没过多久，来自奥地利和德国的学生也加入了他们当中。3个国家的学生轮流唱他们的传统民歌，但维也纳的学生们却忘记了歌词。阿德勒转向博顿，喃喃自语道："一个国家忘记了自己的歌曲，这是一个不祥的征兆。"在他的这些好友们看来，那个夏天的他似乎一反常态地心事重重，甚至可以说郁郁寡欢。"阿德勒从不跟朋友们讲他的伤心事，"博顿回忆道，"不过我认为，他不开心的时候还是喜欢跟朋友们在一起。"

8月中旬，当阿德勒突然得知沃尔特·贝兰·沃尔夫在车祸中丧生的消息后，他的抑郁情绪无疑进一步加重了。在将一名患者送往瑞士一家疗养院的途中，沃尔夫为躲避一名登山自行车手而突然转弯，结果车辆失控，撞到了一棵树上。年仅35岁的沃尔夫生前是阿德勒心理学在美国最著名的代表人物。他是一位多产的作家，读者中既有专业人士，也有普通大众。在他写过的几本书中，有一本是出版于1935年的探讨中年问题的非虚构类畅销书《一个女人的黄金岁月》（*A Woman's Best Years*）。随着曼哈顿时尚的上东区私人诊所的蓬勃发展，沃尔夫也因管理社区教堂面向贫困家庭开放的精神卫生诊所而备受尊重。沃尔夫在瑞士那条孤独山路的早亡不仅使阿德勒失去了一位密友，而且他对个体心理学能够在瑞士精神病学领域获得更大认可的希望也遭到了沉重的打击。事实上，在沃尔夫死后，没有一个美国土生土长的精神病医生能够在推广个体心理学方面填补沃尔夫的空缺。最终，在美国成为个体心理学代表人物的是阿德勒的子女亚历山德拉和库尔特，以及阿德勒之前在维也纳的同事鲁道夫·德雷克斯。

8月下旬，阿德勒夫妇离开奥地利的日子到了。阿德勒邀请博顿和她的丈夫福布斯–丹尼斯陪他在沙曼多夫度过离开前的最后一天。显然，赖莎另有安排，没有陪他们一起去。博顿记得，他们的大部分时间是在花园里度过的。期间，一个小男孩和他的父母登门拜访，但阿德勒似乎没有注意到这个小男孩。下午晚些时候，阿德勒的狗跟在他身边依依不舍地向大门走去，似乎知道以后不会再回来了。博顿回忆道，当时，她平生唯一一次听到了阿德勒的叹息。

阿德勒拍了拍狗的脑袋，抱歉地说，这条狗过去"一直跟友善的人在一起，它很喜欢他们。但我担心他们可能会忘记给它刷毛——它非常喜欢别人给它刷毛"。阿德勒把他最珍贵的诗集送给了福布斯–丹尼斯，并且把花园里的最后一束玫瑰送给了博顿。当他们朝车道走去时，先前那个小男孩沿路一边跑向阿德勒，一边大喊："回来。永远不要离开！"

然而，阿德勒再也没有回到奥地利。在9月初一个温暖的日子里，阿德勒、赖莎和库尔特抵达了纽约。阿德勒走下"阿奎塔尼亚"号（Aquitania）后，一群记者立即将这位个体心理学创始人团团围住，并向他追问最新的观点和日程安排细节。《纽约时报》在一篇题为《女性自卑观念的不朽神话，阿德勒博士这样说》（Idea of Women's Inferiority Immortal Myth, Dr. Adler say）的报道中讲述道，这位"戴眼镜的演讲者"坚持认为，由于社会条件反射的强烈作用，美国女性仍然受困于自卑感。"从一开始，社会就让她们感

到她们的地位与男性不平等。……这种感觉没有生物学基础，只是出自男性的假想。"

对于同一次采访，《纽约世界电讯报》（*The New York World-Telegra*）报道了阿德勒对一些流行观点的驳斥，如艺术家比其他人更神经质，以及现在的人通常比过去的人更心神不定。"我认为，现代美国人并不比殖民时期的美国人更神经质。而且，我认为这两个时代的美国人并不比他们在欧洲的兄弟更神经质。"阿德勒还表示，如果父母在家里教孩子给大人帮忙而非充当累赘，世界就可能变得更和谐。他说："如果法律要这么规定，孩子在适应社会之前不能离开学校，我是不会反对的。"

9月下旬，《纽约先驱论坛报》（*New York Herald Tribune*）的一篇文章详细报道了阿德勒访问当地一家儿童法庭的经过。在法官雅各布·潘肯（Jacob Panken）的邀请下，阿德勒以观察员的身份在那里待了一个上午。他对记者说，他发现美国和维也纳的青少年犯罪案件没有什么不同。"用惩罚来实现改正的老观念正在迅速改变，但即使在美国，我们也还没有足够的机构来为这些青少年提供所需要的那种治疗。问题之一是不可以有任何固定的规则，"阿德勒表示，"我已经在学校、法院和诊所工作了二十多年，像我今天上午了解的那些案件，我已经见过很多。但是对我来说，每一个案件都是新的。"

阿德勒的从医生涯尽管漫长，但他也不大可能对儿童发展的所有领域都有细致的了解，比如生活在加拿大安大略省卡兰德市的著名的迪奥纳（Dionne）五胞胎。10月，阿德勒乘坐火车来到了这里，以便能够在《大都会》（*Cosmopolitan*）杂志的一篇文章中分享他对五胞胎的看法。这一行程是他当月在加拿大东部进行巡回演讲的安排之一。

出生于1933年的迪奥纳五胞胎引发了巨大的关注。在其家中见过一家人后，阿德勒在次年春天发表了一篇名为《分离五胞胎》（Separate the Quins）的文章，并在其中提出了自己的观点。尽管当时，这些孩子看起来适应良好，但阿德勒还是对她们的未来忧心忡忡。

> 玻璃房子里的生活不利于人类的正常发展。生活在鱼缸里的5条小孔雀鱼可能不会因为总是让人观赏而出现心理问题，但婴儿不是鱼。习惯被展览的孩子不会感到快乐，除非他们能吸引关注。……危险就在前方。
>
> 五胞胎不是方程式中的符号，也不是实验中的小白鼠，而是人类。科学可以名正言顺地关心她们的发展。……但是，如果我们考虑孩子们的幸福，那么明智的做法似乎是消除她们的独特性，让她们忘记自己是五胞胎。

阿德勒存在争议但却颇有先见之明的建议引发了广泛的愤怒，尤其是在加拿大。阿德勒主张把五胞胎分开，让她们生活在五个不同的家庭。他表示，正确的目标不是"训练一群猴子，而是培养五个独立的个体"。他强烈主张，每个孩子日后都要根据自己的兴趣和技能接受职业培训。"如果她们继续生活在一起，那么舞台或马戏团对她们的诱惑可能会无法抗拒。在这种情况下，她们不会掌握各自的命运，而是会继续利用使她们成为五胞胎的生物学偶然。"

10月26日，在从卡兰德向东前往蒙特利尔的途中，阿德勒遭遇了一场车祸。据联合通讯社（United Press）报道，他当时正在穿过一条城市街道，突然被一辆汽车撞倒，受了轻伤。随后，他被紧急送往当地一家医院，并在那里恢复了健康。

当周稍晚，戴维斯收到了一封来自多伦多昴宿星俱乐部（Pleiades Club）的慰问信，阿德勒原本计划在那里发表演讲。信中这样写道：

鉴于您对心爱朋友的担心，我们再次希望能够向您致以最深切的同情。……如果您能跟他聊起他的加拿大之行，那么您可以告诉他，他的计划来访已经在全国各地推动了精神病学的发展。多年来，我国的精神病学一直缺少推动力。他的计划来访已经让许多有分歧的人走到了一起，也给了他们合作的动力。我想这会让他感到高兴，即便他还在病房里。

━━━

1935年秋，阿德勒开始指导一位高大开朗的年轻心理学家，后者将在日后对心理学产生重大影响，他就是亚伯拉罕·马斯洛。马斯洛出生并成长于布鲁克林，父母是俄国犹太移民。1934年，马斯洛于威斯康星大学（University of Wisconsin）完成博士学业。此时，度过因经济萧条而深感痛苦的一年后，他与出生于俄国的妻子伯莎（Bertha）刚刚回到纽约。在那里，马斯洛成为哥伦比亚大学教育学院教育心理学家、德高望重的爱德华·桑代克（Edward L. Thorndike）的博士后研究助理。

马斯洛可能是通过熟人海因茨·安斯巴赫第一次听说，阿德勒每周五晚上在格拉梅西公园酒店举行讨论会。当时，安斯巴赫正在哥伦比亚大学攻读心理学研究生。经过威斯康星大学的博士培养，27岁的马斯洛已经对个体心理学非常熟悉。他很快就成了阿德勒的非正式课堂的常客，并最终越来越久地出现在他的身边。"阿贝[①]一直在念叨阿德勒，"伯莎后来回忆说，"他的理论让他感到特别兴奋。"

实际上，马斯洛在威斯康星大学的博士论文就是通过实验来比较阿德勒与弗洛伊德关于基本驱力的理论。由于马斯洛所在

[①]亚伯拉罕的昵称。——译者注

机构的行为主义取向只允许他开展动物研究，于是他通过一项精心设计的研究成功地证明，猴子在社会等级中的支配地位决定了它们的性行为，而不是弗洛伊德所可能主张的相反情形。也就是说，猴子的支配地位越高（无论雄性还是雌性），其在性行为方面就越活跃。此外，猴子所表现出的持续不断的异性与同性爬跨似乎往往属于某种支配与服从行为。马斯洛发现，在猴子当中，"性行为，而非欺凌或打斗，经常被用作一种攻击性的武器，而且能在很大程度上与欺凌或打斗这两个比拼力量的武器互换"。

从这些观察中，马斯洛得出了关于灵长类动物性活动的全新理论。他认为，猴子的社会秩序中存在两种截然不同但又相互关联的力量，它们在个体间的性关系中达到顶峰，其一是在荷尔蒙激发下对交媾的渴望，其二是对建立支配地位的需要。得到这些有趣的发现后，马斯洛兴奋地计划开展更多的灵长类动物研究来获取数据，而这类研究可能使他得以通过新的视角来看待人类涉及性的关系，如婚姻关系。在一篇论文的结尾处，马斯洛建议结合这一灵长类动物研究重估阿德勒关于性与权力的概念。

阿德勒对这类研究很感兴趣，因为它们能够从实证的角度验证他的理论。于是，他怀着自豪的心情在《国际个体心理学杂志》德语版上发表了马斯洛的一篇研究论文。马斯洛决心将他对支配与性的研究转向人际关系，这激起了阿德勒的兴趣。毕竟，在当时的美国大学，性学还属于禁忌学科。马斯洛计划访谈女大学生，了解她们在性方面的感受和经历，并将它们与个性特征联系起来，特别是与他所说的支配感（自尊）联系起来。

到1937年1月，马斯洛已经访谈了大约100名女性和15名男性。当月，在与阿德勒讨论过后，他提交了关于他的新发现的数篇论文当中的第一篇。他的新发现是，总的来说，女性的自尊越高，其性行为就越活跃、越多样。相反，自尊心较低的女性往往在性方面较为害羞和压抑。虽然自1930年代末以来，美国人的性观念已经发生了明显改变，但马斯洛的观点在今天看来仍然是基本正确的。事实上，在1960年代，作家贝蒂·弗里丹（Betty Friedan）引用了他的性学研究成果，以此来帮助推广一种全新的、与弗洛伊德的观点截然不同的女性心理学。

在此期间，阿德勒对马斯洛产生了很大的影响。他很好地扮演了指导者的角色，每当有需要都会提供鼓励和建议。阿德勒还将马斯洛的注意力转向了社会兴趣这一人类基本特征。

但也许不可避免的是，这两位有主见的学者也会发生摩擦。有一次，两人在格拉梅西公园酒店餐厅吃饭。席间，马斯洛不经意地问了一个暗示阿德勒曾经是弗洛伊德门徒的问题。阿德勒听了非常生气。他涨红了脸，开始大声澄清，甚至惊动了周围的人。他坚持说道，他从未做过弗洛伊德的学生、追随者或门徒，而是一名独立的医生和研究者。他几乎大喊着表示，他是弗洛伊德学生的说法是很多年前弗洛伊德在他们决裂后编造的"谎言和骗局"。马斯洛从未听阿德勒说起过弗洛伊德，于是被他的反应惊得目瞪口呆。

虽然阿德勒退出维也纳精神分析协会已经25年了，但其早年与弗洛伊德的交往仍然是他心里一处巨大的隐痛。在几乎所有其他方面，即将步入晚年的阿德勒都对自己在国际上所处的地位感到满意。然而，来自公众和专业领域的再多赞誉似乎也无法抚平自己仍旧被人视作弗洛伊德过往门徒的痛苦。作为一个一向以自由思考和努力奋斗而引以为豪的人，这样的印象是对他的最大侮辱。阿德勒需要继续进行甚至扩大他在全世界的活动，以此来进一步传播个体心理学的真谛。

第20章
一位父亲的痛苦

> 我要说最后一项考验——对衰老和死亡的恐惧。它不会让这样的人感到害怕,他们确信子女将延续他们的生命,并且知道自己已经为文明的发展做出了贡献。
>
> ——阿尔弗雷德·阿德勒

无疑,与赖莎和库尔特同住格拉梅西公园酒店的阿德勒必须做出调整,不过他似乎适应得不错。他的日常安排几乎没有变化,因为他仍旧在长岛医学院任教并示范坐诊,也仍旧每周在他的酒店套房讲课。心理学家、医生、教育工作者等人员定期参加,不过他们并没有形成类似维也纳个体心理学会那样的组织。

对组织管理工作毫无兴趣的阿德勒可能缺乏在纽约创建像样的组织所必需的支持性帮助。他常常把行政工作交由先前的患者(如海伦·戴维斯)处理,几乎从不长期聘用秘书。即便在生命最后几年,阿德勒在管理专业事务时的随性方式也仍旧令他的许多追随者气恼不已。

阿德勒更加看重他在美国各地所做的大量演讲。此时,他已经把报酬丰厚的图书出版业务交由曼哈顿一家私人机构打理。每场演讲,阿德勒通常能挣到250美元(有时一天讲好几场),听众有来自波士顿、芝加哥、底特律、哥伦比亚、大急流城、密尔沃基、俄克拉何马城、圣保罗和得克萨斯州韦科市等城市的各种民间团体和女性俱乐部。他很可能是1930年代中期美国最卖座的演讲者之一。

身为政治难民的赖莎被迫离开了法西斯治下的奥地利，努力适应新的环境。她在纽约没有朋友，当阿尔弗雷德外出巡回演讲时，她一定感到特别孤单。在维也纳做演员的内莉过完26岁生日后不久，赖莎写信给她："总的来说，我们过得还不错，但不幸的是，爸爸在信里谈到的关于我的所有事情都是错的。我既不是非常喜欢纽约，也没有朋友。……不过，我的语言倒是越来越好了，这让我很高兴。打电话变得越来越容易了。库尔特英语讲得很好，他的发音特别棒。我觉得，对他来说，要成为一个真正的美国人并不难。但爸爸就不是这样了，这很可能是因为他总是去欧洲。"

确实，库尔特适应得非常快。他正忙着旁听医学预科课程，以及参加奥地利著名物理学家伊西多·拉比（Isidor Rabi）在纽约大学开办的研讨班，所以很少回家。他差一点被维也纳大学的邪恶法西斯分子剥夺物理学与数学博士学位，所以他很高兴能够移居美国，开始新的生活。库尔特的计划很明确，就是要像名满天下的父亲和已经在哈佛大学任教的姐姐阿莉一样，成为一名精神病医生。

那年秋天，阿德勒动身前去看望波士顿地区的阿莉。途中，他在纽黑文停留并做了多场演讲。演讲地点有耶鲁大学人际关系学院（Institute of Human Relations）和附近位于昆西大道（Quincy Avenue）的儿童社区中心（Children's Community Center）。第二天早上，人际关系学院院长邀请阿德勒共进早餐，并带着些许调侃的语气对后者说："嗯，我觉得你昨晚肯定做了个好梦。"谁料阿德勒一口顶了回去："我从来不做梦！"

后来，这名院长拿这件事跟他的同事们开起了玩笑，但阿德勒这样讲不是没有原因的。他当时认为，一旦了解了内心中所存在的冲突，我们的梦就会在很大程度上消失。不过，最近的实验研究表明，事实并非如此。阿德勒的这一观点直接与弗洛伊德相悖，在后者眼里，人类潜意识当中所蕴含的能量要大得多。

═══

随着美国1936年的总统大选在寒冬开启，阿德勒的朋友法林成为了罗斯福最终击败堪萨斯州州长阿尔弗雷德·兰登（Alfed Landon）进而成功连任的重要筹款人。如前所述，法林是强烈支持新政的少数美国巨富之一。当年稍后，他还在竞选前通过广播呼吁数百万人为民主党投票。对于政治事务，阿德勒继续冷眼旁观。或许，他仍然对个体心理学在欧洲陷入政治泥淖感到十分痛苦——先是被施佩贝尔和吕勒-格斯特尔等德国支持者宣称为马克思列宁主义的附庸，接着又遭到奥地利的陶尔斐斯法西斯政权打压。与此同时，阿德勒的老搭档莱昂哈德·赛夫决定接受纳粹支持，继续开办他在慕尼黑的诊所。赛夫邀请阿德勒访问他的诊所，并承诺希特勒的警察不会伤害他。阿德勒一笑置之。

能够在美国安全立足，阿德勒肯定感到非常高兴。因为在1930年代中期，一大批著名欧洲难民学者和精神分析学者相继来到美国，他们十分艰难地在这片横跨大西洋的陌生大陆上重新开始他们的生活。确实，他们当中没有人像阿德勒那样幸运，能够在戴维斯这样的慈善家的支持下获得长期教职。

除了马不停蹄地公开演讲，阿德勒还继续为大众报刊撰稿。编辑们通常都非常渴望得到他讨论各种心理学话题的署名文章。他在《大都会》杂志上发表的那篇关于"迪奥纳五胞胎"的文章引发了极大的关注。正如《波士顿环球报》当时所报道的那样："在一个又一个城市，人们从门口扑向他，在酒店大堂等他，在晚餐时向他提问：'你真的认为应该把五胞胎分开吗？'"于是，不足为奇的是，胆子大的杂志出版商有时会不经阿德勒许可就刊登他的著作节选，并且吹嘘，这是这位名医特意为他们撰写的"新文章"。1936年1月，阿德勒为《论坛》（*Forum*）杂志写了一篇题为《美国人神经质吗？》（Are Americans Neurotic?）的短文。从欧洲贵族的视角出发，弗洛伊德和荣格宣称，美国喧闹的日常生活大多是肤浅而压抑的。但在阿德勒看来，与其他国家相比，美国的神经症可能更少，因为"参与有益活动的机会更多"。

阿德勒赞扬美国式的效率。他或许是有感于自身经历而表示，美国总能吸引"勇于冒险的活跃个体中的佼佼者——迁徙者、拓荒者，以及故土对他们来讲已经变得过于狭窄和局限的人"。虽然阿德勒承认："不同国家缺乏社会兴趣的程度无法准确衡量。"但在他的印象里，"美国的社会兴趣并不比其他国家少，而且可能还要多一些"。

这年稍后，阿德勒在《时尚先生》（*Esquire*）杂志上发表了一篇颇受欢迎的文章，谈了一个截然不同的主题——《爱情是一项新发明》（Love is a Recent Invention）。在这篇经过记者乔治·维里克（George Vierick）改写的轻松活泼的文章里，阿德勒表示，浪漫的爱情"直到女性从社会与经济桎梏中解脱后才能出现。……只有对机器的使用才能给予普通人足够的闲暇去发展更高级的情感"。多年来，阿德勒一直坚持认为，爱情"是两个人的事"，需要"平等的伙伴关系"。在文章的最后，阿德勒提出了8条实用建议来在浪漫关系中实现"完美爱情的二重奏"。他强调，真正的亲密关系包含情感与精神的契合，而不仅仅是感官的相投。

无疑是受到了其多篇作品在美国大众杂志发表的鼓舞，阿德勒继续为自己新近出版的德语作品寻找出版商。春季，他与哈珀与罗（Harper & Row）出版社通信，讨论了《宗教与个体心理学》的出版。尽管对方的编辑非常热情，并与阿德勒进行了面谈，但终于还是没了下文。不知是因为阿德勒年事已高，没有了写书的兴致，还是因为他耗费了大量精力在公众演讲上，导致时间不足。总之，阿德勒已经很久没有写书了。他手里只有演讲的文字记录，而美国的出版商已经对此兴味索然。

━━━

4月24日，阿德勒登上了开往伦敦的"曼哈顿"号（Manhattan）客轮，随行者有赖莎和悉尼·罗思的妻子伊夫琳·罗思（Evelyn Roth）。随后，阿德勒将在博顿与其丈夫福布斯-丹尼斯的安排下开展一系列巡回演讲，赖莎和伊夫琳也将一同前往。现在，这对英国中年夫妇已经成为阿德勒的忠实支持者，并且出色地组织了阿德勒即将在英格兰和威尔士发表的一系列演讲。除面向各种专业团体和民间团体发表演讲外，阿德勒还在伦敦的康维会堂（Conway Hall）做了关于"个体人格的科学"的大众系列讲座。

有赖莎在身边，阿德勒安排了更多的时间参加社交与文化活动。5月19日，他们观看了由剧作家诺埃尔·科沃德（Noel Coward）主演的3场独幕剧。其中第二场是《惊魂记》（The Astonished Heart），讲的是一位精神病医生通过自杀来结束自己已然陷入绝望的爱情的故事。阿德勒觉得这部戏很有趣，并在散场后去后台面见了科沃德。尽管博顿后来暗指，这位剧作家在读过阿德勒的一本书后与他成为了朋友，但历史研究表明，这一可能性不大。

那周在伦敦，阿德勒还面见了两年前他在瑞士一家疗养院见到的那位著名舞蹈家的妻子罗摩拉·尼金斯基（Romola Nijinsky）。那一年，罗摩拉跟西蒙与舒斯特（Simon & Schuster）出版社签了约来出版丈夫的日记。她希望阿德勒能够为这本书作序，后者欣然表示同意。阿德勒日后回忆道：

> 我这样做有两个原因。……其一是，这本日记清楚地揭示了一位绝望的伟大艺术家是如何不再把自己与外面的社会联系在一起的。……另一个原因是，我希望教育者、精神病医生和心理学家能够注意，我们能在多大程度上理解与精神和心理有关的事情，以及我们有多大希望能够实现成功的预防和治疗。我永远都忘不了一位患者对我的回答。我问他："经过这么多年的痛苦，你认为是什么原因让我治好了你的病？"他回答："我得病是因为我失去了所有的希望。而你给了我希望。"

1936年出版的尼金斯基日记以极富创造力的记述生动地描绘了精神分裂症，因而成为了精神病学的经典之作。但是不知为何，罗摩拉没有使用阿德勒写的序言，而是自己写了一篇。也许，他对尼金斯基极端自我中心与自私的坦率评论令他的妻子难以接受。

回到美国后不久，阿德勒再次动身前往旧金山地区。阿莉和库尔特随行，陪伴父亲坐了很长时间的火车，但赖莎选择留在纽约。7月下旬，阿德勒到达加利福尼亚州。他的主要安排之一是为伯克利市威廉姆斯学院（Williams Institute）的教师们讲授一门课。

学院主楼是一幢庄严的建筑，坐落在俯瞰旧金山湾的一座小山上。建筑内部陈设精美，装饰有许多雕像、挂毯和天鹅绒地毯。从建筑正面的大理石柱向外看去，映入眼帘的是宽阔的草坪、清凉的喷泉和翠绿的树木。当时，威廉姆斯学院刚刚从两年制大专升级为四年制大学。该校校名来自其创始校长科拉·莉诺·威廉姆斯（Cora L. Williams）的名字。在喜爱阿德勒作品的众多美国教育家和医生中，她无疑是最反传统的那一类。

威廉姆斯是土生土长的中西部人，童年在明尼苏达州的乡间度过。1891年，她在加州大学伯克利分校获得了数学学士学位。她曾经在奥克兰市和圣安娜市教高中数学，后来又回到母校攻读研究生，选修了那里最新开设的非欧几里得几何课程。"思想与灵魂的极大自由来自我对第四维度和更高维度空间的研究，"她后来回忆道，"当然，人们嘲笑我，说'没有这样的事！'，然后爱因斯坦的理论出现了，所有人都在谈论它。"

威廉姆斯成为了伯克利大学首位讲授数学课的女性，并且编写了《绝对几何导论》（*Introduction to Absolute Geometry*）等多部教科书。最终，她的兴趣超越数学之外，开始关注通识教育。她认为，通识教育已经陈旧不堪。为了实践自己的创新理念，她在伯克利与人合办了私立的通识学校。最初，它的定位是一家教师示范中心，面向有志于通过结构化小组活动来提升学生成绩的教师。后来在1917年，她创建了以创新与进步为理念的科拉·莉诺·威廉姆斯学院。

自从成立以来，威廉姆斯学院就得到了国际同行的广泛好评，远至瑞典的教育工作者也前来考察与学习其融合了个体学习与集体学习的教学法。1925年，威廉姆斯在接受一家杂志采访时表示："对我们人类来说，最重要的是学习如何合作，以便受惠，而非受害于整合过程。……我们越来越多地生活在群体中，或者说，生活在很多群体中。显然，与个体间的接触相比，这些更广泛的接触需要更大的动力与更深刻的见解。然而，我们却继续教育我们的孩子只从个体的角度考虑问题。"

在《创造性参与》（*Creative Involution*）等书中，威廉姆斯阐明了自己独特的教育理念。她最终在自己的校园里设立了一所"写作学校"（school for authorship），并邀请来访的作家、科学家和哲学家担任客座教师。她十分重视美术教育。威廉姆斯曾经怀着与阿德勒非常一致的情感表示："教育不仅是一门科学，它也是一门艺术，一门所有艺术中最伟大的艺术——创造灵魂的艺术。如同每一块大理石里都有一尊美丽的雕像等待雕刻家去雕琢，每一个孩子心中也都有一个美丽的灵魂等待我们去唤醒。"

威廉姆斯学院的个体心理学课程由社会工作者西比尔·曼德

尔（Sibyl Mandell）安排，每日一讲。曼德尔后来回忆，每天课后，阿德勒都会悠闲地与班上的学员一起吃午饭。一天下午，一位女士因为校方重复供应三明治和热饮而感到非常生气。她希望有更丰盛的饭菜来向他们享誉世界的老师表示敬意，于是大声说道："阿德勒博士，我已经告诉他们了，让您这样伟大的人每天都吃三明治太过分了。"

阿德勒回答说："夫人，如果说我有什么了不起的话，那也不是因为我吃过什么不一般的东西。"

这次二度访问旧金山湾区，阿德勒感到非常愉快。在拍摄于威廉姆斯学院的一张照片中，一脸笑容的阿德勒慈爱地用双臂揽着阿莉和库尔特。阿莉有时会去听课，库尔特则花费大量时间骑马，以及游览伯克利风景如画、可以俯瞰美丽海湾的山丘地带。

曼德尔永远都忘不了那年夏天发生的一件事。一天，她开着自己的旧福特汽车，阿德勒坐在副驾驶位，后面还有她的一位家人和阿莉。突然，阿德勒兴致冲冲地唱起了维也纳民歌，所有人都听得十分开心。夏天结束前，阿德勒毫不犹豫地决定来年再赴威廉姆斯学院讲课，他甚至计划在伯克利建立他的"西海岸总部"。

在这几周里，阿德勒在洛杉矶待了几天。他的行程尚不清楚，但据博顿所说，在1930年代，几位著名的好莱坞明星成了他的患者。当时的一张杂志照片显示，阿德勒与电影大亨卡尔·莱姆勒（Carl Laemmle）在"不来梅"号（Bremen）上亲切地聊天。如果阿德勒长寿一些，他很可能会更加深入好莱坞关系绵密的电影圈子，特别是在他的维也纳朋友吉娜·考斯（Gina Kaus）和奥托·考斯夫妇成为其中一员后。

1936年秋，阿德勒与赖莎、库尔特一起回到纽约。随后，他

收到了阿尔伯特·爱因斯坦一封表示友好的信,这让他感到非常兴奋。爱因斯坦也听了他关于个体心理学的讲座。据戴维斯的女儿普丽西拉(Priscilla)回忆,他们像往常一样邀请阿德勒到家里吃晚饭。阿德勒按了门铃,然后走了进来。奇怪的是,他没有打招呼,只是一声不响地站在门厅里。然后,一脸灿烂的阿德勒终于语气夸张地、慢吞吞地说道:"我有了一个新的追随者。你们猜是谁?"

戴维斯和普丽西拉一脸迷茫地耸了耸肩。然后,阿德勒满脸笑容、一字一顿地回答道:"阿,尔,伯,特·爱,因,斯,坦。"

不久后,阿德勒写信给这位著名物理学家,询问他对个体心理学在现代科学中的地位的详细看法。在一封落款为1937年2月4日的德语信中,爱因斯坦谦虚地回答道:

> 您的信使我难堪。虽然我在知识的某一领域有过一些幸运的发现,但我必须承认,在其他领域,我的观点并不比那些跟我同样一无所知的人的观点更有价值。这一点在心理学领域尤其如此,因为大自然并没有赋予我特别的敏感性来直观地把握心灵的状态。此外,我对您所在领域的了解并没有建立在系统研究的基础之上。
>
> 在这一前提下,我可以表达一些我对您的看法。弗洛伊德首先发现了潜意识的力量,而您则继续投身这一事业。弗洛伊德几乎只把性欲及其相关的焦虑作为他所谓的动机,而您则系统地使用了社会兴趣情结。我们似乎可以把它称作……对社会地位的焦虑。
>
> 我确信,这一情结及其与之相关的梦所起的作用并不亚于性欲情结。您极为深入地研究了这一重要方面,这一点无疑是您的长处。

人生的动力

阿德勒后来与朋友的通信表明，爱因斯坦的信让他感到非常失望。在花费超过25年的时间驳斥弗洛伊德对性欲的强调后，爱因斯坦仍旧认为个体心理学只是做出了同样有价值的贡献。对此，阿德勒很难高兴得起来。不过，这位著名物理学家对理论心理学知之甚少，而欧美非心理学领域的大多数学者可能也都持有类似的观点。

1937年冬，阿德勒仍在忙于他的日常事务。一天晚上，在他的非正式研讨会上，治疗师玛格丽特·比彻（Marguerite Beecher）和她的丈夫做了题为"在学校增进社会兴趣"（Building Social Awareness in Schools）的报告。这一话题激起了阿德勒的强烈兴趣，于是他邀请这对夫妇在他的《国际个体心理学杂志》上更深入地讨论这一话题。令比彻夫妇感到吃惊的是，阿德勒还透露，坐在沙发上的那个身材不高、衣冠楚楚的男士是爱德华·法林，他对推广个体心理学越来越感兴趣。阿德勒建议比彻夫妇给这位大商人寄一份他们的论文，或许他们能从他那里获得相关的项目资助。令比彻夫妇感到高兴的是，阿德勒很快告诉他们，法林确实有意资助一项与他们的目标相一致的教师培训计划。然而，没等资助项目最终确定下来，阿德勒和法林就已经离开美国，各自去欧洲忙他们夏天要做的事情了。

亚伯拉罕·马斯洛是另一个对阿德勒感到失望的有才华的人。在他们相识的一年半里，两人相处得非常融洽。那年冬天的一个晚上，马斯洛像往常一样参加了阿德勒的非正式课程。课程结束后（课程主题至今未知），所有人进行了热烈的分组讨论，马斯洛也直言不讳地发表了一些尖锐的观点。然而让他吃惊的是，阿德勒把他推到墙角，并且盯着他的眼睛问道："你是支持我还是反对我？"听到阿德勒这么说，马斯洛感到十分震惊和痛心，于是决定暂时停止参加他的非正式课程。然而，此后二人再未打过任何交道。对于这件事，马斯洛在随后的几十年里也将充满悔意。

2月底，阿德勒写信给福布斯–丹尼斯，以一贯的友善态度介绍了他在春夏两季的行程。他谈了自己的一些演讲计划，表示将于4月21日抵达法国。此外，他也对福布斯–丹尼斯为其迄今最为密集的英国巡回演讲之旅所做的安排表示感谢。

这趟旅程将包括5月底在苏格兰阿伯丁所进行的为期数天的演讲，接着在6月南下到英格兰的各个城市，然后在伦敦演讲一周。紧接着，阿德勒将与他的女儿亚历山德拉一起在爱丁堡大学合作讲授一门为期两周的课程。对于这项安排，父女两人都非常满意。这年7月，阿德勒将再开两门为期两周的课程，一门在利物浦大学，另一门在埃克塞特大学。8月2日，阿德勒将在伦敦做最后一场演讲，以此结束这一紧锣密鼓的行程。然后，阿德勒将乘坐"玛丽女王"号（*Queen Mary*）与阿莉一起返回美国。此外，阿德勒也计划在8月下旬再次到伯克利的威廉姆斯学院授课。

5月，阿德勒最新的专业论文发表了。这篇受《美国社会学杂志》（*American Journal of Sociology*）之邀的论文将是他发表的最后一篇英语文章。与弗洛伊德、皮埃尔·雅内、荣格和阿道夫·迈耶（Adolf Meyer）一样，阿德勒也被要求就困扰当代西方文明的"社会混乱与无序"提出自己的观点。从本质上说，阿德勒主张建立一种新的社会制度，以便使幼儿具有更多的社会兴趣，因为，"迄今为止的所有努力似乎都是不够的。医疗、法律、教育，甚至宗教教导都没有带来想要的结果。……正如我试图用科学证明的那样，由于缺乏社会兴趣，个体与大众的所有失败……总是一如既往"。

阿德勒特别呼吁大力发展公共教育：

> 在幼儿园等所有教育场所，如果我们发现孩子缺少社会兴趣，我们就可以在这方面着力培养。这项工作将由经过专门训练的教师和精心挑选的专家进行。这样

一来，所有的学校都将成为年轻一代实现社会进步的中心。与我们相比，他们不仅能更好地适应社会生活，而且还能更好地应对遇到的问题。

至于如何实现这一宏大的社会任务，阿德勒呼吁："我们需要训练大量教师，他们要能胜任关于社会兴趣的教育，要对孩子们的父母和家庭施加影响。所有其他福利机构，以及所有宗教与政治运动都要传播新的理念。"

显然，阿德勒主要寄望个体心理学来创造一个依靠合作而非竞争的世界。然而，他的家人却并不都这样看。赖莎仍然认为，马克思列宁主义关于阶级斗争和消灭资本主义的概念要比儿童自卑的概念更为重要。他们仍旧侨居于苏联的38岁的大女儿瓦伦丁也持有同样的看法。在苏联，瓦伦丁被聘为经济学家，而她的丈夫久洛则继续为苏联通讯社工作。此外，两人仍旧没有孩子。

———

直到1937年1月中旬，这对夫妇似乎还一切安好。然而从那时起，阿德勒写给他们的信就再未收到过任何回音，他和赖莎于是一天天地担心起来。在3月16日写给身在维也纳的内莉的信中，赖莎焦急地写道：

> 我们的信和电报都退了回来，瓦伦丁不在莫斯科。我们根本不知道她发生了什么事。但我认为我的感觉是对的，即她不是自己要离开莫斯科的。我希望她没有在不安全的地方。久洛也不在家。……但愿他们两个在一起。

到了3月底，阿德勒夫妇开始陷入绝望。赖莎在写给内莉的信中说，也许他们只是反应过度。阿尔弗雷德一向是个乐观主义者，他一度使赖莎相信，也许整件事只是因为莫斯科的邮政服务不稳定，而瓦伦丁和久洛实际上并没有任何问题。

两周后，这种一厢情愿的想法显然已经消失得一干二净。4月3日，担心女儿安全的阿德勒痛苦地写信给他的朋友福布斯-丹尼斯：

> 我们现在非常焦急。如你所知，我女儿瓦伦丁已经在莫斯科生活了4年。她嫁给了一个名叫绍什的新闻记者。他是苏联人，瓦伦丁两年前还是奥地利人。我们不知道她后来有没有成为苏联人。但法律似乎规定，只有住满3年才能成为苏联人。她现在的名字是：瓦伦丁·阿德勒-绍什，社会学博士。
>
> 自今年1月中旬以来，我们一直没有她的消息。在退回的许多信中，其中一封上写着"查无此人"，但我的亲戚证实地址没有问题。
>
> 14天前，我向苏联驻纽约领事询问此事。他帮我打了电报，但我还没有得到答复。
>
> 她从出生时起就是我们最喜欢的孩子。两年前，我在斯德哥尔摩见过她，她身体非常好。
>
> 每当我提到托洛茨基是个讨厌的人，或者我确信他是个偏执的人，她总是同意我的看法。
>
> 你知道，我们现在什么消息都没有，我们在考虑各种可能的和不可能的原因。
>
> 至少，我们想知道她在哪里，她怎么样，我和朋友们该怎么做……才能让她离开苏联。对我们来说，知道一丁点消息都比整天提心吊胆好很多。她是你所能想象到的最可爱、最体贴的人。
>
> 我们实在没有办法，于是我想到了你。也许你能

做些什么来影响某个管事的人。那样我就不用这么担心了。我不知道你能努力到哪一步。……她对现在的政权一向非常拥护。如果你提到我，……不要漏掉我所有的头衔。你知道，这跟虚荣没有半点关系。

从政治角度，阿德勒敏锐地意识到，瓦伦丁可能会因为家人曾经与托洛茨基交好而受到威胁。但他或许不知，瓦伦丁的突然失踪更可能源自她与另一位布尔什维克领导者的关联。因为，瓦伦丁和她的丈夫都曾与卡尔·拉狄克（Karl Radek）交好，而拉狄克刚刚被当作苏维埃政权的主要敌人而被逮捕。

关于发生在苏联的事情，阿德勒只了解他在《纽约时报》等报纸上读到的信息。但由于他一向看不惯布尔什维克把恐怖用作社会管理工具，所以他肯定对瓦伦丁的失踪抱有最坏的猜想。没过多久，66岁的阿德勒开始失眠，身体状况也越来越差。当时和他住在一起的库尔特后来强调说："我父亲身体一直都很好，精力充沛。这些对瓦伦丁的无休无止的担心给他造成了很大的影响。"

在去往欧洲进行4月下旬开始的巡回演讲之前，阿德勒突然患上了重感冒，出现了类似流感的症状。据他在长岛医学院的精神病学同事弗雷德里克·费希廷格（Frederic Feichtinger）所说："阿德勒好几天没来诊所和医院，他极少出现这种情况。重新开始工作后，他看起来非常疲惫。我问他感觉怎么样，他告诉我，除了感冒，他还咳出血来。"费希廷格感到十分吃惊，于是催促他立即去看医生，进行全面检查，然后再去欧洲。但阿德勒亲切地笑着回答："不用为我担心，一切都会好的。"

随后，阿德勒透露了自己的新计划。他打算在纽约开设一家私人诊所，这样他就不用继续在格拉梅西公园酒店的客厅里接诊了。现在，他与库尔特、赖莎住在一起，他们可能都需要更多的空间。阿德勒邀请费希廷格和另一位教员同事加入其中。他建议道："找个办公室。等我回来，我们的诊所就开张。"

━━━

4月中旬，阿德勒夫妇一同乘船前往法国，他们仍然迫切希望得到有关瓦伦丁的消息。赖莎住在熟悉的巴黎，她可以在那里说法语，会朋友，而阿尔弗雷德则开始了他一生中可能最为密集的巡回演讲。在几乎十周的时间里，阿德勒将马不停蹄地赶往法国、比利时、荷兰，然后再到英国。像往常一样，他很享受向专业人士和普通大众讲述个体心理学的过程，但女儿的失踪仍旧让他焦虑不已。4月29日，他在荷兰给内莉写了一封信。这封很有代表性的信中写道："瓦伦丁让我彻夜难眠。我很惊讶我居然能忍受得了。"大约10天后，阿德勒在给福布斯-丹尼斯的信中说，他已经做了30场报告，而且，他希望能够得到关于大女儿下落的消息。5月18日，在寄给一位苏格兰朋友的明信片上，阿德勒吹嘘说："明天我就能完成我的第42场演讲了。这对我来说非常轻松。"

然而，在海牙的儿童研究协会（Child Study Association）发表演讲后，阿德勒感到胸口疼痛，于是打电话给他的医生同行约斯特·米尔洛（Joost Meerlo）。随后，米尔洛在一名心脏病专家的陪同下迅速赶到了酒店。虽然阿德勒的疼痛已经消退，但心脏病专家仍然建议他立即接受心脏检查并彻底休息。但是，阿德勒决心继续进行他的巡讲之旅，第二天就动身去了英国。

阿德勒在伦敦地区进行了为期3天的公开演讲。期间，他在酒店房间接受了当地记者的采访。这些记者都在挖掘能够吸引读者目光的信息。一位记者对心理学知之甚少，他不知深浅地问道："阿德勒博士，您介意我问一个奇怪的问题吗？您对性有特别的兴趣吗？"阿德勒好奇地盯着这个人看了一会儿，然后平静地回答说："在我的心理学里，我们不孤立地看问题。我们把人看作一个整体。既然性是属于人类生活的一种功能,并且是自然而然的,那我们就接受它本来的样子——或许可以说,我对它没有特别的兴趣!"

另一位记者焦急地问道:"您认为我儿子下棋赢了我就意味着他真的比我聪明吗?"阿德勒和缓地回答说:"也许不是这样。我自己经常输给一些我觉得并不比我聪明的人。我甚至还认识一些下棋下得很好的傻瓜。"

记者们走后,阿德勒微笑着转向刚才一直注视着这一切的博顿,笑着说:"你觉得那些人会怎么理解我们努力告诉他们的事情?"然而在那一周里,阿德勒的情绪并不总是愉快的。在伦敦大学对数百人发表演讲后,他发现自己被朋友和支持者围在了演讲台上,其中有阿德勒非常了解的奥地利教育家欧内斯特·帕帕内克(Ernest Papanek)。他问对方:"你现在永远地离开维也纳了吗?"

"没有,"帕帕内克立刻回答道,"我的家人还住在那里,而且我希望不久后能回去跟他们团聚。"

阿德勒吃惊地瞪大了眼睛说:"你疯了吗?马上带你的家人去美国。首先,纳粹很快就会到维也纳。第二,战争就要来了。第三,美国不仅是生活的好地方,也是工作的好地方。"

在博顿和福布斯-丹尼斯的陪同下,阿德勒经陆路前往苏格兰阿伯丁。在那里,他计划面向阿伯丁大学的师生等相关人员做为期4天的系列讲座。讲座的主办者是心理学教授雷克斯·奈特(Rex Knight),他特意来到卡利多尼亚酒店(Caledonia Hotel)迎接阿德勒。在大堂里互致问候后,两人在沙发上坐下来闲聊。突然,一个英俊的年轻人大摇大摆地走过来说:"我听说你们两位是心理学家。我敢打赌,你们谁都不知道我是一个什么样的人。"

奈特看了看阿德勒,希望他能回答对方。阿德勒抬起眼睛,不慌不忙地看着那个年轻人说:"我想,我知道你是一个什么样的人。"陌生人满怀期待地微笑着。阿德勒继续说:"你是一个特别自负的人。"

"自负!"他吃惊地说,"你为什么认为我自负?""跟两个素不相识的人问他们对你的看法,"阿德勒淡淡地回答,"这难道不是自负吗?"

年轻人一脸困惑地离开后,阿德勒转身对奈特说:"我一直想让我的心理学变得简单一点。我或许会说,所有的神经症都是自负。但这么说可能太过简单,不容易理解。"

在5月27日的讲座过后,阿德勒给身在巴黎的赖莎写了一封简短的信,在其中透露了他寻找瓦伦丁下落的新计划。他将在戴维斯的资助下亲自前往莫斯科,最终打消他们令人担忧的各种猜测。那晚,阿德勒向福布斯-丹尼斯提议去看电影,好放松一下。起初,他的这位朋友很不情愿这样做,他还想继续为随后的演讲做进一步的计划,但阿德勒仍然温和地表示坚持。博顿后来回忆说,两人一起去看了一部名为《大障碍》(*The Great Barrier*)的电影。这部电影生动地再现了现代隧道贯通美洲落基山脉的过程,以及在克服无数事故与挫折后,片中敬业的工程师们是如何最终实现他们的目标的。阿德勒很喜欢这部片子。阿德勒从中下层阶级的无名小卒逐步成为了享誉国际的个体心理学创始人,在他眼中,这部电影或许就是他自身经历的恰切隐喻。

5月28日,星期五,这一天是阿德勒在阿伯丁大学系列讲座的第四天,也是最后一天。按照计划,阿德勒将在演讲结束后立即从苏格兰南下,前往约克、赫尔和曼彻斯特等城市演讲,然后返回伦敦。阿莉计划10天后在伦敦与他会面,然后共同讲授大学课程。

独自吃完早餐后,阿德勒决定离开旅馆去散步。然而没过多久,他便猝然倒地。救护车来到时,阿德勒躺在联合大街(Union Street)的人行道上昏迷不醒,但仍然有呼吸。随后,他被抬上担架,救护车载着他疾驰而去。数分钟后,阿德勒在前往当地医院

人生的动力

的途中死于心脏病发作，享年67岁。

阿德勒逝世的消息震惊了世界。在他的家乡维也纳，《新自由报》所刊发的长篇讣告似乎最早把这一令人吃惊的消息传达给了他的支持者与宿敌。讣告称赞他是一位"独一无二的思想家，他的理论几十年来一直是公众讨论的中心，他的理论得到了很多人的支持，也招致了很多人的反对。……阿尔弗雷德·阿德勒的名字和他的理论已经远远超越了国界……。在英国和美国（特别是在美国），人们认为他是一位著名的奥地利学者"。

在英国，《伦敦时报》通过阿德勒最新的巡回演讲追溯了他非同凡响的一生。在《新英语周刊》中，编辑梅雷赞扬了阿德勒的观点，即教育是促进社会进步的一种力量，并补充说："不仅如此，他的心理学本身就是一份道德纲要……兼有儒家的朴素与现实主义。"

在大西洋的另一侧，联合通讯社也报道了阿德勒在苏格兰突然去世的消息。其新闻写道："阿德勒与西格蒙德·弗洛伊德都是世界上最伟大的心理学家。"此外，这篇报道还着重介绍了这两位思想家之间水火不容的关系。

与《伦敦时报》类似，《纽约时报》也对阿德勒影响巨大的一生作了详实而客观的描述。几天后，借着阿德勒去世的机会，该报在另一篇文章中进一步谈论了精神分析及其比之于共产主义在美国知识界中受欢迎程度明显下降的现状。该报讽刺道："在精神分析的鼎盛时期，它的信徒确信它是一门新的科学。现在，他们开始怀疑，这到底是一门科学，还是一种不带脏字辱骂朋友的方式。"

在美国，最耐人寻味的讣告或许来自《纽约先驱论坛报》。与大多数报纸一样，该报也把阿德勒称为"自卑情结之父"，并且把他与弗洛伊德、荣格并称为"几乎成为一门新宗教的精神分析新科学的三大家"。该报表示，这三大家和他们的许多追随者"将重塑他们所处时代的精神面貌，同时给文明留下可与查尔斯·达尔文摧毁旧思想体系相比拟的印迹"。

《纽约先驱论坛报》认为："阿德勒不同意精神分析的某些方面。与弗洛伊德的观点相比，他的观点更加灵活，不那么教条。在帮助传播精神分析学派基本信条的同时，他可能也帮助纠正了这一学派的某些负面影响。阿德勒介于作为科学家的弗洛伊德与作为先知的荣格之间，他为伟大的三大家的探索工作做出了价值难以估量的贡献。与另两人一样，阿德勒也将在这世上树立起属于他的丰碑。"

6月1日，阿德勒的葬礼在剑桥大学国王学院礼拜堂举行。赖莎、阿莉、库尔特和内莉，以及来自欧洲与美国的许多朋友聚集在了小小的阿伯丁。

后 记

个性的陷阱

并非所有人都对阿德勒去世的消息感到难过。在维也纳，听说小他14岁的死对头先于自己离世后，年老体衰的弗洛伊德感到非常高兴。看到《新自由报》的讣告里对阿德勒的褒奖，弗洛伊德无疑感到十分恼火。二人断然决裂四分之一个世纪后，弗洛伊德仍旧在为阿德勒胆敢发起反对他的心理学运动而憎恨他。当阿诺尔德·茨威格（Arnold Zweig）对阿德勒的去世表示遗憾时，弗洛伊德尖刻地写道："对于一个来自维也纳郊区的犹太男孩来说，死在苏格兰的阿伯丁已经十分不简单了，这证明他已经获得了很大的成功。的确，对于他在反驳精神分析方面的贡献，他的同时代人已经给予了他丰厚的回报。"

这一嫉妒与敌意很快就被世界形势的发展所淹没。1938年3月1日，纳粹入侵并迅速占领了奥地利。阿德勒的几位医生同事，如鲁道夫·德雷克斯和奥尔加·克诺普夫，已经听从了他的建议移居美国。活跃在维也纳个体心理学会的其他人，如雷吉娜·赛德勒和莉迪娅·西歇尔，也在希特勒夺取政权后立即离开了他们的祖国以追寻自由。

还有一些人就没那么幸运了。卡尔·菲尔特米勒夫妇起初逃往法国，后来又逃到西班牙，并在那里被监禁数月。在美国卷入第二次世界大战之前，他们才最终到达美国。还有很多人死在了遍布欧洲的纳粹集中营里，比如阿德勒的老搭档玛格丽特·希尔弗丁和达维德·奥本海姆，以及他的妹妹伊尔玛。

战争结束后，阿德勒的一些非犹太人同行在奥地利恢复了他们的专业工作。比恩鲍姆和诺沃托尼（Novotony）帮助重新启动了德语版的《国际个体心理学杂志》，并开始定期举行谈论会。随着菲尔特米勒重新担任教育学院院长，阿德勒参与设立的一系列与学校有关的项目逐渐得到了恢复和发展。但是，战争结束后不久，菲尔特米勒和比恩鲍姆等最早与阿德勒一起致力于教育改革的改革者们大多都去世了。

自1933年克鲁克香克去世后，英国就没有了真正意义上的个体心理学运动。虽然阿德勒在1936年和1937年所做的两次巡回演讲引起了相当大的轰动，但回头看去，这主要还得归功于他的个性与国际声誉。阿德勒去世后，个体心理学在不列颠群岛的发展相当有限。

阿德勒生命的最后10年大部分在美国度过，那里的情况也没什么不同。阿德勒去世后没几个月，芝加哥的《个体心理学杂志》就停止了出版，他的很多著作也很快绝版。从这一意义上说，他的大量著作、媒体报道和全球演讲都只是表面上的繁荣。阿德勒离世后，我们很容易发现，奥地利之外的个体心理学运动在很大程度上要靠其创始人来吸引关注和保持活力。

就此而言，理想主义的阿德勒掉入了"个性的陷阱"，一个在很大程度上由他自己挖掘的陷阱。他在如此短的时间里成功地吸引了美国听众和媒体的关注，以至于他没有意识到，引发这一反应的并不是他的理论体系,而主要是他亲切、充满魅力的个性。阿德勒的治疗方法也是如此。无论他在哪里出诊或咨询,就算戴维斯和法林这类见多识广的患者也对他的医术印象深刻。但是,他们所关注的并不是阿德勒的治疗方法,而是他作为一位伟大治疗师的品质——他热情、乐观,并且能够激励患者在生活的挑战中成为最好的自己。

于是,讽刺的是,所谓的"个体"心理学的命运到头来确实只系于一个"个体"——它的创始人。或许阿德勒太谦虚了,不敢把自己看得这么重。或许,当他在异国他乡老去时,他无法接受个体心理学后继无人的现实。或许,他的狂热追随者中无人敢告知他这一点。

这一情形背后存在许多不为阿德勒所控制的原因。长期以来,他的一些追随者一直试图将个体心理学纳入国际强权政治。纳粹主义与奥地利法西斯主义的胜利很快摧毁了他在这些国家所辛勤推动的变革。到阿德勒移居美国时,他已经年逾六旬,而且他也失去了他在维也纳时所拥有的忠诚于他的专业圈子。同时,美国在1930年代陷入了大萧条,时代的焦点已经从心理学彻底转向了经济与政治议题,比如用以解决社会紧迫问题的"罗斯福新政"。

尽管如此,阿德勒对心理学大众化的强调至今仍具有强大的影响力。与弗洛伊德和荣格相比,阿德勒在推动其理念进入普通家庭和学校方面所付出的努力要多得多。在这些地方,大多数人都能受益。他致力于推广的三大方法——自助、父母培训和教师培训——近年来得到了越来越多的认可。虽然阿德勒可能会谴责今天的人们在这一方面的商业化做法,但是,看到个人、夫妻和家庭都能通过书籍、杂志、报纸和电子媒体极为方便地获取心理学知识,他一定会备感欣慰。

当然,阿德勒的许多理念已经被科学乃至文化主流所吸收,比如补偿与过度补偿、出生次序对人格的影响,以及早期自卑感与自尊感对我们日后在学业、社会关系和职业成就方面的决定性作用。阿德勒认为,婚姻和子女养育总是涉及权力问题。这一重要观点已经得到了广泛的承认,特别是在家庭治疗异军突起之后。不过,这些理念几乎没有例外地很少被归功于阿德勒,他的著作也很少有人阅读。

不过,在其创始人去世后的几年里,个体心理学也没有完全消失。包括小说家博顿所写的半授权作品在内的几部传记把他的名字留在了公众的视野里。1938年,新近译自阿德勒德语作品《生命的意义》的《社会兴趣》一书成功出版。两年后,鲁道夫·德雷克斯在芝加哥成立了一个活跃的当地团体,并且创建了一本个体心理学国际通讯。随着时间的推移,这本《个体心理学杂志》(Journal of Individual Psychology)在1950年代发展成为一份受人尊敬的专业期刊,它极大地推动了正在美国方兴未艾的人本主义心理学的发展。其主要理论家有罗洛·梅、卡尔·罗杰斯和亚伯拉罕·马斯洛。他们三人后来都承认,阿德勒是他们的思想来源之一。他们强调了他的哲学立场,即,人类总是以目标为导向,因此绝不能只把人类理解为一连串生物冲动。

正如马斯洛在去世前不久的1970年所说:"在我看来,阿尔弗雷德·阿德勒一年比一年正确。随着证据不断出现,它们越来越有力地支持了他对人的理解……特别是……他对人的整体性的强调。"

维克多·弗兰克尔从纳粹集中营中幸存了下来。他回到维也纳生活,并因推动存在主义精神病学或他所谓的"语言疗法"(logotherapy)的发展而引发了巨大的影响。弗兰克尔钦佩地将阿德勒描述为"创造性地反驳西格蒙德·弗洛伊德的第一人。他借此取得的成就不亚于哥白尼所推动的转变。人类不再被认为是驱力与本能的产物、棋子和受害者。……除此之外,阿尔弗雷德·阿德勒也可以被视为一位存在主义思想家,以及存在主义精神病学运动的先驱"。同样地，著名文学评论家哈罗德·布鲁姆（Harold Bloom）也认为，阿德勒"第一次提出，神经症患者的问题根源不是他的过去，而是他杜撰的过去"。

不幸的是，在推广个体心理学方面，阿德勒的美国朋友对他帮助甚少。爱德华·法林于1937年去世，当时，他还没有来得及支持纽约的阿德勒支持者们所试图创建的教师培训项目。查尔斯·戴维斯从未停止谈论他深爱的维也纳朋友，然而在战后，他却从事了其他事业，特别是世界政府与核裁军。为了推动这些事项，83岁的戴维斯还寻求被共和党提名为1948年的总统候选人。随后，他的身体状况越来越差，直到1951年去世。

身为移民的亚历山德拉·阿德勒和库尔特·阿德勒在精神病学领域发展顺利，并在1950年代参与了一个规模虽小却相当活跃的个体心理学国际组织。今天，该组织仍然存在，并继续吸引来自全世界，特别是阿德勒所频繁造访的美国与中欧的专业人员。佛蒙特大学的海因茨·安斯巴赫和罗伊娜·安斯巴赫夫妇可能是从历史与理论视角研究阿德勒理论的最重要的美国学者，他们共同编辑了阿德勒作品的三大选集。尽管现在已经90多岁，海因茨·安斯巴赫仍然笔耕不辍，为当代心理学介绍阿德勒的观点。

阿德勒的女儿内莉与海因茨·施特恩贝格离婚，战后也移居美国并再婚。她在美国过着幸福的生活，但演艺事业却没有取得明显的进展。在其声名赫赫的丈夫去世后，赖莎继续生活了近二十五年。她住在纽约市，喜欢与著名的政治与文化人物通信。她过着平静的生活，再婚后的库尔特及其女儿玛戈就住在她的附近。玛戈是阿德勒唯一的直系后裔。

多年以来，瓦伦丁在苏联的情况一直不为人所知。1937年末，任职于美国参议院军事委员会的马萨诸塞州参议员小亨利·卡伯特·洛奇（Henry Cabot Lodge Jr.）转达了关于她的不利消息，可她的父亲却再也听不到了。当年1月20日，瓦伦丁被斯大林的秘密警察逮捕。在莫斯科的一所监狱里，她被控犯有间谍罪，备受煎熬，监狱长坚决禁止外界为她提供食物或与她取得联系。信中，洛奇对阿德勒在波士顿的律师冷冷地表示："实际上，先前是奥地利侨民的200多人现在都关在苏联，69人……是9月以来逮捕的。奥地利公使馆无法确定这些人是被关押在狱中，还是被送往西伯利亚或枪决。"

瓦伦丁失踪大约十年后，阿德勒的家人终于得知了她的下落。阿尔伯特·爱因斯坦在阿德勒家人和斯大林政府之间充当中间人，最终带来了这样的噩耗：大约在1942年，瓦伦丁死在了西伯利亚的一个战俘营里，时年44岁。不知阿德勒会如何理智地看待这一消息。在他乐观的个体心理学体系中，对希特勒或斯大林阴暗内心的体察几近阙如。

近年来，阿德勒心理学开始走上了复兴之路。如今，美国和德国有两本国际期刊刊载关于个体心理学的跨学科文章。阿德勒的多本著作已经再版，他的许多早期德语文章也在被翻译为英语并发表。他的一些理论观点正在重新受到重视并被实证研究所验证，比如早期记忆对成人的意义。阿德勒重视父子（女）联结（father-child bond），视其为健康家庭生活的重要方面。随着男性与女性开始寻求新的关系模式，他对这一联结的强调所具有的社会意义正变得日益显著。就此而言，在其欧洲同行中，几乎无人像阿德勒一样如此呼吁彻底改变家庭与工作场所中的性别角色。多年来，阿德勒一直倡导把性格塑造（特别是培养更为强烈的社会兴趣）融入教育过程。实践证明，这一做法很有先见之明，因为青少年暴力犯罪已经开始败坏许多公立学校的风气。

今天，在美国、中欧等地，阿德勒心理学机构和治疗培训中心的数目都在稳步增长。虽然阿德勒肯定不喜欢弗洛伊德对西方文明的影响大过自己的现实，但是，看到自己一生的心血已经被证明对世界有如此大的贡献，他很可能也会感到心满意足。

阿德勒著作列表

《器官缺陷研究》(*A Study of Organ Inferiority and Its Psychological Compensation: A Contribution to Clinical Medicine*), 1907年以德文出版, 1917年以英文出版

《神经症体质》(*The Neurotic Constitution: Outline of a Comparative Individualistic Psychology and Psychotherapy*), 1912年以德文出版, 1917年以英文出版

《治疗与教育》(*Heilen und Bilden: Arzlich-Padagogische Arbeiten des Vereins für Individualpsychologie*), 1914年以德文出版

《个体心理学实践与理论》(*The Practice and Theory of Individual Psychology*), 1922年以德文出版, 1925年以英文出版

《理解人性》(*Understanding Human Nature*), 1927年以德文出版, 1927年以英文出版

《R小姐的病例》(*The Case of Miss R.*), 1928年以德文出版, 1929年以英文出版

人生的动力

《课堂上的个体心理学》（Individualpsychologie in der Schule: Vorlesungen für Lehrer und Erzieher），1929年以德文出版

《儿童指导》（Guiding the Child: On the Principles of Individual Psychology），1929年以德文出版，1930年以英文出版

《神经症问题》（Problems of Neurosis: A Book of Case Histories），1929年以英文出版

《生活的科学》（The Science of Living），1929年以英文出版

《儿童教育》（The Education of Children），1930年以英文出版

《生活模式》（The Pattern of Life），1930年以英文出版

《问题儿童》（The Problem Child: The lifestyle of the difficult child as analyzed in specific cases），1930年以德文出版，1963年以英文出版

《自卑与超越》（What Life Should Mean to You），1931年以英文出版

《宗教与个体心理学》（Religion and Individual Psychology），1933年以德文出版，其部分内容1964年以英文出版，即《优越与社会兴趣》（Superiority and Social Interest）

《社会兴趣》（Social Interest），1933年以德文出版，1938年以英文出版

《阿德勒个体心理学》（The Individual Psychology of Alfred Adler: A Systematic Presentation in Selections from his Writings），1956年以英文出版

《优越与社会兴趣》（Superiority and Social Interest），1964年以英文出版

《性别间的合作》（Cooperation Between the Sexes），1978年以英文出版

致　谢

在过去四年里，如果没有很多人提供帮助，那么撰写阿尔弗雷德·阿德勒的传记就将是一项不可能完成的工作。阿尔弗雷德·阿德勒目前在世的两名子女——亚历山德拉·阿德勒（Alexandra Adler）博士和库尔特·阿德勒博士——所慷慨给予的时间之多，所提供的帮助之大都远远超出了一般传记作者的想象。由于两人都是精神病医生，所以他们能够从历史的语境解读其父一生的光辉学术生涯。作为阿尔弗雷德·阿德勒的亲属，玛戈·阿德勒（Margot Adler）和塔尼娅·阿德勒（Tanya Adler）也为我提供了极大的帮助。

在所有从本项目一开始就提供帮助的众多学者当中，我首先要感谢佛蒙特大学名誉教授海因茨·安斯巴赫（Heinz L. Ansbacher）博士。我曾经为他的同事和朋友亚伯拉罕·马斯洛（Abraham Maslow）作传，因此与他相识。安斯巴赫博士不仅待人热情，有问必答，而且还与我分享了有关阿德勒的生活和当时

人生的动力

时代的许多珍贵记忆和材料。我也非常感谢他能审读本书的手稿。另外两名认真审读了本书的手稿的学者是库尔特·阿德勒博士和亨利·斯坦（Henry Stein）博士。

在学术和研究方面，我要感谢丹尼尔·邦弗南特（Daniel Benveninte）博士、瓦妮莎·布朗（Vanessa Brown）、H. 卡默（H. Cammaer）博士、斯蒂芬·西特伦（Stephen Citron）、阿黛尔·K. 戴维森（Adele K. Davidson）博士、唐·丁克迈耶（Don Dinkmeyer Jr.）博士、杰拉尔德·爱泼斯坦（Gerald Epstein）博士、劳伦斯·爱泼斯坦（Lawrence Epstein）博士、埃里克·弗里德曼（Eric Freedman）、多萝西·格林伯格（Dorothy Greenberg）、赫尔穆特·格鲁伯（Helmut Gruber）博士、阿伦·霍夫哈奈斯（Alan Hovhaness）、约瑟夫·赫勒（Joseph Heller）博士、阿龙·霍斯蒂克（Aaron Hostyk）、盖伊·马纳斯特（Guy Manaster）博士、爱德华·曼恩（W. Edward Mann）博士、罗洛·梅（Rollo May）博士、托马斯·奥布赖恩（Thomas O'Brien）、悉妮·罗斯（Sydney Roth）女士、保罗·斯特潘斯基（Paul Stepansky）博士、珍卡·施佩贝尔（Jenka Sperber）、亨利·斯坦、厄玛·萨顿（Irma Sutton）博士和杰克·宰普斯（Jack Zipes）博士等人的协助。

在档案资料方面，我要特别感谢纽约州立大学的杰克·E. 泰尔米内（Jack E. Termine）、美国俄勒冈大学的维多利亚·琼斯（Victoria Jones）和美国国会图书馆的詹姆斯·H. 赫特森（James H. Hutson）所提供的帮助。

以下人士也在档案资料方面为我提供了帮助：芝加哥阿德勒学校（The Adler School）的卡伦·德雷舍（Karen Drescher），纽约市奥地利文化研究所（Austrian Cultural Institute）的弗里德里克·蔡特霍费尔（Friederike Zeitlhofer），利奥·贝克研究所（Leo Baeck Institute）的戴安娜·施皮尔曼（Diane R.

Spielmann）博士，伯克利公共图书馆（Berkeley Public Library）的戴安娜·达文波特（Diane Davenport），《克利夫兰老实人报》（Cleveland Plain-Dealer）图书馆的帕蒂·格拉齐亚诺（Patty Graziano），哥伦比亚大学的伯纳德·克里斯特尔（Bernard R. Crystal）、霍利·哈斯韦尔（Hollee Haswell）、雷亚·普里亚喀斯（Rhea E. Pliakas）和柯琳·里德（Corinne H. Rieder）博士，纽约州科马克市公共图书馆的弗雷德·温斯顿（Fred Winston），纽约社区教堂的凯·阿勒-梅达（Kay Aler-Maida），达特茅斯学院图书馆的芭芭拉·克里格尔（Barbara L. Krieger），托洛茨基藏品所在地、哈佛大学霍顿图书馆的珍妮·拉斯本（Jennie Rathbun），长岛犹太医学中心医学图书馆的黛博拉·兰德（Deborah Rand），西奈山医学中心的芭芭拉·尼斯（Barbara M. Niss），以色列大流散博物馆（Museum of the Diaspora）的弗吉尼亚·托尔涅夫（Virginia Torgenev）博士，密尔斯学院的艾达·里根（Eda Regan），社会研究新学院（New School for Social Research）的罗伯特·盖茨（Robert A. Gates），纽约州医学会的艾拉·达布尼（Ella Dabney），美国计划生育联合会（Planned Parenthood Federation of America）的格洛里亚·罗伯茨（Gloria A. Roberts），普罗维登斯市公共图书馆的贝丝·科伦（Beth S. Curran），《出版人周刊》（Publisher's Weekly）的加里·英克（Gary Ink），《旧金山纪事报》（San Francisco Chronicle）的尼基·班格尔（Nikki Bengal），编辑了《玛格丽特·桑格论文集》（The Margaret Sanger Papers）的来自纽约大学的埃斯特·卡茨（Esther Katz），阿伯丁大学的科林·A.麦克拉伦（Colin A. McLaren），利物浦大学的艾德里安·艾伦（Adrian Allan），密歇根大学的唐纳德·里格斯（Donald E. Riggs）博士及其同事，罗切斯特大学的玛丽·胡思（Mary M. Huth），瓦萨学院的南希·麦肯齐（Nancy S. Mackenchie），韦恩州立大学沃尔特·鲁瑟图书馆的帕特里夏·巴尔特科夫斯基（Patricia Bartkowski）和勒西·S.霍夫（Lesie S. Hough），惠勒学校（the Wheeler School）的小威廉·普莱斯考特（William Prescott Jr.）和威顿堡大学（Wittenberg University）的威廉·基尼森（William A. Kinnison）。

描写阿德勒在美国的主要资助者查尔斯·亨利·戴维斯（Charles Henry Davis）的多彩生活需要做大量历史研究，我很感谢他的孙辈托尔·勃兰特-埃里克森（Thor Brandt-Erichsen）、查尔斯·马特森（Charles Matteson）和珍·南迪（Jean Nandi）能为我提供信息和材料。在帮助我了解戴维斯先生方面，以下人士也做出了贡献：约瑟夫·巴拉塔（Joseph P. Barratta）博士、班布里奇·克里斯特（Bainbridge Crist）、詹姆斯·古德（James Good）博士、詹姆斯·古尔德（James Gould）博士、雷姆森·金尼（Remsen M. Kinne III）、詹姆斯·莱特（James Light）、南雅茅斯（South Yarmouth）图书馆协会图书管理员南希·斯图尔特（Nancy Stewart）、西屋公司的查尔斯·鲁赫（Charles A. Ruch）、马里兰大学工程与自然科学图书馆的赫伯特·弗尔斯特尔（Herbert N. Foerstel）博士，最后还有韦斯利·伍利（Wesley T. Wooley）博士。

在原始资料的翻译方面，我要感谢安娜·伯恩斯坦（Anna Bernstein）、乔纳森·斯克尔尼克（Jonathan Skolnick）和马丁纳·松塔格-布奇（Martina Sonntag-Butsch）。苏珊·布鲁克（Susan Brook）、玛丽亚·吉伦（Maria Gillen）、哈维·吉特林（Harvey Gitlin）和伊丽莎白·麦克劳林（Elizabeth McLaughlin）在研究方面提供了高质量的帮助。我的文学代理人艾丽斯·弗雷德·马特尔（Alice Fried Martell）的热情从始至终都给我巨大的激励。我也感谢我的编辑艾米·加什（Amy Gash）和莎伦·布罗尔（Sharon Broll），她们眼光独到，坚持让这本书涵盖阿德勒一生的生活和工作经历。在我研究和写作的过程中，我的父母和兄弟，还有格特鲁德·布雷宁（Gertrude Brainin）、艾丽丝·特雷森菲尔德（Alyce Tresenfeld）和罗伯特·特雷森菲尔德（Robert Tresenfeld）也一直鼓励我。

我尤其要感谢三个人，他们给了我巨大的包容和鼓励。我的孩子阿龙（Arron）和杰里米（Jeremy）总是让我停下工作陪他们玩，帮我保持了身心的愉悦和平衡。我的妻子劳蕾尔（Laurel）在写作和情感方面都给了我无比巨大的支持，帮我实现了目标。

本书第一版的部分读者不大理解书名[①]的意思，我在这里解释一下。我这样说——the drive for self——是为了描写阿德勒本人对成就一番事业的强烈愿望。更具体地说，阿德勒是想通过运用心理学知识来达到更广泛的社会改良。为此，阿德勒不断投入努力、智慧和创造力。

---

① 此处指英文版书名 *The Drive For Self*。——译者注

阿尔弗雷德·阿德勒生平年表

1870年　　2月7日，在维也纳郊外的鲁道夫斯海姆出生，父亲是利奥波德·阿德勒，母亲为葆莉娜·贝尔。有兄弟姐妹6人，排行第二。

1873年　3岁　阿尔弗雷德患上佝偻病，与哥哥西格蒙德的关系变得更紧张。弟弟鲁道夫得了白喉，在阿尔弗雷德身旁死去。

1875年　5岁　患上严重的肺炎，几乎丧命。病愈后决定当一名医生。开始上学。

1877年　7岁　随家人搬到维也纳的利奥波德城。

1879年　9岁　小学毕业。秋天，入读施佩尔中学。

人生的动力

1881年　11岁　随家人搬到黑尔纳尔斯，转入黑尔纳尔斯中学。

1883年　13岁　7月，随家人搬入在韦灵区购买的一处房产中。

1888年　18岁　春天，从黑尔纳尔斯中学毕业，并被维也纳大学录取。秋天，入读维也纳大学医学院。

1891年　21岁　因家族生意经营不善，随家人返回利奥波德城居住。

1892年　22岁　3月24日，通过第一次资格考试。在接下来的一周，开始服为期一年的义务兵役的前半段，直到10月1日。

1894年　24岁　5月22日，通过第二次资格考试。

1895年　25岁　开始在联合诊所奥古斯特·冯·罗伊斯教授的眼科工作。11月12日，通过最后一次资格考试。11月22日，获得医学博士学位。继续在联合诊所做眼科工作。为贫穷患者诊病的经历让他对社会主义充满兴趣。他似乎找到了能够让理想主义抱负得以实现的可行路径，即通过施展医术来奉献社会。

1896年　26岁　4月1日，到驻扎在普雷斯堡的第18军事医院服一年期义务兵役的后半段。9月30日，服役期满。

1897年　27岁　三四月间，邂逅赖莎·爱泼斯坦。12月23日，与赖莎在俄国斯摩棱斯克结婚。

1898年　28岁　开始在艾森街22号父母的房子里居住，不久搬到位于第9区的一所老式住宅内，随后搬到一间面朝普拉特大街的舒适公寓。在利奥波德城的切林街7号开设一家私人诊所，成为一名内科医生。8月5日，第一个孩子瓦伦丁·迪娜出生。第一本专著《裁剪行业健康手册》出版。

1901年　31岁　9月24日，第二个孩子亚历山德拉出生。

1902年　32岁　为《医学新闻简报》创刊号写了其宣言性质的文章——《社会力量对医学的渗透》，晚些时候又在该刊发表《社会医学教职》。8月中旬到9月中旬，被征召到匈牙利后备军洪韦德第18步兵团服役。9月30日，在给朋友的一封信中第一次提及西格蒙德·弗洛伊德。收到弗洛伊德写的落款是11月2日的信件，邀请其参加非正式的精神分析讨论会（即后来有名的星期三心理学会），随后，与卡哈尔、赖特勒和施特克尔参加第一次讨论会，成为这个小团体的第五名医生。

1903年　33岁　为《医学新闻简报》撰写两篇关于社会医学的文章，其一为《城市与乡村》。呼吁制定能同等适用于奥地利城市和乡村地区的统一的卫生保护法，并呼吁医生更多地参与社会福利与改良运动。

1904年　34岁　在《医学新闻简报》发表其职业生涯至今最重要的一篇文章——《作为教育者的医生》。他强调预防的重要性，第一次建议医生承担起教育者的角色，帮助教师和家长预防青少年出现的心理问题，并提出了养育健康儿童的具体建议。这篇文章预示了阿德勒日后工作的许多重要主题。10月17日，与两个女儿一起抛弃犹太教，接受了新教洗礼。

1905年 35岁 2月25日，第三个孩子库尔特出生。发表《教育中的性问题》和《数字与强迫性数字思想的三种精神分析》两篇短篇论文。

1906年 36岁 11月6日，在星期三心理学会做题为"论神经症的器官基础"的发言，提除了"补偿"这个概念，也就是人们尽力克服自己的先天缺陷以便适应社会的过程。并强调，这种努力往往导致过度补偿，变劣势为优势。这一见解得到了弗洛伊德的支持。

1907年 37岁 《器官缺陷研究》在德国出版，说明了过度补偿机制是人类性格中可被证实的现象。同年还发表论文《儿童的发育缺陷》，呼吁家长关心教育，以此来确保他们的孩子健康成长。

1908年 38岁 发表《生活和神经症中的攻击驱力》一文，指出人类有两种重要的人格驱力，一种是性驱力，一种是攻击驱力。弗洛伊德对攻击的观点表示了有限的赞同。阿德勒还在另一篇短文中断言我们天生都需要感情。有效的教育必须能够满足孩子对感情的先天需求，否则就很可能造成诸如感情疏离和行为不端等问题。同年，他结交了激进的社会主义者列昂·托洛茨基。

1909年　39岁　3月，在维也纳精神分析协会上做了题为《关于马克思主义心理学》的报告。10月18日，最后一个孩子科尔内莉娅出生。

1910年　40岁　4月初，当选为国际精神分析协会主席，同时兼任《精神分析杂志》主编。发表了《生活和神经症中的心理雌雄间性》一文，将在《器官缺陷研究》中隐晦提出的拥有缺陷器官的个体借助努力获得补偿或过度补偿的见解明确化，并将这种自卑感称作男性钦羡。这明显与弗洛伊德的基本观点相悖。6月，参加精神分析协会举行的自杀研讨会，称自己是精神分析理论忠实而有力的支持者，但他强调的神经症的根源是自卑感而不是性欲的观点已经完全超出弗洛伊德及其支持者所能容忍的底线。11月中旬，欣然接受弗洛伊德要求具体解释男性钦羡这一概念的建议。

1911年　41岁　1月4日，做了第一场报告，题为"精神分析的一些问题"，称赞了弗洛伊德对于性欲在神经症形成中的作用的突破性见解，但又指出，在理解人类的性欲时，"不可能把性欲是神经症起因（或性欲是文明社会里的神经症起因）这一点视为真实存在而加以考虑。"这受到了参会者的激烈批评。2月1日，做了第二场报告，题为"男性钦羡是神经症的核心问题"，再次赞扬了弗洛伊德的见解，接着又立即阐述了一种完全不同的人格发展观。遭到弗洛伊德更加尖锐的攻击。2月中下旬，辞去精神分析协会主席一职。秋天，辞去《精神分析杂志》主编一职，退出维也纳精神分析协会，并开始组织自由精神分析研究会。

1912年　42岁　与自由精神分析研究会会员在阿德勒兼作居住的位于维也纳内城区多明我会城堡街10号的新诊所进行讨论。3月下旬，自由精神分析研究会开始发表名为《自由精神分析研究会论文集》的系列专题论文。加入《心理治疗》编辑委员会。《论神经症的性格》出版，书中强调的主要驱力不是幼儿性欲，而是我们早期的自卑感，明确树立了其与精神分析迥异的心理学取向。7月，向维也纳大学医学院学术委员会递交正式申请和《论神经症的性格》一书，以期获准成为一名无薪讲师。

1913年　43岁　发表《论无意识在神经症中的作用》《个体心理学的实践新原则》和《神经症的个体心理学治疗》，反复强调，成年期的心理困扰几乎总能追溯到幼儿期所形成的错误的人生脚本上。将研究会更名为个体心理学会。

1914年　44岁　7月，第一次世界大战爆发，阿德勒发电报要求赖莎带孩子由俄国返回匈牙利。并为此前往罗马游说俄国官员。12月，赖莎及4个孩子回到维也纳。冬天，《治疗与教育》出版，并与同事成功出版了《个体心理学杂志》的创刊号，担任杂志主编。

1915年　45岁　1月，收到维也纳大学医学院学术委员会做出的拒绝其申请无薪讲师职位的决定。5月初，与美国思想家、克拉克大学教授斯坦利·霍尔建立联系。

1916年　46岁　被征召为陆军医生，进入位于塞默灵的一家陆军医院的神经与精神科工作。11月，在波兰克拉科夫为军医讲"战争神经症"。

1917年　47岁　年初，被派往位于克拉科夫的奥地利第15驻军医院。7月中旬，写信祝贺大女儿瓦伦丁从维也纳大学毕业。8月~11月，被派往维也纳北部的格林津地区，负责治疗患有斑疹伤寒的士兵。11月后，回维也纳休假，第一次提出了"社会兴趣"的概念。《器官缺陷研究》《论神经症的性格》在美国出版。

1918年　48岁　在瑞士参与运送受伤和患病战俘的工作。1月，发表了一篇关于战争神经症的论文。11月，在苏黎世精神学家协会发表了题为"个体心理学教育观"的演讲，标志着阿德勒心理学思想的新发展。12月，发表题为《布尔什维克主义与心理学》的文章，妄图用"社会兴趣"这一模糊的概念劝告信奉布尔什维克主义的旧友停止基于意识形态的暴力行动。

1919年　49岁　发表了一篇关于育儿的新论文，将布尔什维克主义描述为"通过暴力实施的社会主义"和"不是扼杀蛇而是扼杀自己母亲的赫拉克勒斯……"。发表了一篇题为《另一面》的文章，专门讨论集体罪行。在维也纳陆续建立了几家非正式的儿童指导"诊所"。

1920年　50岁　4月，就战后奥地利的青少年问题做了一次公开演讲。秋天，开始在维也纳人民学院讲授心理学课。9月，在维也纳人民学院结识马内斯·施佩贝尔和鲁道夫·德雷克斯。10月，抨击弗洛伊德提交的《关于治疗战争神经症的电击疗法的备忘录》。年末，出版了自1914年以来的第一本重要文集——《个体心理学实践与理论》。

1922年　52岁　秋天，《治疗与教育》再版发行。为《论神经症的性格》第三版撰写新的序言。

1923年　53岁　第一次访问英国，并在剑桥大学的一场学术会议上用德语做了一场报告。赴荷兰做巡回演讲。年末，《个体心理学杂志》恢复发行。在社会民主党的《工人报》上发表一篇文章，试图将马克思主义与个体心理学相结合。

1924年　54岁　被聘为维也纳教育学院矫正教育系教授。

1925年　55岁　受邀为赫尔曼·冯·凯泽林伯爵编辑的《论婚姻》文集撰写一篇文章。在《国际个体心理学杂志》发表一篇文章，公开讨论堕胎问题。支持个体心理学运动中倾向于马克思主义的年轻崇拜者，造成二战前个体心理学运动最严重的一次分裂。第二部选集《个体心理学实践与理论》首次面向英语读者发行。首次接受《纽约时报》专访，题目为《自卑感是我们的大敌》。

1926年　56岁　向苏菲·卢斯蒂格教授个体心理学。7月，施佩贝尔撰写的阿德勒的简短传记——《阿德勒——其人与其工作》出版。冬天，开始指导沃尔特·贝兰·沃尔夫。11月初，前往伦敦，任命塞尔维亚哲学家迪米特里耶·米特里诺维奇为国际个体心理学会伦敦分会的主任。11月下旬，离开英国南安普敦港，前往美国。年底，结识儿科医生、教育家艾拉·所罗门·怀尔。12月26日，《纽约世界报》发表针对阿德勒的专访。

1927年 57岁 1月11日，在纽约医学会发表了关于"自卑感及其补偿"的演讲。1月14日，在罗得岛州普罗维登斯市种植园俱乐部发表演讲。2月10日，在纽约儿童研究协会做演讲。2月13日，离开曼哈顿，前往美国中西部地区进行为期6周的巡回演讲。2月22日，《芝加哥论坛报》报道了阿德勒的演讲。3月21日，《底特律新闻》报道阿德勒对麦克劳林医院医学专业人员的演讲。4月初，回到新英格兰地区继续进行讲学，并开始着手组建一些机构。4月11日，登上"利维坦"号，返回欧洲。4月17日，回到维也纳。4月25日，在维也纳大学组织学院向听众发表了演讲。夏天，在瑞士小城洛伽诺举办了一场教育论坛，并与苏格兰人埃尔南·福布斯–丹尼斯夫妇会面。9月中旬，参加第四届个体心理学大会，表示将"继续独立与中立地看待他们的马克思主义"。10月中旬，为美国威顿堡大学举办的国际研讨会写了一篇文章。11月，《理解人性》在美国出版。

1928年 58岁 2月初，抵达纽约。2月10日，为纽约的家长理事会成员及其朋友们举办一场为期一天的儿童治疗报告会。2月中旬~3月中旬，在美国社会研究新学院讲授关于个体心理学的课程。3月中旬~5月左右，在东北和中西部地区讲学。5月初，在威顿堡大学接受荣誉法学博士学位。秋天，在奥地利和德国讲课，培训治疗师，并帮助建立更多的儿童指导诊所。获知当选列宁格勒科学与医学儿童研究协会荣誉会员。借助《神经症体质》德文第四版问世之机，明确否认弗洛伊德在《精神分析运动史》一书中对他们9年交集的描述。

1929年 59岁 1月初，抵达纽约，开始第三次美国之行，随后《R小姐的病例》面世，开启了他的首次美国西海岸之旅。2月初，在加利福尼亚大学的伯克利和旧金山校区开始演讲。儿童指导诊所开业。3月初，从加州返回，再次在社会研究新学院开课。夏天，返回维也纳，辞去弗朗茨-约瑟夫诊所精神科创始主任一职，放弃在教育学院的职务，开始计划永久移居纽约。初秋，住进位于曼哈顿西区大道和第92街的温德米尔酒店。深秋，在曼哈顿中心以马内利会堂做了9场演讲。《生活的科学》《神经症问题》出版。

1930年 60岁 年初，请艾伦·波特编辑他将要出版的新作。发表题为"罪犯及其治疗"的演讲，并接受《好管家》的采访。1月，首次去往密歇根州巡回讲学。1月底，回到纽约，继续每天（周日除外）指导哥伦比亚医学院儿童指导诊所的工作。2月5日，阿德勒关闭儿童指导诊所，辞去哥伦比亚大学的教职。2月下旬，美联社报道了阿德勒对纸牌游戏心理的看法。《生活模式》《儿童指导》《儿童教育》三本新书在美国出版。夏天，回到维也纳做咨询工作，并被维也纳市议会授予"维也纳公民"的称号。9月中旬，参加第五届国际个体心理学大会，驳斥弗洛伊德《文明与缺憾》一书中传达的近乎宿命论的绝望情绪。

1931年 61岁 1月，访问英国，将国际个体心理学会伦敦分会的领导权交给弗朗西斯·克鲁克香克。在丹麦、荷兰、瑞典和瑞士等多个欧洲国家进行演讲和咨询。在德国进行儿童指导工作。秋天，在维也纳医治精神疾病患者，关注个体心理学实验学校。

1932年 62岁 1月，重返纽约，开始在社会研究新学院教学。《自卑与超越》出版。7月，赴纽约州下州医学院担任教授，并受命管理学院的一家教学诊所。入夏，回到维也纳。在欧洲各地巡回演讲和咨询。

1933年 63岁 德语新书《生命的意义》《宗教与个体心理学》出版。从欧洲返回美国。初秋，正式递交了美国永久居民申请。

1934年 64岁 2月6日，64岁生日宴会。4月中旬，在克利夫兰市做两场讲座。5月下旬，抵达瑞士，为芭蕾舞演员瓦茨拉夫·尼金斯基做咨询。年底，开始讨论创办新的、以英文出版的国际期刊。

1935年 65岁 2月中旬，担任《国际个体心理学杂志》的无薪主编。3月初，因颈部皮肤感染而住院并接受手术。夏

人生的动力

天，与赖莎回到维也纳，在西勒咖啡馆授课。8月下旬，离开奥地利。9月初，抵达纽约。10月，前往加拿大东部做巡回演讲。10月26日，前往蒙特利尔的途中遭遇车祸。秋天，开始指导亚伯拉罕·马斯洛。在耶鲁大学人际关系学院和附近的儿童社区中心做演讲。

1936年　66岁　春天，发表关于"迪奥纳五胞胎"的文章。为《论坛》杂志撰写《美国人神经质吗？》，为《时尚先生》撰写《爱情是一项发明》。4月24日，与赖莎等人登上"曼哈顿"号前往伦敦。随后将在英格兰和威尔士发表一系列演讲，并在伦敦的康维会堂做关于"个体人格的科学"的大众系列讲座。5月19日，观看剧作家诺埃尔·科沃德主演的3幕独幕剧。7月下旬，抵达加利福尼亚，前往威廉姆斯学院讲授一门课。秋天，与赖莎、库尔特一起回到纽约。收到爱因斯坦的信。

1937年　67岁　1月中旬后，与在苏联工作的大女儿失去联系。阿德勒心急如焚，开始四处求助寻找女儿。4月中旬，与赖莎同船前往法国。在法国、比利时、荷兰进行了密集的演讲。质问亚伯拉罕·马斯洛，两人再无交集。5月，受《美国社会学杂志》之邀发表一篇专业论文。5月中旬，在海牙发表演讲后，感到胸口不适。前往英国。在伦敦做了为期3天的公开演讲。前往苏格兰。5月28日，在阿伯丁突发心脏病，于送医途中病逝。6月1日，在剑桥大学国王学院礼拜堂举行葬礼。